计算机信息技术基础实践教程

主　编　王继斌
副主编　朱应国　江森林　余婷婷
　　　　徐　峥　刘贵锋

苏州大学出版社

图书在版编目(CIP)数据

计算机信息技术基础实践教程／王继斌主编. —苏州：苏州大学出版社，2020.7
 ISBN 978-7-5672-3196-2

Ⅰ.①计… Ⅱ.①王… Ⅲ.①电子计算机-高等职业教育-教材 Ⅳ.①TP3

中国版本图书馆 CIP 数据核字(2020)第 128409 号

内容简介

全书分为7章。第1章介绍了 Windows 7 操作系统的相关知识和基本操作；第2～6章分别叙述 Office 2010 中 Word 2010、Excel 2010、SharePoint Designer 2010、PowerPoint 2010 和 Access 2010 等办公自动化软件的操作和应用；第7章是两个综合练习。最后是大学计算机信息技术模拟试题。

本书内容丰富、层次清晰、图文并茂、通俗易懂，既满足了大学生们对目前通行的有关计算机信息技术知识的学习需求，又兼顾了计算机等级考试的要求。本书可作为高等学校非计算机类应用型专业的计算机公共基础课教材，也可作为成人教育、计算机技术培训和计算机等级考试的参考用书。

计算机信息技术基础实践教程

王继斌　主编

责任编辑　周建兰

苏 州 大 学 出 版 社 出 版 发 行
(地址：苏州市十梓街1号　邮编：215006)
宜兴市盛世文化印刷有限公司印装
(地址：宜兴市万石镇南漕河滨路 58 号　邮编：214217)

开本 787mm×1 092mm　1/16　印张 21　字数 508 千
2020 年 7 月第 1 版　2020 年 7 月第 1 次印刷
ISBN 978-7-5672-3196-2　定价：49.00 元

苏州大学版图书若有印装错误，本社负责调换
苏州大学出版社营销部　电话：0512-67481020
苏州大学出版社网址　http://www.sudapress.com
苏州大学出版社邮箱　sdcbs@suda.edu.cn

前 言

　　学习计算机相关知识,掌握计算机的操作技能,运用计算机解决日常生活中的实际问题,已成为现代大学生必备的技能之一。大学信息技术基础课程是我国高等院校非计算机专业学生的一门公共基础课,是对这些学生进行信息技术基础教育的第一层次的课程。在刚入学的阶段,学生的信息技术基础有较大差异,给教学带来影响,为了实现更好的教学效果,本书以基础知识为主,引入项目教学法,在每章设置若干项目,通过完成这些项目来巩固所学知识。教材内容紧扣教学考试大纲,目的明确,实用性强,帮助学生熟练掌握理论知识和提高上机实践水平。

　　全书以 Windows 7 和 Office 2010 软件的基本知识为主,并在每章设置若干项目供学生练习。主要软件有:中文 Windows 7 操作系统、文字处理软件 Word 2010、电子表格软件 Excel 2010、网站制作软件 SharePoint Designer 2010、演示文稿软件 PowerPoint 2010、数据库应用软件 Access 2010,并且设置了以上所述的相关软件的两个综合练习。最后是大学计算机信息技术理论知识部分习题。本书是一本信息技术实践教程,它可以作为高等学校非计算机专业学生学习信息技术基础课程时与相应理论教材配套使用的实践教材,也可以作为学生自学信息技术基础课程时使用的自学用书,还可以作为操作的工具手册来查阅。由于本书每个章节的独立性,在讲授或学习的过程中,读者可根据自己的需求选择全部或部分内容学习。

　　本书由王继斌、朱应国、余婷婷、江森林、徐峥、刘贵锋等老师参与编写。其中第 1 章、第 4 章和第 6 章由王继斌老师编写,第 2 章由余婷婷老师编写,第 3 章由朱应国老师编写,第 5 章由江森林老师编写,第 7 章由徐峥、王继斌老师编写,习题由王继斌、刘贵锋等老师整理,全书由王继斌老师统稿。

　　本书在编写过程中,参考了有关教材和某些网站的资料,在此一并表示感谢!由于作者水平有限,书中错误和缺点在所难免,恳请读者指正。

　　读者如需要大学计算机信息技术实验素材库的有关电子文档,请与作者或出版社联系。

编者

2020 年 6 月

目 录

第 1 章　Windows 7 操作系统

- 1.1　Windows 7 操作系统概述 ··· 1
  - 1.1.1　Windows 发展史 ·· 1
  - 1.1.2　Windows 7 的启动与关闭 ·· 2
- 1.2　Windows 7 的基本知识与操作 ··· 4
  - 1.2.1　Windows 7 的桌面组成 ·· 4
  - 1.2.2　基本操作 ·· 7
- 1.3　管理文件 ·· 8
  - 1.3.1　文件与文件夹 ·· 9
  - 1.3.2　浏览计算机资源 ··· 10
  - 1.3.3　文件与文件夹的基本操作 ··· 11
- 1.4　系统设置 ··· 14
  - 1.4.1　显示属性的设置 ··· 14
  - 1.4.2　日期与时间的调整 ·· 17
  - 1.4.3　鼠标属性的设置 ··· 18
  - 1.4.4　用户帐户的管理 ··· 18
  - 1.4.5　计算机名称的更改 ·· 19
  - 1.4.6　软件的安装与卸载 ·· 21
- 1.5　添加硬件与 Windows 功能 ·· 22
  - 1.5.1　打印机的安装 ··· 22
  - 1.5.2　Windows 功能的添加 ·· 24
- 1.6　其他功能 ··· 24
  - 1.6.1　磁盘管理 ··· 24
  - 1.6.2　输入法的安装与设置 ··· 26
  - 1.6.3　媒体播放器 ·· 27
  - 1.6.4　记事本 ·· 27
  - 1.6.5　画图 ··· 28
  - 1.6.6　更新 Windows 系统 ·· 29

第 2 章 文字处理软件 Word 2010

- 2.1 Word 的基本操作 ······ 30
  - 2.1.1 Word 的启动与退出 ······ 30
  - 2.1.2 Word 的工作界面 ······ 31
  - 2.1.3 基本操作 ······ 33
  - 2.1.4 文档视图 ······ 36
- 2.2 文本编辑 ······ 37
  - 2.2.1 编辑文档 ······ 37
  - 2.2.2 修改文档 ······ 38
  - 2.2.3 撤销与重复 ······ 40
  - 2.2.4 查找与替换 ······ 41
  - 2.2.5 拼写和语法检查 ······ 43
- 2.3 格式编排 ······ 44
  - 2.3.1 文字格式编排 ······ 44
  - 2.3.2 段落格式编排 ······ 46
  - 2.3.3 页面格式编排 ······ 49
  - 2.3.4 特殊格式编排 ······ 53
  - 2.3.5 模板与样式 ······ 57
- 2.4 表格的制作 ······ 60
  - 2.4.1 表格的创建 ······ 60
  - 2.4.2 表格的编辑 ······ 64
  - 2.4.3 表格的修饰 ······ 69
  - 2.4.4 表格内数据的排序与常用计算 ······ 71
- 2.5 高级排版 ······ 73
  - 2.5.1 图片的插入 ······ 73
  - 2.5.2 图形的绘制 ······ 78
  - 2.5.3 艺术字的插入 ······ 80
  - 2.5.4 文本框的使用 ······ 80
  - 2.5.5 公式编辑器的使用 ······ 84
- 2.6 目录编制与域应用 ······ 85
  - 2.6.1 目录编制 ······ 85
  - 2.6.2 域的应用 ······ 87
- 2.7 打印文档 ······ 88
  - 2.7.1 页面设置 ······ 88
  - 2.7.2 打印预览与打印 ······ 88
- 2.8 项目练习 ······ 90

2.8.1 电子板报的制作 …………………………………………………… 90
  2.8.2 长篇文档的编排 …………………………………………………… 97

第 3 章 电子表格软件 Excel 2010

 3.1 Excel 2010 概述 ……………………………………………………………… 102
  3.1.1 Excel 的主要功能与特点 ………………………………………… 102
  3.1.2 Excel 的启动与退出 ……………………………………………… 103
  3.1.3 Excel 的工作界面 ………………………………………………… 104
 3.2 工作簿与工作表的基本操作 ………………………………………………… 106
  3.2.1 基本概念 …………………………………………………………… 106
  3.2.2 工作簿的操作 ……………………………………………………… 106
  3.2.3 工作表的操作 ……………………………………………………… 109
  3.2.4 窗口视图的操作 …………………………………………………… 112
 3.3 工作表的编辑 ………………………………………………………………… 113
  3.3.1 数据的输入 ………………………………………………………… 113
  3.3.2 数据的编辑 ………………………………………………………… 114
  3.3.3 单元格与行、列的操作 …………………………………………… 115
  3.3.4 批注的使用 ………………………………………………………… 117
  3.3.5 查找与替换 ………………………………………………………… 117
 3.4 工作表的格式化 ……………………………………………………………… 118
  3.4.1 文字格式的设置 …………………………………………………… 119
  3.4.2 数字格式的设置 …………………………………………………… 120
  3.4.3 对齐格式的设置 …………………………………………………… 121
  3.4.4 行高与列宽的调整 ………………………………………………… 123
  3.4.5 自动套用格式 ……………………………………………………… 123
  3.4.6 条件格式的设置 …………………………………………………… 124
  3.4.7 边框与底纹的设置 ………………………………………………… 126
 3.5 公式与函数 …………………………………………………………………… 128
  3.5.1 公式 ………………………………………………………………… 128
  3.5.2 函数 ………………………………………………………………… 133
  3.5.3 常见出错信息的分析 ……………………………………………… 139
 3.6 Excel 2010 的图表 …………………………………………………………… 140
  3.6.1 图表概述及基本术语 ……………………………………………… 140
  3.6.2 图表的创建 ………………………………………………………… 142
  3.6.3 图表的编辑 ………………………………………………………… 144
  3.6.4 迷你图 ……………………………………………………………… 150
 3.7 数据管理与分析 ……………………………………………………………… 151

3.7.1 排序 ··· 152
  3.7.2 数据筛选 ··· 154
  3.7.3 分类汇总 ··· 157
  3.7.4 数据透视表 ··· 158
 3.8 项目练习 ·· 162
  3.8.1 学生成绩分析 ·· 162
  3.8.2 数据管理与分析 ··· 168

第 4 章 网站制作软件 SharePoint Designer 2010

 4.1 SharePoint Designer 2010 概述 ································ 172
  4.1.1 SharePoint Designer 的启动 ······························ 172
  4.1.2 网站的创建与管理 ·· 173
  4.1.3 页面视图 ··· 175
  4.1.4 网页的基本操作 ··· 176
 4.2 网页设计基础 ·· 177
  4.2.1 网页的基本元素 ··· 177
  4.2.2 网页设计操作 ·· 178
  4.2.3 在网页中使用图像 ·· 180
  4.2.4 表格处理 ··· 181
 4.3 超链接的使用 ·· 183
  4.3.1 超链接 ·· 183
  4.3.2 超链接的建立 ·· 183
 4.4 网页内容的丰富与修饰 ·· 185
  4.4.1 框架的创建及应用 ·· 185
  4.4.2 表单处理 ··· 186
 4.5 网页的测试与发布 ·· 189
  4.5.1 测试网页 ··· 189
  4.5.2 将网站发布到互联网上 ······································ 189

第 5 章 演示文稿软件 PowerPoint 2010

 5.1 简介 ·· 190
  5.1.1 PowerPoint 的启动与退出 ································· 190
  5.1.2 PowerPoint 的工作界面 ···································· 190
  5.1.3 视图模式 ··· 192
  5.1.4 演示文稿的创建方式 ··· 194
 5.2 幻灯片的操作 ·· 196
  5.2.1 幻灯片的基本操作 ·· 196
  5.2.2 PowerPoint 2010 的【节】功能 ························· 198

	5.2.3 各种对象的插入	199
5.3	演示文稿的外观设置	203
	5.3.1 幻灯片的背景	203
	5.3.2 幻灯片版式的设计	204
	5.3.3 母版的设置	204
	5.3.4 幻灯片主题的设计	206
	5.3.5 配色方案的设置	207
5.4	动画的设置	208
	5.4.1 自定义动画	208
	5.4.2 建立超链接	210
	5.4.3 动作设置	210
5.5	幻灯片的播放	211
	5.5.1 幻灯片的切换	211
	5.5.2 排练计时	212
	5.5.3 放映方式的放置	213
5.6	PowerPoint 2010 的其他常用操作	214
	5.6.1 幻灯片的打印	214
	5.6.2 演示文稿的打包	215
5.7	项目练习	217
	5.7.1 演示文稿的制作与编辑	217
	5.7.2 演示文稿的个性化制作	221

第 6 章　数据库应用软件 Access 2010

6.1	基本术语	227
6.2	Access 数据库与数据表操作	229
	6.2.1 新数据库的创建	231
	6.2.2 表的创建与操作	232
	6.2.3 数据排序与筛选	237
	6.2.4 表之间的关系操作	239
6.3	Access 的查询	239
	6.3.1 查询设计器及其使用	239
	6.3.2 查询条件设置	241
6.4	项目练习	242
	6.4.1 Access 2010 数据库中数据表的建立与维护	242
	6.4.2 Access 数据库中查询的创建与使用	246

第 7 章　综合练习

7.1	项目练习一	254

	7.1.1 编辑文稿操作	254
	7.1.2 电子表格操作	259
	7.1.3 演示文稿操作	261
7.2	项目练习二	265
	7.2.1 编辑文稿操作	265
	7.2.2 电子表格操作	270
	7.2.3 演示文稿操作	273

习题 ······ 277

模拟试题一 ······ 277
模拟试题二 ······ 285
模拟试题三 ······ 293
模拟试题四 ······ 301
模拟试题五 ······ 309
模拟试题六 ······ 317

第 1 章 Windows 7 操作系统

操作系统是计算机软件系统的核心。一方面,它是计算机硬件功能面向用户的首次扩充,它把硬件资源的潜在功能用一系列命令的形式公布于众,用户通过操作系统提供的命令可直接使用计算机,它是用户与计算机硬件的接口;另一方面,它又是其他软件的开发基础,其他系统软件和用户软件都必须通过操作系统才能合理组织计算机的工作流程、调用计算机系统资源为用户服务。

与以往的 Windows 操作系统相比,Windows 7 具备多个优点:内存管理更加科学,系统运行更加快速;革命性的任务栏、工具栏设计可让用户更轻松地实现精确导航并找到搜索目标;用户能对自己的桌面进行更多操作和个性化设置;智能化的窗口缩放功能方便用户排列窗口,帮助用户提高工作效率;远程媒体流控制功能不仅能够帮助用户轻松管理远程计算机硬盘上的音乐、图片和视频,它还是一款可定制化的个人电视。

1.1 Windows 7 操作系统概述

1.1.1 Windows 发展史

Microsoft Windows 是一个为个人电脑和服务器用户设计的操作系统,也被称为"视窗操作系统"。它的第一个版本 Windows 1.0 由微软公司发行于 1985 年,当时只是基于 DOS 系统(Disk Operating System,DOS)的一个图形应用程序,并通过 DOS 来进行文件操作。直到 2000 年 Windows 2000 的发布,Windows 才彻底摆脱了 DOS 而成为真正独立的操作系统,并获得了世界个人电脑操作系统软件的垄断地位。

Windows 的发展史如表 1-1 所示。

表 1-1 Windows 的发展史

发布时间	版本	基本说明
1985 年 11 月	Windows 1.0	Microsoft Windows 1.0 是微软第一次对个人电脑操作平台进行用户图形界面的尝试。Windows 1.0 本质上宣告了 MS-DOS 操作系统的终结
1990 年 5 月	Windows 3.0	Windows 的内存管理、图形界面做出了重大改进,使图形界面更加美观并支持虚拟内存

续表

发布时间	版本	基本说明
1992年3月	Windows 3.1	添加了对声音输入/输出的基本多媒体的支持和一个CD音频播放器,以及对桌面出版很有用的TrueType字体
1993年	Windows NT 3.1	第一款真正对应服务器市场的产品,所以稳定性方面比桌面操作系统更为出色
1994年	Windows 3.2	Windows 3.2使很多国内用户第一次接触Windows操作系统,它简单易用。这是微软针对中国市场而专门开发的产品,它只有中文版
1995年8月	Windows 95	全32位高性能的抢先式多任务和多线程;内置对Internet的支持,更加高级的多媒体支持,更强的游戏支持;即插即用,简化用户配置硬件操作等
1998年6月	Windows 98	改良了硬件标准的支持,对FAT32文件系统的支持,多显示器和WebTV的支持,整合到Windows图形用户界面的IE浏览器
2000年9月	Windows Me	是一个16位/32位混合的Windows系统,集成了Windows Media Player和IE 5.5,增加了Movie Make组件,提供了基本的视频编辑和设计
2000年12月	Windows 2000	包含新NTFS文件系统、EFS文件加密、增强硬件支持等新特性,主要面向商业的操作系统
2001年10月	Windows XP	Windows XP是微软把所有用户要求合成一个操作系统的尝试。主要有两个版本:一是Windows XP Professional,主要面向企业和高级家庭的用户;二是Windows XP Home,主要面向普通的家庭
2006年11月	Windows Vista	包含了最新版本的图形用户界面、"Windows Aero"视觉风格、新的多媒体创作工具Windows DVD Maker等新功能,并且具有很高的安全性
2009年10月	Windows 7	可供家庭及商业工作环境、笔记本电脑、平板电脑、多媒体中心等使用,是迄今为止最华丽但最节能的Windows系统
2012年10月	Windows 8	系统独特的开始界面和触控式交互系统,旨在让人们的日常电脑操作更加简单和快捷,为人们提供更高效、易行的工作环境

1.1.2 Windows 7 的启动与关闭

1. Windows 7 的启动

开机后,系统首先运行基本输入/输出系统(Basic Input Output System,BIOS)中的自检程序,接着引导系统。如果计算机安装了多个操作系统,则会显示操作系统列表,按"↑"或"↓"箭头选择Windows 7,然后按【Enter】键,系统会进入Windows 7欢迎界面。这时有两种情况:

① 如果系统没有创建用户,则直接进入Windows 7的桌面。

② 如果创建了多用户,则系统要求选择一个用户名,将鼠标指针移动到要选择的用户名上单击;如果用户设置了密码,在用户帐户图标的右下角自动出现一个空白文本框,在此输入密码,按【Enter】键即可,如图1-1所示。

图1-1 用户Steve输入密码

2．Windows 7 的关闭

在关闭计算机电源之前，用户要确保退出 Windows 7，否则可能会破坏一些没有保存的文件和正在运行的程序。如果用户在没有退出 Windows 系统的情况下关机，系统将认为是非法关机，当再次开机时，系统会自动执行 BIOS 中的自检程序。

关机的操作方法为：单击桌面上的【开始】图标，选择底部的【关机】按钮，如图 1-2 所示，关闭计算机；若单击【关机】按钮旁边的箭头，则可显示一个带有其他选项的菜单，可进行切换用户、注销、锁定或重新启动等操作。

（1）切换用户

用户单击【切换用户】，保留当前用户打开的所有程序和数据，暂时切换到其他用户使用计算机。

（2）注销

用户单击【注销】，当前用户身份被注销并退出操作系统，计算机回到当前用户没有登录之前的状态。

（3）锁定

用户因故离开而又不希望其他人操作电脑时，可选择单击【锁定】，当前程序继续运行，电脑屏幕将被锁定，用户需重新输入密码后，可继续操作。

（4）重新启动

用户单击【重新启动】按钮，计算机将执行【关闭】后重新启动。

图 1-2 【关机】按钮及其他选项

（5）睡眠

用户暂时不使用计算机，可选择单击【睡眠】，系统将保持当前的运行，并转入低功耗状态，当用户再次使用计算机时，在桌面上移动鼠标即可恢复原来的状态。

1.2 Windows 7 的基本知识与操作

Windows 7 的基本元素包括:桌面、图标、窗口、菜单和对话框等。掌握这些基本元素的功能和使用方法是进入 Windows 7 系统的阶梯。

1.2.1 Windows 7 的桌面组成

启动 Windows 7 后,屏幕上的整个区域称为桌面,它是用户操作计算机的最基本的界面。桌面一般由图标、任务栏和桌面背景组成,如图 1-3 所示。

1. 鼠标操作

鼠标是计算机的常用输入设备,在 Windows 的图形界面下,使用鼠标操作图标、菜单、窗口、工具按钮等更为方便。

在 Windows 中,随着鼠标指针指向屏幕的不同区域,鼠标指针的形状会发生不同的变化,因此对应的操作也有所不同。鼠标指针的常见形状和含义如表 1-2 所示。

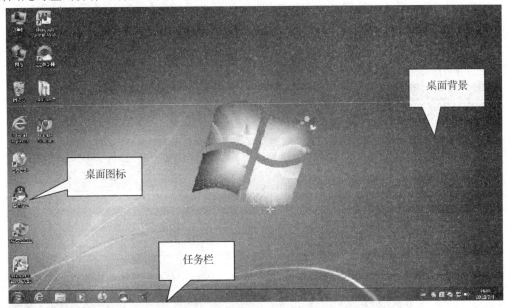

图 1-3 Windows 7 的桌面组成

表 1-2 鼠标指针的常见形状及其含义

指针形状	含 义
⇖	正常选择。系统处于就绪状态,用于指向、单击、双击、拖动等操作
○	系统忙,要等待当前操作完成后,才能接收鼠标的操作
⇖○	表示当前操作正在后台运行

续表

指针形状	含 义
I	出现在文本区,用于选择文本或定位插入点
👆	超链接指针,鼠标指向超链接时出现该指针,单击可打开超链接
🚫	不可用操作,表示当前操作无效
↕ ↔	垂直调整指针和水平调整指针,用于改变对象纵向/横向的大小
↘↗	对角线调整指针,用于同时改变对象纵向和横向的大小
✥	移动指针,鼠标指向可移动对象时,出现该鼠标,拖动可移动对象的位置
▸?	帮助指针,此时指向某个对象并单击,即可显示该项目的帮助说明

2．键盘操作

在 Windows 中,一般能用鼠标控制的操作都可以使用键盘实现,只是大多数情况需要多个组合键完成。常见的键盘组合键及其功能如表 1-3 所示。

表 1-3　常用的键盘组合键及其功能

组合键	功能	组合键	功能
Windows + Break	显示【系统属性】对话框	Ctrl + .	中/英文标点的切换
Windows + D	显示桌面	Ctrl + Alt + Esc	打开【任务管理器】窗口
Windows + M	最小化所有窗口	Alt + Enter	查看文件属性
Windows + E	开启【资源管理器】窗口	Alt + Space	打开控制菜单
Windows + F	查找文件或文件夹	Alt + PrintScreen	将当前活动窗口复制到剪贴板
Windows + R	开启【运行】对话框	PrintScreen	将当前屏幕复制到剪贴窗口
Windows + L	切换用户帐户	Alt + F4	关闭当前程序
Ctrl + Esc	显示【开始】菜单	Alt + Tab	切换窗口
Ctrl + F5	在 IE 中强行刷新	Shift + Del	彻底删除文件
Ctrl + Shift	各种输入法的切换	Shift + 空格	全/半角切换
Ctrl + 空格	中/英文的切换	Shift + 右击	打开快捷开单
Ctrl + Backspace	启动/关闭输入法	Shift + F10	选中文件的右菜单

3．窗口操作

用户每打开一个文件或运行一个程序都会打开一个与之对应的窗口,通过窗口提供的菜单、按钮来完成操作。

（1）窗口的组成

所有窗口一般都包含如图 1-4 所示的一些基本元素。

- 标题栏:显示文档和程序的名称。用鼠标左键按住标题栏不放,拖动鼠标,可移动整个窗口。
- 菜单栏:分类放置了对应应用程序进行各种操作的菜单命令。
- 主窗口:显示窗口中的主要内容。当窗口中的内容超出窗口所能显示的面积时,可以通过拖动右侧或下方的滚动条,查看窗口内上下或左右的内容。

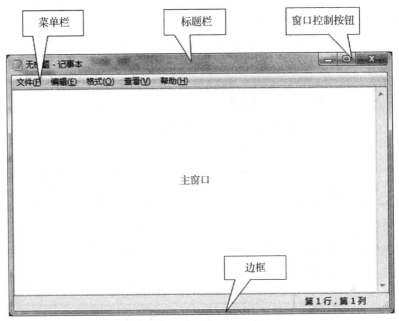

图1-4 【记事本】窗口

- 边框：要调整窗口的大小（使其变小或变大），将鼠标指针移向窗口的任意边框或角，当鼠标指针变成双向箭头时，拖动边框或角可以缩小或放大窗口。
- 窗口控制按钮：标题栏右端有【最小化】、【最大化/还原】、【关闭】按钮，单击相关按钮将执行对应的操作。

（2）窗口的操作

①移动窗口：将鼠标指针指向窗口的标题栏，拖动鼠标到适当位置即可。

②改变窗口大小：除了直接使用【最小化】、【最大化/还原】和【关闭】按钮以外，还可以将鼠标指针指向窗口的边或者边角，当鼠标指针变成双向箭头时拖动窗口到适当大小即可。

③排列窗口：要将多个窗口整齐地排列在桌面上，可以使用排列窗口命令。在任务栏的空白位置右击鼠标，可打开如图1-5所示的快捷菜单。该菜单中提供了【层叠窗口】、【堆叠显示窗口】、【并排显示窗口】三种排列方式。

图1-5 排列窗口

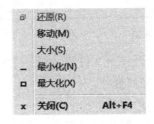

图1-6 窗口操作快捷菜单

④切换窗口：在打开的多个窗口中，可以通过以下操作在不同的窗口中进行切换：

方法一：单击任务栏上对应的图标按钮。

方法二：按【Tab】+【Esc】组合键，可在打开的多个窗口中进行切换。

方法三：按【Alt】+【Tab】组合键，逐个浏览窗口标题进行切换。

⑤关闭窗口:关闭窗口即是终止程序的运行,有以下几种方法可供选择:

方法一:单击窗口的【关闭】按钮。

方法二:按【Alt】+【F4】组合键。

方法三:右键单击标题栏,在弹出的快捷菜单中单击【关闭】按钮,如图1-6所示。

1.2.2 基本操作

1.对话框操作

对话框是Windows的一种特殊窗口,是用户和应用程序之间进行信息交互的界面。对话框的组成和窗口有相似之处,但也有自己的特点,如对话框不能改变窗口大小,没有【最大/最小化】按钮。

对话框有很多种,不同的对话框差异很大。如图1-7所示的【字体】对话框,它包括文本框、下拉列表框、命令按钮和复选框等。

- 文本框:单击该区域,即可输入文本。
- 复选框:表示该选项组可以同时选中多个项目。
- 下拉列表框:列出可供用户选择的项目,单击其右侧的下拉箭头,在打开的下拉列表中选择需要的项目。
- 命令按钮:单击即执行相关操作功能。

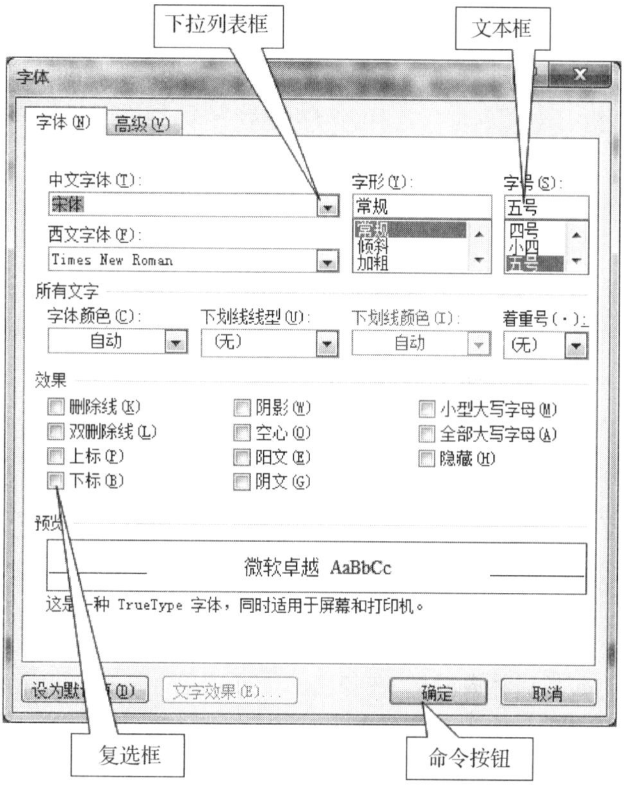

图1-7 【字体】对话框

2.菜单及其操作

一个应用程序的功能操作是很多的,通常,这些功能都被组织成下拉菜单的形式,如图1-8所示的【查看】菜单。菜单中的一些符号含义如下:

① 菜单项左边的小圆点表示其所在的选项组中只能选择一项。
② 菜单项左边的小钩表示可以选择多项。
③ 菜单项右边的向右小三角箭头表示有下一层的菜单。
④ 菜单项右边的省略号表示此处有下一层的对话框,单击即可打开。

此外,有时某些选项呈灰色,表示其暂时还不能使用。当某个条件满足后,灰色就会变成黑色,指示用户可以使用了。

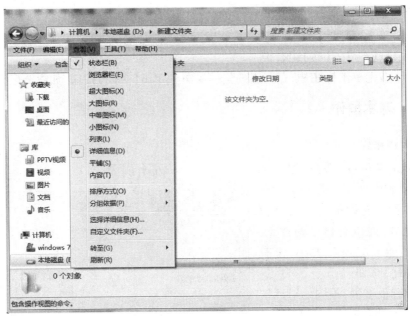

图1-8 【查看】菜单

3．快捷方式操作

快捷方式是 Windows 向用户提供的一种资源访问方式，通过快捷方式可以快速启动程序或打开文件和文件夹，其实质是对系统中各种资源的一个链接。快捷方式不改变对应文件的位置，并且删除快捷方式的图标，对应的文件也不会被删除。

创建快捷方式的方法通常有两种：

（1）拖动法

将鼠标指向要创建快捷方式的文件或文件夹，按住鼠标右键并往桌面上拖动，当拖到适当位置后释放鼠标，在弹出的快捷菜单中选择【在当前位置创建快捷方式】即可。

（2）使用快捷菜单

选中要创建快捷方式的文件或文件夹，单击鼠标右键，在弹出的快捷菜单中选择【发送到】→【桌面快捷方式】按钮即可。

4．剪贴板操作

剪贴板是 Windows 用来在应用程序之间交换数据的一个临时存储空间，它占用内存资源。在 Windows 中剪贴板上总是保留最后一次用户存入的信息。这些信息可以是文本、图像、声音和应用程序。

剪贴板操作为：首先使用【剪贴】或【复制】按钮对数据进行操作，把这些数据暂时存放在剪贴板中；然后使用【粘贴】按钮把这些数据从剪贴板中复制到目前位置。

1.3 管理文件

管理文件是操作系统的基本功能之一，其包括文件的创建、查看、复制、移动、删除、搜索、重命名、属性等操作。在 Windows 7 中，文件的管理主要通过【计算机】和【资源管理器】完成。

1.3.1 文件与文件夹

1. 文件的概念

文件是具有某种信息的数据的集合。文件可以是应用程序,也可以是应用程序创建的文档。文件的基本属性包括文件名、文件大小、文件类型和创建时间等。不同的文件通过文件名和文件类型进行区别。

2. 文件的命名规则

(1) 命名规则

在 Windows 中,文件的命名有如下规则。

文件的名称由文件名和扩展名组成,中间用"."字符分隔,通常扩展名说明文件的类型,如表 1-4 所示。

表 1-4　常用扩展名

扩展名	说　明	扩展名	说　明
exe	可执行文件	sys	系统文件
com	命令文件	zip	压缩文件
htm	网页文件	doc	Word 文件
txt	文本文件	c	C 语言源程序
bmp	图像文件	pdf	Adobe Acrobat 文档
swf	Flash 文件	wav	声音文件
java	Java 语言源程序	cpp	C++ 语言源程序

在 Windows 操作系统中,文件名最多由 255 个字符组成。文件名可以包含字母、汉字、数字和部分符号,但不能包含?、*、√、〈 〉等非法字符。

文件名不区分字母的大小写。

在同一存储位置,不能有文件名(包括扩展名)完全相同的文件。

(2) 通配符

当用户要对某一类或某一组文件进行操作时,可以使用通配符来表示文件名中不同的字符。在 Windows 中引入两种通配符:"?"和"*"。具体含义如表 1-5 所示。

表 1-5　通配符的使用

通配符	含　义	举　例
?	表示任意一个字符	?p.txt,表示文件名由两个字符组成,且第 2 个字符是"p"的 txt 文件
*	表示任意长度的任意字符	*.mp3,表示磁盘上所有的 mp3 文件

3. 文件夹

文件夹(目录)是系统组织和管理文件的一种形式。在计算机的磁盘上存放了大量的文件,为了查找、存储和管理文件,用户可以将文件分门别类地存放在不同的文件夹里。

文件夹中可以存放文件,也可以存放文件夹。文件夹也是通过名称进行标识的,其命名规则与文件命名规则相同。

1.3.2 浏览计算机资源

在 Windows 7 系统中提供了两种重要的管理资源工具——【计算机】和【资源管理器】。

【例1-1】 使用【资源管理器】浏览计算机中的文件和文件夹。

(1) 启动【资源管理器】。

可以通过以下两种方式打开【资源管理器】窗口：

方法一：单击【开始】→【所有程序】→【附件】→【Windows 资源管理器】按钮，打开【资源管理器】窗口。

方法二：在【开始】按钮上右击，在弹出的快捷菜单中选择【打开 Windows 资源管理器】即可。

(2) 在【资源管理器】窗口，可用不同的方式浏览计算机资源。

① "树形结构"资源管理器。

【资源管理器】窗口如图 1-9 所示，它采用双窗格显示了驱动器、文件夹、文件、外部设备以及网络驱动器的结构，系统中的所有资源以分层树形的结构显示出来：当用户在左窗格中选择了一个驱动器或文件夹后，该驱动器或文件夹所包含的所有内容都会显示在右窗格中。若将鼠标指针置于左、右窗格分界处，指针形状会变成双向箭头，此时按下鼠标左键拖动分界线可改变左右窗格的大小。

图 1-9 【资源管理器】窗口

操作系统为每个存储设备设置了一个称为目录的文件列表，目录包含存储设备上每个文件的相关信息，比如文件名、文件扩展名、文件创建时间和日期、文件大小等。每个存储设备上的主目录又称为根目录，如果根目录包含了成千上万个文件，那么在其中查找所需文件的效率将会很低。为了更好地组织文件,大多数文件系统都支持将目录分成更小的列表,称为子目录或文件夹。文件夹还可以进一步细分为其他文件夹(又称为子文件夹)。这种由存储设备开始,层层展开,直到最后一个文件夹的结构,如同一棵大树,由树根到树枝不断分支,因此称之为"树形结构"。在资源管理器的目录树中,凡带有" ▷ "的节点,表示其有下层的子文件夹,单击可以展开;而带有" ◢ "的节点,表示其下层子文件夹已经展开,单击可以收拢。

② 路径。

在多级目录的文件系统中,用户要访问某个文件时,除了文件名外,通常还要提供找到该文件的路径信息。所谓路径,是指从根目录出发,一直到所要找的文件,把途径的各个子文件夹连接在一起,两个子目录之间用分隔符"\"分开。例如,"C:\Windows\Study\OK.txt"就是一个路径。

右击【资源管理器】中的内容窗口,在弹出的快捷菜单中列出了文件和文件夹的查看、排序方式、分组依据等选项,其中【查看】包括大图标、小图标、列表和详细信息、内容等显示选项。如图1-10是以内容方式浏览文件。

图1-10　以内容方式浏览文件

1.3.3　文件与文件夹的基本操作

1. 创建文件

一般情况下,用户可通过应用程序新建文档。另外,在桌面空白处单击鼠标右键,在弹出的快捷菜单中选择【新建】级联菜单中的相应选项也可创建文件。

2. 创建文件夹

创建文件夹的方法有几种,最简单的是在创建文件夹的目标位置单击鼠标右键,在弹出的快捷菜单中选择【新建】→【文件夹】选项,编辑新建文件夹名即可。

【例1-2】　在D盘上建立一个名为"myfile"的文件夹,再用记事本创建一个新文件,保存在新建的"myfile"文件夹中。

（1）在【资源管理器】窗口中选择磁盘驱动器 D，在右侧窗口的空白处单击鼠标右键，在弹出的快捷菜单中选择【新建】→【文件夹】按钮，建立一个默认名为"新建文件夹"的文件夹，此时直接输入新的文件夹名"myfile"。

（2）单击【开始】→【所有程序】→【附件】→【记事本】按钮，打开【记事本】编辑窗口（记事本是 Windows 自带的文本编辑器）。

（3）在【记事本】窗口中输入内容，然后保存文件，方法是：单击【文件】→【保存】命令，在打开的【另存为】对话框中，选择 D 盘路径下的 myfile 文件夹，输入文件名 file.txt，单击"保存"按钮，如图 1-11 所示。

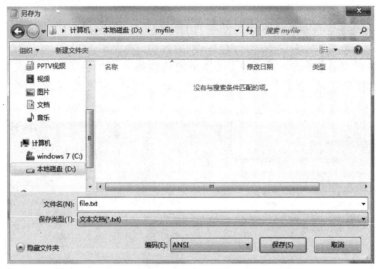

图 1-11　保存文件

3．选取文件和文件夹

Windows 的操作特点是先选定操作对象，再执行操作命令。因此，用户在对文件和文件夹进行操作前，必须先选定对象。选取文件和文件夹的方法如下：

（1）选取单个文件或文件夹

要选定单个文件或文件夹，只需用鼠标单击所要选取的对象即可。

（2）选取多个连续的文件和文件夹

单击第一个要选取的文件或文件夹，然后按住【Shift】键，单击最后一个文件或文件夹即可。也可用鼠标直接拖动选取多个连续的文件和文件夹。

（3）选取多个不连续的文件和文件夹

单击第一个要选取的文件或文件夹，然后按【Ctrl】键，逐个单击其他要选取的文件和文件夹即可。

（4）选取当前窗口所有的文件和文件夹

单击【编辑】→【全部选中】按钮，或按组合键【Ctrl】+【A】完成操作。

4．复制、移动文件和文件夹

要复制、移动文件和文件夹有如下几种方法：

方法一：使用菜单选项。

首先选定要复制或移动的文件和文件夹。若要进行复制操作,选择【编辑】→【复制】命令(或按【Ctrl】+【C】组合键);若要进行移动操作,选择【编辑】→【剪切】命令(或按【Ctrl】+【X】组合键);然后选定目标位置,选择【编辑】→【粘贴】命令(或按【Ctrl】+【V】组合键),即可将选定的文件和文件夹复制或移动到目标位置。

方法二:使用鼠标拖动。

复制文件和文件夹:若被复制的文件和文件夹与目标位置不在同一驱动器,则用鼠标直接将其拖动到目标位置即可;否则,按住【Ctrl】键,再拖动文件和文件夹到目标位置。

移动文件和文件夹:若被移动的文件和文件夹与目标位置在同一驱动器,则用鼠标直接将其拖动到目标位置即可;否则,按住【Shift】键,再拖动文件和文件夹到目标位置。

方法三:使用右键拖动。

选取要操作的文件和文件夹,用鼠标右键将其拖动到目标位置,此时弹出快捷菜单,根据需要选择【复制到当前位置】或【移动到当前位置】按钮。

5. 删除文件和文件夹

选取要删除的文件和文件夹后,使用下列方法将其删除。

方法一:用鼠标直接拖动到【回收站】图标上即可。

方法二:直接按【Delete】键,弹出【确认文件删除】对话框,单击【确认】按钮,即可将文件和文件夹放入回收站。

方法三:按【Shift】+【Delete】组合键,可以永久删除文件和文件夹而不放进回收站中,文件也不能被还原。

> **提示**:在回收站中的文件没有从磁盘中永久删除,可以找回这些文件。具体方法是:打开【回收站】窗口,从中选择要恢复的文件,单击鼠标右键,在弹出的快捷菜单中选择【还原】按钮,则该文件从回收站中消失,还原到原来的位置。

6. 重命名文件和文件夹

方法如下:

① 选取要重命名的文件和文件夹。

② 单击鼠标右键,在弹出的快捷菜单中选择【重命名】命令;或按【F2】键,即可对文件和文件夹名进行编辑。

③ 对文件和文件夹重命名后,按【Enter】键即可确认。在 Windows 中每次只能对一个文件和文件夹命名。

> **提示**:重命名文件时,不要轻易修改其扩展名,以便使用正确的应用程序打开。

7. 搜索文件和文件夹

搜索文件是按照文件的某种特征在计算机中查找相应的文件和文件夹,Windows 还可以搜索网络中的其他计算机。Windows 提供了一个"搜索助理"帮助用户执行搜索操作。

【例1-3】 搜索本机 C 盘中所有扩展名为 txt 的文本文件。

(1) 在【资源管理器】左框中选定搜索范围"C"盘。

(2) 在【资源管理器】窗口右上角的搜索框中输入搜索关键词"*.txt",系统即自动开始搜索符合条件的文件,搜索结果如图 1-12 所示。

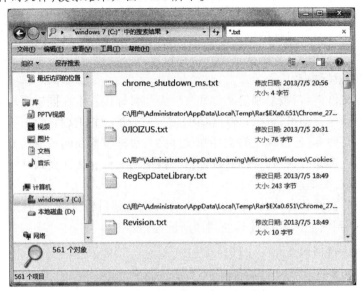

图 1-12　搜索 C 盘中的文本文件

1.4　系统设置

Windows 将系统设置功能集中在【控制面板】中。单击【开始】→【控制面板】按钮,打开【控制面板】窗口,如图 1-13 所示,在该窗口中可以进行相应的参数设置。

图 1-13　【控制面板】窗口

◆ 1.4.1　显示属性的设置

在【控制面板】窗口中,单击【外观和个性化】,在出现的窗口中有【个性化】、【显示】、【桌面小工具】、【任务栏和「开始」菜单】等选项,选择【个性化】按钮,在打开的窗口中可设置显示属性,如图 1-14 所示。

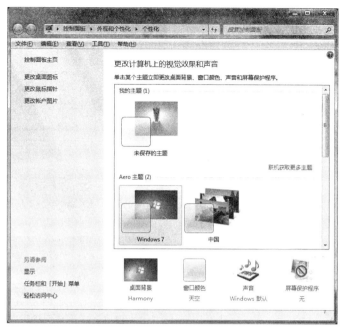

图 1-14 【个性化】窗口

【例1-4】 更新桌面背景图片,并且当 5 分钟内计算机无操作时,启动屏幕保护程序,只有输入正确密码,才能解除屏幕保护程序。

(1) 打开【控制面板】窗口,单击【外观和个性化】,在打开的【个性化】窗口中单击【更改计算机上的视觉效果和声音】→【桌面背景】按钮,打开【桌面背景】窗口,如图 1-15 所示;也可在【外观和个性化】窗口中单击【个性化】→【更改桌面背景】按钮,打开【桌面背景】窗口。

图 1-15 【桌面背景】窗口

(2) 在【图片位置】下拉列表框中选择桌面背景,或单击【浏览】按钮,在其他位置查找背景图片,并在预览窗口中显示,如果图片的尺寸大小不符合要求,可以单击【图片位置】下拉列表,选择一个合适的选项以调整图片的显示方式,单击【保存修改】按钮,背景图片即设置完成。

(3) 在【外观和个性化】窗口中单击【更改屏幕保护程序】命令,打开【屏幕保护程序设置】对话框,如图1-16所示。

(4) 在【屏幕保护程序】下拉列表中选择一个保护程序,通过下拉列表上方的预览窗口,浏览选中的屏幕保护程序的显示效果;单击【预览】按钮,会以全屏方式显示屏幕保护程序的运行效果。

(5) 在【等待】数值框中,将运行屏幕保护程序之前的系统闲置时间设置为"5"分钟,单击【设置】按钮,可在弹出的对话框中对所选的屏幕保护程序属性进行设置。

(6) 选中【在恢复时显示登录屏幕】复选框,单击【应用】按钮。

图 1-16 【屏幕保护程序设置】对话框

【例 1-5】 设置显示器的分辨率。

(1) 在【外观和个性化】窗口中单击【调整屏幕分辨率】,打开【屏幕分辨率】窗口,如图1-17所示。

图 1-17 【屏幕分辨率】窗口

(2) 在【分辨率】下拉框中可以调整屏幕分辨率。

提示:将显示器设置为其"原始分辨率"是一个好的习惯,该分辨率是厂商根据显示器大小而设计的适合显示的分辨率。单击"分辨率"旁边的下拉列表,检查标记为"(推荐)"的分辨率,这是显示器的原始分辨率,通常是显示器可以支持的最高分辨率。

1.4.2 日期与时间的调整

在默认状态下,Windows 系统的时间显示在任务栏右侧的系统提示区中。系统时间值可以通过手动操作调整,也可以连接到 Internet 上,借助互联网的服务器更新计算机的时间。

【例 1-6】 手动调整系统时间。

(1) 单击桌面任务栏右端的【时间区】,显示【日期和时间】面板,单击【更改日期和时间设置】按钮,打开【日期和时间】对话框,如图 1-18 所示。

(2) 单击【更改日期和时间】按钮,打开【日期和时间设置】对话框,如图 1-19 所示。

图 1-18 【日期和时间】对话框

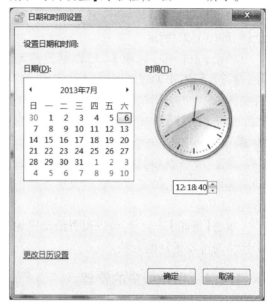

图 1-19 【日期和时间设置】对话框

(3) 选择要设置的日期并输入时间,单击【确定】按钮保存调整后的时间。单击【更改日历设置】,可设置日历的格式。

提示:在控制面板的【时钟、语言和区域】窗口中包含设置日期和时间、更改时区、更改时间或数字格式、更改输入法等操作。

【例 1-7】 利用 Internet 调整计算机系统时间。

(1) 将计算机接入 Internet。

(2) 打开【日期和时间】对话框,单击【Internet 时间】选项卡,单击【更改设置】按钮,打开【Internet 时间设置】对话框,如图 1-20 所示。

(3) 选中【与 Internet 时间服务器同步】复选框,在【服务器】下拉列表中选择一个时间服务器,单击【立即更新】按钮,计算机将与所指定的时间服务器连接,更新计算机的系统时间。

图 1-20 【Internet 时间设置】对话框

提示： 如果个人使用的计算机已经连接到企业的内部网，也可以按照网络中的时间服务器更新系统时间。

1.4.3 鼠标属性的设置

在【控制面板】窗口中，单击【硬件和声音】按钮，在显示的窗口中有【设备和打印机】、【自动播放】、【声音】等选项，单击【设备和打印机】→【鼠标】按钮，打开【鼠标属性】对话框，如图1-21所示。

单击【鼠标键】选项卡，可以通过拖动滑块，改变鼠标双击的时间间隔，并在右侧的"文件夹图标"上进行测试。

单击【指针】选项卡，可以更改鼠标指针方案。

单击【指针选项】选项卡，可以设置指针移动的速度和精度，设置是否显示鼠标移动的轨迹等。

单击【滑轮】选项卡，可以设置滚动滑轮一个齿格时屏幕滚动的行数。

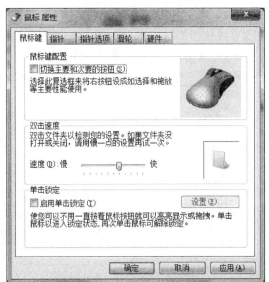

图1-21 【鼠标属性】对话框

1.4.4 用户帐户的管理

在 Windows 中，拥有管理员优先权的用户有权建立新的用户帐户。如果计算机连接到 Internet 上，只有获得网络管理员分配的访问权限，才能进行添加用户的操作。

在【控制面板】窗口中，单击【用户帐户和家庭安全】，再单击【添加或删除用户帐户】，打开【管理帐户】窗口，如图1-22所示。该窗口中显示了三个帐户：Administrator（管理员）、Computer（标准用户）和 Guest（未启用）。单击其中某一个帐户，进入该帐户的信息修改窗口，可修改用户名、密码、用户图片等信息。

图1-22 【管理帐户】窗口

【例1-8】 创建一个新的标准用户 Customer。

（1）打开【控制面板】窗口，单击【用户帐户和家庭安全】→【添加或删除用户帐户】，打开【管理帐户】窗口，如图1-22所示，在该窗口中单击【创建一个新帐户】，打开如图1-23所示的【创建新帐户】窗口。

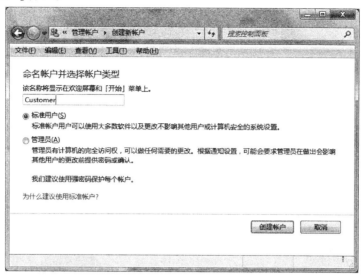

图 1-23 【创建新帐户】窗口

(2) 在文本框中输入新帐户的名称,如"Customer"。

(3) 为帐户选择权限类型:标准用户或管理员,这里选择【标准用户】。

提示:计算机管理员能够访问所有的文件,能够创建、更改、删除用户帐户,能够安装和删除程序等。标准用户只能被允许访问自己帐户范围内的文件,另外标准用户在安装新软件时,可能因为不具备相应的权限而无法完成操作。

(4) 确定新帐户的权限后,单击【创建帐户】按钮,完成创建帐户操作。

(5) 在【管理帐户】窗口中,单击 Customer 用户,打开【更改帐户】窗口,如图 1-24 所示,然后可进行相关操作(比如创建密码、更改图片、更改帐户名称、更改帐户类型等)。

提示:新创建的账户没有密码,可在【更改帐户】窗口中创建密码。

图 1-24 【更改帐户】窗口

1.4.5 计算机名称的更改

每台计算机都有一个名称,它是在安装 Windows 时设定的。计算机的名称对于家庭计算机用户来说用处不是很大。但是,在一个企业网络中,可以通过计算机名称访问网络的共享资源。

【**例 1-9**】 查看计算机信息并将计算机名称更改为"My-PC"。

（1）右键单击【计算机】图标，在弹出的快捷菜单中单击【属性】命令，打开如图 1-25 所示的【系统】窗口，其中显示了当前计算机的系统信息。

提示：也可通过在【控制面板】窗口中单击【系统和安全】，再单击【系统】按钮，打开如图 1-25 所示的【系统】窗口。

（2）单击【更改设置】按钮，打开【系统属性】对话框，如图 1-26 所示，单击【更改】按钮，在弹出的【计算机名/域更改】对话框中可输入新的计算机名称，如"My-PC"，然后单击【确定】按钮，完成计算机更名操作，如图1-27所示。

图 1-25 【系统】窗口

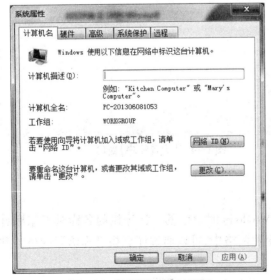

图 1-26 【系统属性】对话框

图 1-27 【计算机名/域更改】对话框

提示：计算机名称由长度不超过 15 个字符的"字母"、"数字"和"-"构成。更名后,新的计算机名在重新启动计算机后才有效。

1.4.6 软件的安装与卸载

1. 应用程序的安装

通常,程序可以从光盘或从网络上安装。厂商出售的软件或网上下载的软件都带有自己的安装程序。从网络下载和安装程序时,请确保该程序的发布者以及提供该程序的网站的可信性。

从光盘安装软件,只要把光盘插入光驱,一般光盘的自启动安装程序就会开始运行,只要根据屏幕提示一步一步地进行操作,即可完成安装过程。如果安装程序没有自己启动,可以打开光盘,在其根目录下找到文件 Setup.exe 或 Install.exe,然后双击之,安装程序就会开始运行。从网上下载软件,通常下载的是其安装程序,双击安装即可。例如,腾讯公司 QQ 软件的安装,双击下载的安装文件,即启动其安装向导,如图 1-28 所示。

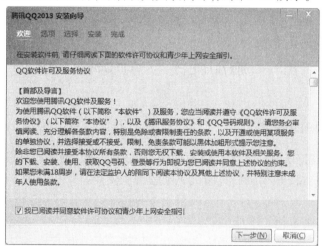

图 1-28 【腾讯 QQ2013 安装向导】窗口

提示：网上下载的软件有些为绿色软件,即这些软件无须安装便可使用,可存放于闪存中(因此又可称为可携式软件),移除后也不会将任何记录(注册表消息等)留在计算机上。

2. 应用程序的卸载

【例 1-10】 删除计算机中的"QQ 软件"。

(1) 在【控制面板】→【程序】窗口中,单击【卸载程序】按钮,打开【卸载或更改程序】窗口,该窗口显示系统中安装的程序。

(2) 在程序列表中,选中要卸载的软件"腾讯 QQ2013",单击【卸载】按钮,弹出该软件的卸载确认对话框,如图 1-29 所示,单击【是】,打开程序卸载向导。

(3) 依次单击向导中的【下一步】按钮,完成卸载 QQ 软件的操作。

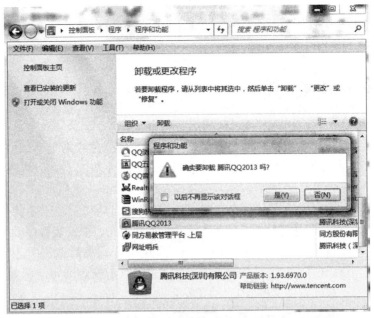

图 1-29 【卸载或更改程序】窗口

1.5 添加硬件与 Windows 功能

1.5.1 打印机的安装

Windows 几乎支持所有厂商生产的不同类型的打印机。使用打印机之前,需要将打印机连接到计算机上,并安装相应的打印机驱动程序。安装打印机分为安装本地打印机和安装网络打印机。

【例 1-11】 安装本地打印机。

在连接打印机之前,首先把计算机关掉。打印机一般有两根线,一根是电源线,用于插到电源插座上,另一根线与计算机相连。现在许多打印机不是 LPT 接口,而是 USB 接口。USB 接口支持热插拔,连接时不必关闭计算机,只要在主机上找到对应的 USB 插口,将打印机的 USB 插头与主机的 USB 插口直接连接即可。

连接好打印机后,在任务栏右端的【系统提示区】显示"发现新硬件"。此时系统在驱动程序库中搜索相匹配的打印机驱动程序,自行完成安装。如果 Windows 没有提示找到打印机,那就必须先检查连接是否正确,打印机的电源是否打开。然后按照以下步骤操作:

(1) 选择【开始】→【设备和打印机】按钮,打开其窗口。

(2) 单击【添加打印机】按钮,弹出如图 1-30 所示的对话框,单击【添加本地打印机】按钮,弹出【选择打印机端口】对话框。

图 1-30 【添加打印机】对话框

(3) 在该对话框中如选择【使用现有的端口】,则在其右侧的下拉列表中选择打印机端口,注意所选择的端口必须与连接打印机的端口一致,用户的打印机端口一般推荐选择"LPT1(打印机端口)",单击【下一步】按钮,弹出如图1-31所示的【安装打印机驱动程序】对话框。

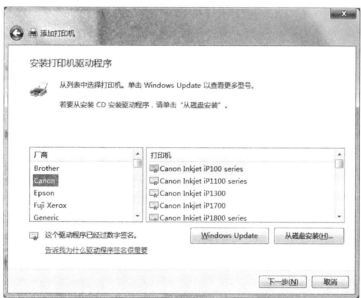

图 1-31 【安装打印机驱动程序】对话框

(4) 从【厂商】列表中选择打印机的生产厂商(如"Canon"佳能),并从【打印机】型号列表中选择该打印机的型号。

(5) 单击【从磁盘安装】按钮,按照安装向导的提示继续完成后续的驱动程序安装过程。

(6) 打印机安装完成后,打印机的图标会出现在【打印机和传真】窗口中。

1.5.2 Windows 功能的添加

在安装 Windows 7 时,在默认情况下,只安装常用的功能,其他如 Internet 信息服务、Telnet 服务器等只能单独安装。

【例 1-12】 安装 Windows 7 功能——Internet 信息服务。

(1) 打开【控制面板】窗口,单击【程序】按钮,打开其窗口。

(2) 单击【程序和功能】→【打开或关闭 Windows 功能】,打开如图 1-32 所示的【Windows 功能】对话框,在该对话框中列出了 Windows 中可安装的所有功能,其中,功能前面的方框中有标号"√"表示已选择安装的项目,否则表示没有安装的项目,有阴影的方框表示只安装了部分项目。

(3) 选中【Internet 信息服务】复选框,单击前面的加号,在展开的选项中,选择所要安装的功能,单击【确定】按钮,完成 Internet 信息服务功能的安装。

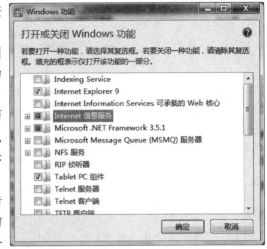

图 1-32 【Windows 功能】对话框

提示:如果要关闭已经安装的 Windows 功能,只需在图 1-32 中取消功能名称前面的复选项,单击【确定】按钮,即可关闭相关功能。

1.6 其他功能

Windows 7 中具有很多附加的功能和工具,如磁盘清理、安装和设置输入法、媒体播放器、记事本、画图等都很有用处。

1.6.1 磁盘管理

1. 清理磁盘

计算机在使用一段时间后,在磁盘中会出现许多临时文件和缓冲文件,它们会占用大量的磁盘空间,影响计算机的存储空间与运行速度。因此,计算机磁盘需要定期进行清理。使用 Windows 自带的磁盘清理程序既可以删除临时文件、缓冲文件,也可以压缩原有文件。

【例 1-13】 清理磁盘 C(Windows 系统盘)。

(1) 单击【开始】→【所有程序】→【附件】→【系统工具】→【磁盘清理】按钮,打开【驱动器选择】对话框。

(2) 在【驱动器】下拉列表中选择要进行清理的磁盘驱动器 C,如图 1-33 所示,单击【确定】按钮,系统自动清理空间,弹出如图 1-34 所示的【磁盘清理】对话框。

第 1 章　Windows 7 操作系统

图 1-33 【驱动器选择】对话框　　　　　图 1-34 【磁盘清理】对话框

（3）在【磁盘清理】对话框中列出了可以删除的文件选项。在【要删除的文件】列表框中选中要删除的文件前的复选框，单击【确定】按钮，弹出【磁盘清理】确认对话框，如确定要删除，则单击【删除文件】按钮。

2．整理磁盘碎片

在使用磁盘的过程中，由于不断地添加、删除文件，磁盘中会形成一些存储位置不连续的文件——磁盘碎片。由于这些不连续位置的随机性，使得在读、写文件时需要多耗费大量时间去确定位置，从而影响计算机的运行速度。Windows 7 中的磁盘碎片整理程序可以分析磁盘上存储的所有数据、文件，将分散存放的文件和文件夹重新排列整理，从而提高文件的执行效率。

【例 1-14】　整理 D 盘中的磁盘碎片。

（1）单击【开始】→【所有程序】→【附件】→【系统工具】→【磁盘碎片整理程序】，打开如图 1-35 所示的窗口。

图 1-35 【磁盘碎片整理程序】窗口

(2)在窗口中选择 D 盘,单击【分析磁盘】按钮,系统对 D 盘的空间占用情况进行分析与显示,如图 1-35 所示。

(3)单击【磁盘碎片整理】按钮,即可开始整理磁盘碎片程序。碎片整理完成后,单击【关闭】按钮。

1.6.2 输入法的安装与设置

中文版 Windows 7 提供了多种中文输入法,比如"微软拼音""郑码""全拼"等。在使用过程中,可以根据需求添加或删除输入法,也可以设置中文输入法的快捷键。

【例 1-15】 安装"微软拼音"输入法。

(1)在【控制面板】窗口中,单击【时钟、语言和区域】按钮,在打开的窗口中,单击【更改键盘或其他输入法】按钮,打开【区域和语言】对话框。

(2)单击【更改键盘】按钮,打开【文本服务和输入语言】对话框,如图 1-36 所示。

(3)单击【添加】按钮,打开【添加输入语言】对话框,从列表中选择"中文(简体)-微软拼音",单击【确定】按钮,完成输入法的添加。此时,在【文本服务和输入语言】窗口的【已安装的服务】列表中可以看见新添加的输入法。

如果要删除某种输入法,在【已安装的服务】列表中选中要删除的输入法,单击【删除】按钮即可。

【例 1-16】 为"中文(简体)-智能 ABC"设置切换的快捷键。

(1)在图 1-36 所示的【文本服务和输入语言】对话框中,单击【高级键设置】选项卡,打开【高级键设置】面板。

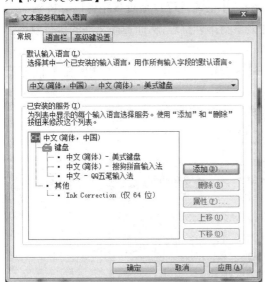

图 1-36 【文本服务和输入语言】对话框

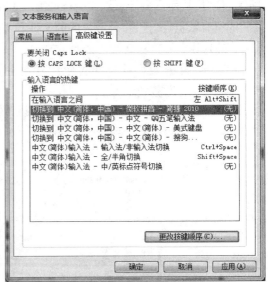

图 1-37 【高级键设置】面板

(2)在对话框的【输入语言的热键】列表中选择"中文(简体)-微软拼音",如图 1-37 所示,单击【更改按键顺序】按钮,打开【更改按键顺序】对话框。

(3)在【更改按键顺序】对话框中选中【启用按键顺序】复选框,然后选择"Ctrl + Shift"选项,【键】值选择"0",如图 1-38 所示,最后单击【确定】按钮。

图 1-38 【更改按键顺序】对话框

1.6.3 媒体播放器

在 Windows 7 中，Windows Media Player 是一个通用的多媒体播放器，可用于播放几乎所有格式的多媒体文件，可以刻录、翻录、同步、流媒体传送、观看视频和照片、欣赏音乐，可以从在线商店下载音乐和视频，并且可同步到手机或存储卡中。

【例 1-17】 使用 Windows Media Player 播放歌曲。

（1）单击【开始】→【所有程序】→【Windows Media Player】按钮，打开播放器。

（2）单击【文件】→【打开】按钮，在弹出的选择对话框中选择要播放的文件（可选择多个），单击【打开】按钮，所选文件显示在播放器窗口右侧的列表中，如图 1-39 所示。

图 1-39 Windows Media Player 播放器

（3）选择一个要播放的文件，单击【播放】命令，文件开始播放；使用【刻录】命令，可以对所选择的项目进行刻录。

1.6.4 记事本

记事本是用来加工处理纯文本文件的工具。在记事本中，不能使用文字的字体、字形，不能插入图形图像，只能输入文本。它只能用于编辑纯文本格式的文件，如批处理文件、源程序代码、网页文件等。

【例 1-18】 使用记事本编辑一段文字，并以"练习"为文件名保存在 D 盘中。

（1）单击【开始】→【所有程序】→【附件】→【记事本】按钮，打开其窗口。

(2) 在窗口中录入如图 1-40 所示的文字内容，单击【文件】→【保存】，在打开的【另存为】对话框中，选择保存路径为 D 盘，文件名为"练习"，文件类型为"txt"，单击【保存】按钮。

1.6.5 画图

Windows 7 系统提供了完整的绘图工具和选择颜色的调色板，使用该工具，可以创建简单的图形，还可以在图中添加文字。

【例 1-19】 使用【画图】程序绘制月牙儿。

（1）单击【开始】→【所有程序】→【附件】→【画图】按钮，打开【画图】窗口，窗口左上侧是工具箱，右上侧是调色板，下侧是绘图区。

（2）在【形状】组中选择椭圆，然后在绘图区按住【Shift】键并拖动鼠标指针，即可绘制出一个正圆，在【工具】组中选择填充操作，在【颜色】组中选择黄色，可填充出黄色正圆，如图 1-41 所示。

（3）以同样的方法绘制一个白色的圆，并且用该圆覆盖第一个黄色的圆，直到留下黄色的月牙儿至满意为止，如图 1-42 所示。

（4）在【工具】组中选择输入文字操作，在绘图区拖出一个矩形文本框，然后在文本框中输入文字"弯弯的月亮"，最后调整文字的字形、字号和颜色，效果如图 1-43 所示。

图 1-40 【记事本】窗口录入练习

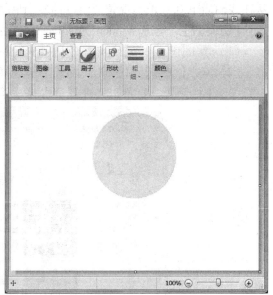

图 1-41 绘制黄色正圆

图 1-42 绘制月牙儿

图 1-43 添加文字效果

(5)保存文件。

提示:由【画图】程序生成的图像文件的扩展名是"png",也可以保存为"jpg""gif""bmp"等格式。

1.6.6 更新 Windows 系统

Windows 有基于互联网的更新服务【Windows Update】,可以通过互联网自动更新计算机的系统。

【例1-20】 自动更新操作系统。

(1)单击【控制面板】→【系统和安全】按钮,在打开的窗口中,单击【Windows Update】→【启用或禁用自动更新】,打开【更改设置】窗口。

(2)在【重要更新】下拉选项中,选择【自动安装更新(推荐)】选项,然后设置自动更新的时间,如图 1-44 所示。

完成上述设置后,Windows 能够自动查找并下载所需要更新的内容,并更新系统。

图 1-44 设置 Windows 自动更新

第 2 章 文字处理软件 Word 2010

Microsoft Word 2010 是微软公司的 Office 2010 系列办公组件之一，是目前最优秀、最流行的文字编辑软件，它用 Microsoft Office Backstage 视图取代了以前的【文件】菜单，其增强后的功能可以更方便地创建精美的文档，用户可以更加轻松地与他人协同工作并可在任何地点访问文件。本章主要介绍了 Windows 7 环境下 Word 2010 的基本功能和使用方法，文字及段落的格式化，表格的处理，图片、公式、艺术字、域以及其他对象的应用等。

Word 2010 的默认文件扩展名为.docx。

2.1 Word 的基本操作

2.1.1 Word 的启动与退出

1. Word 2010 的启动

启动 Word 2010 有如下方法：

（1）正常启动

进入 Windows 环境，选择【开始】→【所有程序】→【Microsoft Office】→【Microsoft Office Word 2010】，即可启动中文版 Word 2010 应用程序。

（2）利用【Word 2010】图标启动

双击桌面上的【Word 2010】图标或双击某一用 Word 2010 创建的文档都可以启动。

2. Word 2010 的退出

退出 Word 2010 有如下几种方法：

（1）使用【文件】选项卡

选择功能区上【文件】选项卡中的【退出】按钮，即可退出 Word 2010 应用程序。

（2）使用【控制菜单】

在程序窗口左上角的 Word 控制图标上单击鼠标左键，即可打开如图 2-1 所示的控制菜单，选择【关闭】选项，即可退出 Word 2010；或者直接双击 Word 控制图标退出。

（3）使用【关闭】按钮

图 2-1 控制菜单

在 Word 应用程序窗口的右上角有一个【关闭】按钮 ，单击该按钮，也可以关闭 Word 2010 应用程序。

（4）使用组合键

按【Alt】+【F4】组合键，即可退出 Word 2010。

2.1.2　Word 的工作界面

Word 2010 的工作界面由标题栏、功能区选项卡、快速访问工具栏、功能区、编辑窗口、【视图切换】按钮、滚动条、缩放滑块、状态栏、标尺开关等组成，基本结构如图 2-2 所示。

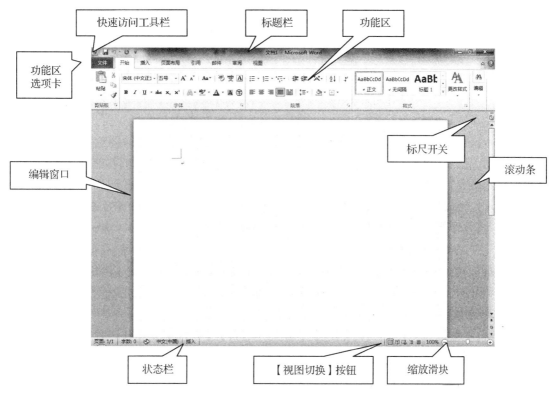

图 2-2　Word 2010 的工作界面

1．标题栏

标题栏位于窗口的最上方，显示正在编辑的文档文件名以及所使用的软件名。右侧为【最小化】按钮、【最大化】按钮以及【关闭】按钮。

2．功能区选项卡

功能区选项卡中包含了【文件】、【开始】、【插入】、【页面布局】、【引用】、【邮件】、【审阅】、【视图】和【加载项】等功能区供用户选用。

3．快速访问工具栏

快速访问工具栏是一个可以自定义的工具栏，它处于标题栏左侧的位置，包含一组独立于当前所显示的选项卡的命令。用户可以移动快速访问工具栏，还可以向其中添加表示命令的按钮。

如果不希望快速访问工具栏在其当前位置显示,可以将其移动到其他位置,用户只需要单击快速访问工具栏旁的按钮 ,在打开的列表中,单击【在功能区下方显示】即可。

快速访问工具栏中还放置了用户经常使用的操作,除【控制菜单】图标以外,默认状态下为【保存】、【撤销】和【重复】键。用户也可以根据个人习惯,单击按钮 ,打开列表来自定义快速访问工具栏。

4．功能区

功能区中包含了编辑文档时需要用的所有操作。Word 2010 提供了九个功能区,分别为【文件】、【开始】、【插入】、【页面布局】、【引用】、【邮件】、【审阅】、【视图】和【加载项】。每个功能区根据功能的不同分为若干个组,各个功能区所拥有的功能如下所述:

(1)【文件】功能区

【文件】功能区包含了一些基本操作,如【保存】、【另存为】、【打开】、【关闭】、【信息】、【最近所用文件】、【新建】、【打印】、【保存并发送】、【帮助】、【选项】和【退出】等选项。

(2)【开始】功能区

【开始】功能区中包括【剪贴板】、【字体】、【段落】、【样式】和【编辑】五个组,该功能区主要用于帮助用户对 Word 2010 文档进行文字编辑和格式设置,是最常用的功能区。

(3)【插入】功能区

【插入】功能区包括【页】、【表格】、【插图】、【链接】、【页眉和页脚】、【文本】、【符号】和【特殊符号】几个组,主要用于在 Word 2010 文档中插入各种元素。

(4)【页面布局】功能区

【页面布局】功能区包括【主题】、【页面设置】、【稿纸】、【页面背景】、【段落】、【排列】几个组,主要用于帮助用户设置 Word 2010 文档页面样式。

(5)【引用】功能区

【引用】功能区包括【目录】、【脚注】、【引文与书目】、【题注】、【索引】和【引文目录】几个组,主要用于实现在 Word 2010 文档中插入目录等比较高级的功能。

(6)【邮件】功能区

【邮件】功能区包括【创建】、【开始邮件合并】、【编写和插入域】、【预览结果】和【完成】几个组,功能区的作用比较专一,专门用于在 Word 2010 文档中进行邮件方面的操作。

(7)【审阅】功能区

【审阅】功能区包括【校对】、【语言】、【中文简繁转换】、【批注】、【修订】、【更改】、【比较】和【保护】几个组,主要用于对 Word 2010 文档进行校对和修订等操作,适用于多人协作处理 Word 2010 长文档。

(8)【视图】功能区

【视图】功能区包括【文档视图】、【显示】、【显示比例】、【窗口】和【宏】几个组,主要用于帮助用户设置 Word 2010 操作窗口的视图类型,以方便操作。

(9)【加载项】功能区

【加载项】功能区包括菜单命令一个分组,加载项是可以为 Word 2010 安装的附加属性,如【自定义工具栏】或其他命令扩展。可以在 Word 2010 中添加或删除加载项。

5．编辑窗口

文档窗口的中间矩形区域即编辑窗口，是输入内容、进行编辑的区域，利用 Word 提供的功能支持，用户能够在此编辑出图文并茂的文档。

6．视图切换按钮

视图切换按钮可用于更改正在编辑的文档的显示模式。

7．滚动条

Word 2010 的滚动条包括垂直滚动条和水平滚动条，分别位于文档的右方和下方，用来滚动文档，显示文档中在当前屏幕上看不到的内容。要显示或隐藏滚动条，通过单击【文件】选项卡，选择【选项】按钮，在打开的对话框左侧选择【高级】选项，在右侧的【编辑】→【显示】选项中设置。

8．缩放滑块

缩放滑块可用于调整正在编辑文档的显示比例。

9．状态栏

状态栏位于窗口的最底部，用于显示文档的有关信息，如当前页面数/页面总数、字数自动统计、插入/改写切换按钮等。

10．标尺

标尺用于帮助用户在文档中对齐文本，它也是一个可选择的栏目。要显示或隐藏标尺，可通过 Word 主窗口右侧滚动条上方的标尺开关实现。

2.1.3　基本操作

1．新建文档

启动 Word 2010 后，系统会自动打开一个编辑窗口，创建一个名为"文档1"的新空白文档。用户可以在【文档1】窗口中输入有关信息，然后保存文档，这样就建立了一个新文档。此外，也可以在 Word 窗口中通过打开【文件】选项卡，选择【新建】命令，利用【空白文档】模板，单击【创建】按钮来创建一个空白文档，如图 2-3 所示。当然，用户还可以利用 Word 提供的丰富模板来创建风格统一的文档。

2．打开文档

要修改或者查看已经存在的文档，首先必须打开该文档。

（1）打开最近使用的文档

要打开最近使用的文档，单击【文件】选项卡中的【最近所用文件】按钮，并且在右侧列出的最近使用过的文档列表中选择用户需要打开的文档。

（2）打开其他文档

打开已经存在的文档，可单击【文件】选项卡中的【打开】按钮，弹出如图 2-4 所示的【打开】对话框，在对话框中选择文档所在的驱动器、文件夹及文件名，并单击【打开】按钮。

图 2-3　创建新文档

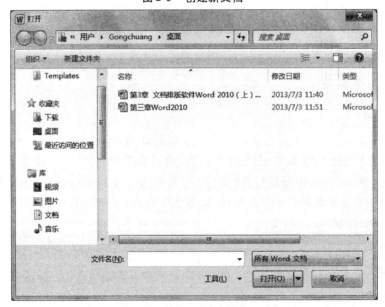

图 2-4　【打开】对话框

3．关闭文档

文档建立并编辑好后应该及时关闭,以节省内存。可选择【文件】选项卡中的【关闭】命令,或者单击窗口右上角的【关闭】按钮来关闭文档。若在关闭文档前有修改后的新内容未保存,则系统会弹出对话框询问是否要保存,单击【保存】按钮则保存修改内容,单击【不保存】按钮则不保存,单击【取消】按钮则回到编辑状态。

4．保存文档

当文档内容输入编辑完成后，应该将文档保存，便于以后查看文档或再次对文档进行编辑和打印。在 Word 中可按原名保存正在编辑的活动文档，也可以用不同的名称或在不同的位置保存文档的副本。另外，还可以以其他文件格式保存文档，以便在其他应用程序中使用。

（1）保存新的、未命名的文档

首次保存文档时，必须给它指定一个名字，并且要决定把它保存到什么位置。可通过打开【文件】选项卡，单击【保存】命令或【另存为】命令，也可以通过快速访问工具栏上的【保存】按钮来实现，这时均会显示【另存为】对话框，如图 2-5 所示。

图 2-5 【另存为】对话框

默认情况下，Word 会将文档保存在 Documents 文件夹中。用户可以通过单击窗口上方【保存位置】列表框箭头，选择不同的文件夹；在【文件名】列表框中输入要保存的文件名，【保存类型】表示要保存的文件类型，默认 Word 2010 的扩展名为.docx。若要保存为其他类型的文件，单击该列表框的箭头，选择所需要的文件类型，由此把文档转换到其他字处理软件中也十分容易。

（2）保存已有的文档

当一个文档已命名后再对其进行编辑，在编辑结束后还必须保存。这时，可方便地通过【保存】按钮或【文件】选项卡中的【保存】命令实现。

（3）自动保存文档

为防止突然断电或其他事故，Word 提供了在指定时间间隔自动为用户保存文档的功能。用户可单击【文件】选项卡中的【选项】命令，打开【Word 选项】对话框，单击【保存】选项，如图 2-6 所示。在窗口右侧选择【保存自动恢复信息时间间隔】复选框。在【分钟】框中，键入或选择用于确定文件保存频率的数字，默认值为 10 分钟。

图 2-6　自动保存操作

5．文件加密

为防止别人随意打开用户的文档,可在保存时为文件加密:选择【另存为】对话框中的【工具】→【常规选项】按钮,打开【常规选项】对话框,在【打开文件时的密码】处输入密码即可。

◆ 2.1.4　文档视图

视图是文档在计算机屏幕上的显示方式。Word 2010 主要提供了页面视图、草稿视图、大纲视图、阅读版式视图、Web 版式视图等多种查看文档的方式,还可以根据需要为文档设置不同的显示比例。各种视图之间的切换,可利用功能区上【视图】选项卡中文档视图组按钮进行切换,或单击状态栏右侧视图切换按钮切换。

1．页面视图

页面视图是在文档编辑中最常用的,也是最初进入 Word 时见到的显示方式,适用于概览整个文章的总体效果。在该视图下,用户可以看到图、文的排列格式,其显示效果与最终打印出来的效果相同,并且可以编辑页眉和页脚、调整页边距、处理分栏和图形对象等。

2．草稿视图

草稿视图主要用于快速输入文本、图形及表格并进行简单的排版。这种显示方式可以看到版式的大部分内容(包括图形),但不能见到页眉、页脚、页码等内容,也不能对它们编辑,不能显示图文的内容及分栏的效果等。

3．大纲视图

在大纲视图中,能查看文档的结构,还可以通过拖动标题来移动、复制和重新组织文本,因此特别适合编辑那种含有大量章节的长文档,使文档层次结构清晰明了,并可根据需要进行调整。在查看时可以通过折叠文档来隐藏正文内容而只看主要标题,或者展开文档以查看所有的正文。另外,大纲视图中不显示页边距、页眉和页脚、图片以及背景。

4. 阅读版式视图

阅读版式视图的最大特点是便于用户阅读操作。它模拟书本阅读的方式,让用户感觉是在翻阅书籍,它同时能将相连的两页显示在一个版面上,使得阅读文档十分方便。在该视图中,可以方便地增加或减小文本显示,而不会影响文档中的字体大小。如要退出阅读版式视图,单击【关闭】按钮或按【Esc】键即可。

5. Web 版式视图

在 Web 版式视图中,可以创建能显示在屏幕上的 Web 页或文档,它使文档具有最佳屏幕外观。在该视图中,可看到背景和为适应窗口而换行显示的文本,且图形位置与在 Web 浏览器中的位置一致。

6. 按不同比例查看文档

通过设置不同显示比例,可将文档在屏幕上放大以便仔细查看,或缩小显示比例以便集中查看文档的版面。用户可直接单击 Word 主窗口右下方的【显示比例】按钮 110%，并通过拖动滑块来改变文档显示比例;或者可在功能区【视图】选项卡中的【显示比例】组中,单击【显示比例】按钮,在【百分比】列表框中进行具体设置。

7. 用【导航窗格】查看文档

使用【导航窗格】可以更快、更简单地查找到需要的信息。用户可在功能区【视图】选项卡的【显示】组中,选择【导航窗格】复选框。左边窗格的显示方式可按文档中的标题、文档中的页面(缩略图)及利用关键词的搜寻结果三种方式显示。

2.2 文本编辑

使用 Word 2010 进行文本编辑的前提是首先要输入文本。因此,使用插入、删除、改写文字等操作来保证输入的快速性和内容的准确性,这也是文本编辑的一部分。此外,Word 2010 还提供了输入特殊字符、快速定位文字、查找与替换、拼写检查等功能,这些功能有助于快速、准确地完成文本的输入。

2.2.1 编辑文档

1. 输入文本

在 Word 2010 中既可以输入汉字文档,也可以输入英文文档。通常,英文字符可直接从键盘输入,而要输入中文字符则需要切换到中文状态,可按【Ctrl】+【Shift】组合键,也可用鼠标单击任务栏上的语言指示器,在输入法菜单中选择所需输入法。

当输入到行尾时,不需按【Enter】键,系统会自动换行;输入到段落结尾时,应按【Enter】键,表示段落结束;如在某段落中需要强行换行,可以使用【Shift】+【Enter】快捷键。

2．插入与改写

【插入】和【改写】是 Word 2010 的两种编辑方式，但两者又相互联系。插入是指将输入的文本添加到插入点所在位置，插入点以后的文本依次往后移动；改写是指输入的文本将替换插入点所在位置的文本。插入和改写两种编辑方式可以相互转换，方法是：按【Insert】键，或单击状态栏上的【插入/改写】，如图 2-7 所示。

图 2-7 【插入】状态

【例 2-1】 输入"ABCDEFG"后，将插入点移到"D"的前面，在插入状态下输入"123"，结果为"ABC123DEFG"；在改写状态下输入"123"，结果为"ABC123G"。

3．输入符号和特殊字符

有时，需要在文档中插入一些键盘上没有的特殊符号，如 $ 、≠ 、★ 以及™（商标）或®（注册）等。

将光标定位到要插入符号的位置；选择功能区中的【插入】选项卡，单击【符号】组中的【符号】下拉按钮，会展开包含最近使用过的符号的下拉列表；单击【其他符号】按钮，将打开如图 2-8 所示的【符号】对话框，选择要插入的符号，单击【插入】按钮即可。

图 2-8 【符号】对话框

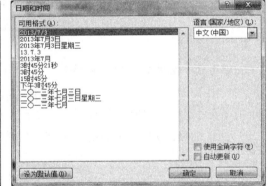

图 2-9 【日期和时间】对话框

4．输入日期和时间

在 Word 2010 中，用户可以在正在编辑的文档中插入当前日期和时间。

将插入点置于要插入日期和时间的位置；在功能区中选择【插入】选项卡，单击【文本】组中的【日期和时间】按钮，打开【日期和时间】对话框，如图 2-9 所示；选择需要的格式，单击【确定】按钮即可。若在【日期和时间】中选中了【自动更新】复选框，则每次在打开该文档时，Word 会自动对插入的日期和时间进行更新，其值与计算机系统时间一致。

2.2.2 修改文档

1．文本的选定与撤销

用户如果需要对某段文本进行移动、复制、删除等操作时，必须先选定它们，然后再进行相应的处理。如果想要撤销选择，可以将鼠标移至选定文本外的任何区域单击即可。选定文本有以下几种方式：

(1) 用鼠标选定文本

表 2-1 给出了用鼠标选定文本的方法。

表 2-1　鼠标选定文本

要选定的文本	鼠标操作
一个单词	双击要选定的单词
任意连续字符	拖动鼠标经过要选定的字符
一行文字	将鼠标指针移到该行左侧的选定栏,待鼠标指针变成右上箭头形状时,单击即可
整句	按住【Ctrl】键,然后在该句的任何地方单击
多行	将鼠标指针移到该行左侧的选定栏,待鼠标指针变成右上箭头形状时,单击并向上或向下拖动鼠标
一个段落	将鼠标指针移到行左侧的选定栏,待鼠标指针变成右上箭头形状时,双击;或者在该段落的任何地方三击
一个图形	单击图形
多个段落	将鼠标指针移到行左侧的选定栏,待鼠标指针变成右上箭头形状时,双击并向上或向下拖动鼠标
大块文字	单击所选内容的开头,移动鼠标指针到要选定的信息的结束处,然后按住【Shift】键,并单击鼠标左键
整篇文档	将鼠标指针移到文档任意行的左侧,待鼠标指针变成右上箭头形状时,三击

(2) 使用组合键选定文本

用户不仅能使用鼠标选定文本,还可以使用键盘来选定文本。首先定位插入点,然后采用表 2-2 所列组合键,可实现从插入点到相应位置文本的选定。

表 2-2　使用组合键选定文本

组合键	选定范围	组合键	选定范围
【Shift】+【→】	选定插入点右边的一个字符	【Shift】+【End】	选定到行尾(右半行)
【Shift】+【←】	选定插入点左边的一个字符	【Ctrl】+【Shift】+【↑】	选定到段首
【Shift】+【↑】	选定到上一行	【Ctrl】+【Shift】+【↓】	选定到段尾
【Shift】+【↓】	选定到下一行	【Ctrl】+【Shift】+【Home】	选定到文档开头
【Shift】+【Home】	选定到行首(左半行)	【Ctrl】+【Shift】+【End】	选定到文档结尾
【Ctrl】+【A】	选定全文		

2．文本的移动与复制

(1) 移动文本

移动文本是指将文档中的部分文本从原来的位置移动到新的位置。文本的移动有四种方法。

方法一:利用剪贴板移动文本。

首先,选定要移动的文本,单击功能区【开始】选项卡中【剪贴板】组中的【剪切】按钮,或直接按快捷键【Ctrl】+【X】,这时选定的文本从文档中消失,并送到内存中的剪贴板;其次,将插入点移动到文本移动的目的地;最后,单击【粘贴】按钮,或直接按快捷键【Ctrl】+【V】,这时剪贴板中原被剪切的文本将出现在光标指定处。Word 2010 提供了保留源格式、合并格式和只保留文本三种粘贴选项。

方法二:利用鼠标直接拖动文本。

首先,选定要移动的文本;将光标定位在选定文本内部的任何位置;其次,按下鼠标左键,拖动鼠标到用户想要文本出现的位置;最后,松开鼠标左键,Word 2010 将把选定的内容从原位置移动到新的位置。

方法三:利用鼠标右键快速移动文本。

首先,选定要移动的文本;然后,将定位光标移动到用户想要文本出现的位置(注意不要移动插入点,不要按动鼠标),按住【Ctrl】键不放,单击鼠标右键,即可实现文本的移动。

方法四:利用功能键【F2】移动文本。

首先,选定要移动的文本;然后按下功能键【F2】;再将光标定位到移动文本的目标位置,按下【Enter】键,即可实现文本的移动。

(2) 复制文本

复制文本是将需要重复使用的文本复制副本到新的位置,且原文不受影响。

方法一:利用剪贴板复制文本。

首先选定要复制的文本;单击功能区【开始】选项卡中【剪贴板】组中的【复制】按钮 ,或直接按快捷键【Ctrl】+【C】,这时选定的文本仍在原处存在,选中的内容已被送到内存中的剪贴板;然后将插入点移动到文本复制的目的地;最后单击【粘贴】按钮,或直接按快捷键【Ctrl】+【V】,这时剪贴板中原被复制的文本将出现在光标指定处。

方法二:利用鼠标直接拖动复制文本。

首先选定要复制的文本;将光标定位在选定文本的内部的任何位置但不按动鼠标;然后按住【Ctrl】键并同时按下鼠标左键,拖动鼠标至用户想要文本出现的位置,释放鼠标左键,Word 2010 将把选定的内容复制到新的位置。

方法三:利用鼠标右键快速复制文本。

首先选定要复制的文本;然后将定位光标移动到用户想要文本出现的位置(注意不要移动插入点且不要按动鼠标),这时同时按下【Ctrl】键和【Shift】键不放,并单击鼠标右键,即可实现文本的复制。

3. 文本的删除

用【BackSpace】键可删除插入点光标前的字符,用【Delete】键可删除插入点光标后的字符。

如要对较大的文本进行删除,可采用前述选定文本的方法选定需要删除的文本,然后按【Delete】键;或单击功能区【开始】选项卡中的【剪贴板】组中的【剪切】按钮;或按快捷键【Ctrl】+【X】实现删除;或选定待删除文本后单击鼠标右键,在弹出的快捷菜单中选择【剪切】命令即可。

2.2.3 撤销与重复

在编辑文本的过程中,难免会出现一些错误操作。Word 2010 提供了非常实用的【撤销】与【重复】功能,用户可以通过撤销操作恢复到先前的状态,也可以通过恢复操作取消已经撤销的操作。

1. 撤销操作

单击快速访问工具栏上的【撤销】按钮,或者使用【Ctrl】+【Z】快捷键可执行撤销操作。

Word 2010 可以撤销最近进行的多次操作:单击快速访问工具栏上的【撤销】按钮旁边的向下箭头,打开允许撤销的动作列表,该列表中记录了用户所做的每一步动作,如果希望撤销前几次的动作,可以在列表中滚动到该动作并选择它。

2．重复操作

单击快速访问工具栏上的【重复】按钮 ，允许撤销一个【撤销】动作。

2.2.4　查找与替换

用户在对文档进行编辑时,经常要用到查找与替换功能。

1．查找

查找功能可以帮助用户在一篇文档中快速找到所需内容及所在位置,也能帮助核对文档中究竟有无这些内容。具体操作步骤如下：

① 指定查找范围,即选择目标文本区域,否则,系统将从光标处开始在整个文档中进行查找。

② 单击功能区【开始】选项卡下【编辑】组中的【查找】按钮,打开如图 2-10 所示的【导航】窗格。

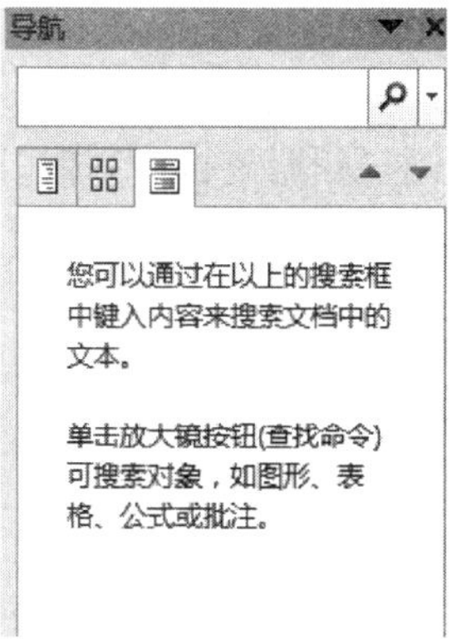

③ 在【搜索文档】框中输入要查找的文本(如"文本"),按回车键后,【导航】窗格中将显示查找结果并在文档编辑区中将所有查找的内容突出显示,如图 2-11 所示。

图 2-10　【导航】窗格

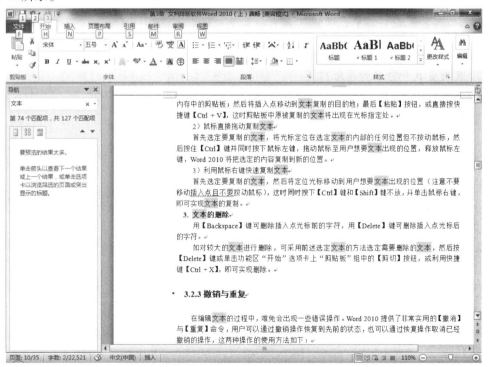

图 2-11　查找内容突出显示示例

④ 单击【导航】窗格中【上一处搜索结果】按钮 ▲ 时,光标将定位到上一个查找的位置;单击【下一处搜索结果】按钮 ▼ 时,光标将定位到下一个查找的位置。如果要继续查找,重复单击【上一处搜索结果】或【下一处搜索结果】按钮,Word 会逐一定位到所查找的

位置。

若单击【搜索文档】框右侧按钮 ,可结束搜索;单击右侧向下箭头,将打开查找选项或其他搜索命令列表,查找表格、图形、注释、脚注、尾注或公式等内容。

2．替换

Word 2010 通过【替换】命令可按要求自动查找并替换指定的文本。具体操作步骤如下:

① 选择功能区的【开始】选项卡下的【编辑】组中的【替换】按钮,打开如图 2-12 所示的【查找和替换】对话框,选中【替换】选项卡进行替换设置。

图 2-12 【替换】选项卡

② 在【查找内容】文本框中输入需要查找的内容,在【替换为】文本框中输入要替换的内容。

③ 每执行一次【替换】命令,则程序自动查找一处并替换;若单击【查找下一处】按钮,则只查找而不替换;若单击【全部替换】按钮,则将自动对整个文档进行查找和替换。

3．使用查找和替换的高级功能

除了查找输入的文字外,有时需要查找某些特定的格式或符号等,这就要设置高级查找选项。这时在上述【查找和替换】对话框中单击【更多】按钮,打开如图 2-13 所示的对话框,参数设置后即可进行特定的查找和替换。有关选项的含义说明如下:

• 【搜索】列表框:设置搜索的方向。

• 【不限定格式】按钮:取消【查找内容】框或【替换为】框下指定的所有格式。

• 【格式】按钮:设置查找对象的排版格式,如字体、段落、样式的设置。

图 2-13 【查找和替换】高级对话框

• 【特殊格式】按钮:查找对象是特殊字符,如制表符、分栏符、分页符等。

• 【区分大小写】:查找大小写完全匹配的文本。

- 【全字匹配】:仅查找整个单词,而不是较长单词的一部分。
- 【使用通配符】:在查找内容中使用通配符。
- 【同音】:查找发音相同的单词。
- 【查找单词的所有形式】:查找单词的所有形式,如复数、过去式、现在时等。
- 【区分前缀】:查找时区分输入单词的前缀。
- 【区分后缀】:查找时区分输入单词的后缀。
- 【区分全/半角】:查找全角、半角完全匹配的字符。
- 【忽略标点符号】:查找时忽略所有的标点符号。
- 【忽略空格】:查找时忽略所有空格。

2.2.5 拼写和语法检查

Word 2010 提供了拼写和语法检查功能,借助该功能可以快速检查出文档中存在的拼写错误或语法错误。例如,英文单词的拼写错误,中、英文语法错误等。对于有疑问的地方会自动标示出红色或者绿色的波浪线,用户可以针对这些疑问进行忽略或修改处理。

1. 键入时自动检查拼写和语法错误

首先确认是否已经启用自动拼写和语法检查功能,默认情况下,Word 2010 会自动在用户键入时进行拼写检查。用户可在功能区的【文件】选项卡中选择【选项】按钮,打开【Word 选项】对话框,选择【校对】项,如图 2-14 所示,用户可根据需要选中【键入时检查拼写】和【随拼写检查语法】等复选框进行设置。

图 2-14 【Word 选项】对话框

当用户输入了错误的或者不可识别的单词时,Word 2010 会在该单词下用红色波浪线进行标记;若有语法错误,Word 2010 会用绿色波浪线进行标记。

更正错误的方法有两种：如果知道该单词的正确拼写，可直接对该单词进行修改；如果不知道该单词的正确拼写，可在带波浪线的单词上单击鼠标右键，在出现的快捷菜单上会列出 Word 2010 建议替换的单词供用户选择。

【例 2-2】 如果键入了"definately"，然后键入空格或其他标点符号，"自动更正"功能将自动用"definitely"替换"definately"。如果 Word 找到一个小写的单词，如"london"，该词在主词典中列出，但大小写不同，应为"London"，大写会被标记出来或在键入时自动进行更正，也可以通过将小写形式添加到自定义词典中来指定 Word 不对该大小写进行标记。

2．集中检查拼写和语法错误

如果用户希望在完成编辑后再进行文档校对，可以使用集中检查拼写和语法错误的方法。用户可以检查可能的拼写和语法问题，然后逐条确认更正。具体操作步骤如下：

① 选中需要检查的文档。

② 选择功能区的【审阅】选项卡下【校对】组中的【拼写和语法】按钮，打开如图 2-15 所示的对话框。

③ 当 Word 发现可能的拼写和语法问题时，会在【拼写和语法】对话框中进行更正。

对于拼写错误，可以从【建议】列表框中选择正确的单词；或者直接在【不在词典中】列表框中进行修改，然后单击【更改】或者【全部更改】按钮，更改此错误或选定文档中类似的错误；也可以单击【忽略一次】或者【全部忽略】按钮，忽略此错误或选定文档中所有的同种错误。

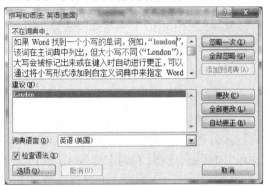

图 2-15 【拼写和语法】对话框

对于语法错误，可以从【建议】列表框中选择正确的单词；或者直接在列出的错误上进行修改，然后单击【更改】按钮；也可以单击【全部忽略】按钮，忽略此错误或选定文档中所有的同种错误。

> **注意：** 如果错误键入一个词，但结果没有出现在错误列表中（例如，"from"而不是"form"；或"there"而不是"their"），则拼写检查不会对其做出标记。

2.3 格式编排

为了使文档重点明确、层次清楚、流畅美观，具有良好的可读性，用户需要对文档进行格式化。Word 2010 中有三种格式编排的对象：字符、段落和节。

2.3.1 文字格式编排

应用不同的字符格式，可以使原本千篇一律的文档产生不同的视觉效果。Word 2010 中提供了多种自带的字体，包括宋体、黑体、楷体、幼圆、隶书、华文新魏、华文彩云等；字形主要包括常规、倾斜、加粗、加粗并倾斜等；对字符的修饰主要有下划线、加框和底纹等。Word 正文样式中的中文字体默认为【宋体】、英文字体默认为【Times New Roman】,字号为【五号】,字形为【常规】。用户可以通过浮动工具栏、【字体】工作组或【字体】对话框等设置对字符进行修饰。

1．使用浮动工具栏

为了使文档编辑更加方便,Word 2010 增加了格式设置的浮动工具栏。选择需要设置格式的文本后单击鼠标右键,即会弹出此浮动工具栏,如图 2-16 所示。该工具栏中包含了字体、字号、加粗、颜色等常用的字符格式设置。

字符包含用户在文档中输入的字母、汉字、数字和符号,其书写和打印方式就是字体。字号,就是字的大小,常用的字号单位有【号】和【磅】。字号列表中字号的表示方法有两种:一种是中文数字,数字越小,对应的字号越大;另一种是阿拉伯数字,数字越大,对应的字号越大。

图 2-16　浮动工具栏

2．使用【字体】组

使用功能区的【开始】选项卡下的【字体】组也可以快速地设置字符格式,如图 2-17 所示。用【字体】组设置的方法与浮动工具栏相同,只是前者的设置更全面。

图 2-17　【字体】组

3．使用【字体】对话框

在【字体】对话框中不但支持【字体】组中所有的功能,还能设置一些特殊或更详细的格式,如改变字符间距和添加文字效果等。具体操作步骤如下:

① 选择需要进行格式设置的文本。

② 单击【字体】组右下角的扩展按钮,或者单击鼠标右键后在弹出的快捷菜单中选择【字体】选项,将打开如图 2-18 所示的【字体】对话框,该对话框共有【字体】和【高级】两个选项卡。

在【字体】选项卡中,可以设置中西文字体、字形、字号、字符的颜色、下划线等,还可以设置各种特殊效果,如上下标效果、阴影效果等,在【效果】区中点选相应复选框即可,且都可以在下面的预览框中看到预览演示的效果。

图 2-18 【字体】对话框中的【字体】选项卡　　图 2-19 【字体】对话框中的【高级】选项卡

在【高级】选项卡中,如图 2-19 所示,可以设置文字的缩放比例、文字间距和相对位置等。

③ 设置结束后,单击【确定】按钮,选定的文本就会改为所设置的形式。

2.3.2 段落格式编排

1. 段落标记

在 Word 文档编辑过程中,按【Enter】键即可输入一个段落结束标记。段落可以是简单的文本字符、图形,也可以是只含一个段落标记的空段。在输入文本时,除非想开始新的一段,否则不要按【Enter】键。如果只换行而不想分段,可按【Shift】+【Enter】组合键,此时会出现一个向下的箭头【↓】。

Word 将一个段落的编排格式信息存储在段后的段落标记中。如果用户删除了一个段落标记,也就删除了它保存的所有段落格式化信息,转而采用原下一段的格式作为段落格式。同理,在进行段落格式编排时,每当开始一个新段落并非都要重新进行排版,在设定一个段落格式后,用户开始的新段落格式完全和上段一样。

编辑时,用户通常将段落标记显示在屏幕上。要显示或隐藏段落标记有两种方法:可使用功能区【开始】选项卡的【段落】组中的【显示/隐藏编辑标记】按钮;或者选择功能区【文件】选项卡中的【选项】选项,打开【Word 选项】对话框,在【显示】选项中进行设置。系统默认状态是显示段落标记。

2. 段落对齐

Word 2010 提供的段落对齐工具 位于【段落】组中,从左至右依次是左对齐、居中、右对齐、两端对齐和分散对齐。段落的对齐方式排版操作并不复杂,首先选中该段落或将光标置于段落的任意位置,然后单击段落对齐工具中的相应按钮即可,也可以使用对应的组合键,分别叙述如下:

(1) 两端对齐方式【Ctrl】+【J】

段落的两端对齐方式是段落文本对齐的默认格式,是指段落每行的首尾对齐。如果行中字符的字体和大小不一致,它将自动调整字符间距,以维持段落的两端对齐。对没有输满的行则保持左对齐。

(2) 居中对齐方式【Ctrl】+【E】

段落的居中方式是指段落的每一行距页面的左、右边界距离一样大。它常用于文档标题的居中显示。

(3) 右对齐方式【Ctrl】+【R】

右对齐方式是指段落中所有的行都靠右边界对齐。右对齐方式通常对信函和表格处理更加有用。例如,信函中的日期就经常使用右对齐方式。

(4) 左对齐方式【Ctrl】+【L】

左对齐方式是指段落中所有的行都靠左边界对齐。

(5) 分散对齐方式【Ctrl】+【Shift】+【J】

段落的分散对齐方式和两端对齐方式相似,其区别在于当一行文本没有输满时两端对齐方式排版是左对齐,而分散对齐方式排版则将未输满行的首尾仍与前一行对齐,且在一行中平均分配字符间距。分散对齐方式排版多用于一些特殊场合,如当姓名字数不相同时就常用分散对齐方式排版。

3. 段落缩进

段落的缩进操作可以通过拖动水平标尺上的游标进行,如图 2-20 所示。

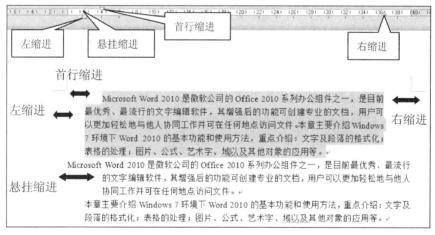

图 2-20　缩进示意图

(1) 首行缩进

所谓段落首行缩进,是指段落的第一行的第一个字距离段落左边界的距离。一般段落都采用首行缩进以表明段落的开始。

段落的首行缩进操作如下:首先将光标停留在段落中的任意位置处;用鼠标拖动水平标尺的【首行缩进】游标(标尺左端的下三角形游标)向右移动,就可完成段落的首行缩进操作。

(2) 左/右缩进

页边距就是页面四周的空白区域的尺度。

段落的左边界标度大于左页边距的右标度称为"左缩进",段落的右边界标度小于右页边距的左标度称为"右缩进"。可以通过改变段落缩进的多少,来使得段落更加整齐有序。

段落的左/右缩进操作如下:首先将光标停留在段落任意位置处;用鼠标拖动水平标尺的【左缩进】游标(标尺左端的下方矩形游标)或【右缩进】游标(标尺右端的上三角形游标)向左或右移动,就可完成段落的左/右缩进操作。

(3) 悬挂缩进

悬挂缩进系指段落的首行起始位置不变,其余各行一律缩进一定距离,起到悬挂效果。操作时将光标停留在段落中的任意位置处,用鼠标拖动水平标尺上的【悬挂缩进】游标(标尺左端的上三角形游标)向右移动,即可设置段落的悬挂缩进。

以上对段落格式的设置均可在【段落】对话框中实现:单击【段落】组右下角的扩展按钮,或单击鼠标右键,在弹出的快捷菜单中选择【段落】选项,都将打开如图 2-21 所示的【段落】对话框,填入相应选项即可。

4. 间距

在图 2-21 的【缩进和间距】选项卡的【间距】选项组中,可以实现段落间距和行距的设置。段落间距指文本中段落与段落之间的垂直距离;行距指文本中行与行之间的垂直距离。

在图 2-21 所示的【间距】选项组中,【段前】和【段后】两个文本框用于设置段前(该段与上一段)的间距和段后(该段与下一段)的间距,通常只需设置其中的一个。在【行距】下拉列表框中,有 6 种间距可供选择:【单倍行距】、【1.5 倍行距】、【2 倍行距】、【最小值】、【固定值】和【多倍行距】。其中,【单倍间距】指该行的最高字符高度加上适当的附加量;【最小值】指行距可由用户自行调整到最小值;【固定值】将行距固定为某个磅值。只有在最小值和固定值时用户才能自己确定行距的值,具体数值可在右方【设置值】文本框中设置。

图 2-21 【段落】对话框

5. 格式刷

在 Word 2010 中,可以使用功能区【开始】选项卡下【剪贴板】组中的【格式刷】按钮 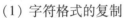 快速方便地复制字符及段落格式。

(1) 字符格式的复制

具体操作步骤如下:

① 选择具有待复制格式的文本。

② 单击【格式刷】按钮,这时格式刷工具会自动复制该文本的格式,指针会变为一个小刷子,然后选择要应用该格式的其他文本,这时文档会自动把第一步已经复制的格式应用在第二步所选择的文本中。

若要将格式应用于多个文本,可双击【格式刷】按钮,然后连续选择多个文本。

（2）段落格式的复制

具体操作步骤如下：

① 将插入点定位在目标格式的段落中。

② 单击【格式刷】按钮，这时格式刷工具会自动复制该段落的格式，指针会变为一个小刷子，然后移到需要该格式的段落上，单击即可。

若要将格式应用于多个段落，可双击【格式刷】按钮，然后依次单击需要改变的段落即可。

如果用户不再使用【格式刷】，再单击【格式刷】按钮或者按键盘上的【Esc】键即可恢复。

6．段落【制表位】

由于有些文本不是从边界开始，或者有时要制作简易的表格，表的内容可以不用表格线来划分成小格，而是依靠相互之间的固定的间距和规则的纵横定位来形成表的特征，此时，使用【Tab】键就显得简单而重要了。每按一次【Tab】键，就插入了一个制表符，其默认宽度为 2 字符，该值可由用户设置。设置制表符可以使用标尺或【制表位】按钮两种方法实现。

（1）使用标尺设置制表符

在 Word 中，制表符有 5 种，即左对齐、居中、右对齐、小数点对齐、竖线对齐，如图 2-22 所示。

图 2-22 制表符

设置制表符时先选定要设置制表符的段落（可以是一个新段落）；单击水平标尺最左侧的【制表符对齐方式】按钮 ，用鼠标逐次单击它，将在 5 种类型之间切换；在标尺对应的位置上单击所设置的制表符。

设置制表符以后，按【Tab】键使插入点到达所需要的制表位并输入文本，每行结束按回车键。

（2）使用【制表位】按钮设置

方法是：打开【段落】对话框，单击【制表位】按钮，打开【制表位】对话框，使用【设置】按钮可设置制表位，使用【清除】按钮可删除制表位。用标尺设置的制表符也可通过【制表位】对话框显示各制表符的位置，如图 2-23 所示。

图 2-23 【制表位】对话框

2.3.3 页面格式编排

页面格式主要包括：添加页眉、页脚、页码，设置纸张尺寸、页边距等，页中分栏，对版面格式进行设置，从而美化页面外观，会直接影响文档的最后打印效果。

1. 页眉和页脚

页眉和页脚是文档中注释性的文本或图形。通常,页眉和页脚可包含书名、章节名称、出版信息或作者信息等。出现在页面顶部的部分称为页眉,出现在页面底部的部分称为页脚。文档中的每一页可以不含页眉和页脚,也可以只含页眉,或只含页脚,或两者都有。

(1) 插入页眉和页脚

具体操作步骤如下:

① 在功能区的【插入】选项卡下的【页眉和页脚】组中,单击【页眉】按钮或【页脚】按钮,打开其下拉列表。

② 选择所需要的页眉或页脚的样式,Word 会显示如图 2-24 所示的【页眉和页脚工具】工具栏,用户在所选位置输入相应的内容。

③ 单击【关闭页眉和页脚】按钮,页眉或页脚即被插入到文档的每一页中。

(2) 设置页眉和页脚

当设置的页眉和页脚不合适时就需要对它们进行修改,我们只需要在已有的页眉或页脚处双击,即进入页眉和页脚的编辑界面。虚线表示页眉或页脚的输入区域,同时显示【页眉和页脚工具】工具栏,如图 2-24 所示。

图 2-24 【页眉和页脚工具】工具栏

在【插入】组中,【日期和时间】、【文档部件】、【图片】等信息供用户选择插入;对建立的页眉和页脚可以进行格式设置;要删除插入的页眉或页脚,只需选中要删除的内容,按【Delete】键即可;或者单击【页眉】或【页脚】按钮,打开下拉列表,从中选择【删除页眉】或【删除页脚】选项。

(3) 建立奇偶页不同的页眉和页脚

在【页眉和页脚工具设计】选项卡下,选择【选项】组中的【奇偶页不同】复选框;或在功能区的【页面布局】选项卡中单击【页面设置】组右下角的扩展按钮,打开【页面设置】对话框,选择【版式】选项卡,选中【奇偶页不同】复选框,即可对整个文档应用这一选项。

2. 页码

如果一篇文章由多页组成,为了便于按顺序排列与查看,建议给该文档设置页码。插入页码的方法有以下两种:

方法一:在功能区的【插入】选项卡下的【页眉和页脚】组中,单击【页码】按钮,打开下拉列表,根据页码将在文档中出现的位置,选择单击【页面顶端】、【页面底端】、【页边距】或【当前位置】,再从设计样式库中选择页码编号设计。

若要事先设定页码的样式,可选择如图 2-24 所示【页

图 2-25 【页码格式】对话框

眉和页脚工具设计】选项卡下的【页码】按钮,在下拉列表中单击【设置页码格式】按钮,打开【页码格式】对话框,如图2-25所示,在【编号格式】中选择页码显示方式。页码可以是数字也可以是文字。在【起始页码】框中可输入页码的起始值,这便于对分布在几个文件内的长文档的页码进行设置。

方法二:利用插入页眉和页脚的方法,打开【页眉和页脚工具】工具栏,选择【页眉和页脚】组中的【页码】按钮即可。

3. 分页

Word 2010 具有自动分页的功能。当输入的文本或插入的图形满一页时,Word 2010 将自动换一新页,并且在文档中插入一个软分页符。除了自动分页外,也可以人工分页,所插入的分页符称为人工分页符或硬分页符。分页符是一页结束而另一页开始的标志。在页面视图或者打印预览状态下,分页符后的文字将出现在新的一页上。在文档中插入硬分页符后,Word 2010 会自动调整硬分页符后面的软分页符的位置。软分页符不能人工删除,而硬分页符可以被删除。不管是软分页符还是硬分页符,它们只显示不打印。

插入分页符的操作步骤如下:

① 将插入点定位在要分页处。

② 在功能区的【插入】选项卡下,选择【页】组中的【分页】按钮,即可在当前位置插入下一个页面。

4. 分节

一个文档可以划分为若干节,节是文档格式化的最大单位。在新建文档时,Word 2010 将整篇文档默认为是一节。为了便于对文档进行格式化,可以将文档分成多节,每节根据需要设置不同的格式。

节用分节符来标志。分节符表示前一节的结束、新一节的开始,文档的页面格式从该位置起发生变化。分节符显示为包含"分节符"字样的双虚线。

分节符为非打印字符,Word 2010 将当前节的所有格式化信息都存储在分节符中。删除分节符也就同时删除了该分节符前的格式化信息,这部分内容将变成下一节的组成部分,并按下一节的格式进行格式化。分节符包含的格式化信息主要有:文本边界、页边距、纸张大小、页码的格式、位置与顺序、多栏排版的格式等。

插入分节符的办法是:将光标定位在要插入分节符的位置,然后选择功能区的【页面布局】选项卡,单击【页面设置】组中的【分隔符】按钮,在弹出的下拉列表中选择所需类型的分节符即可。

可插入的分节符有4种类型,它们的功能如下:

- 下一页:表示新节从下一页开始,插入的分节符位置在新页的开头。
- 连续:表示新节从同一页开始。这里的"节"仅仅是作为一种逻辑分界线出现,它在此时和段落标记类似。
- 奇数页:表示新节从下一个奇数页开始,如果当前是奇数页,则下面的偶数页为一空页。
- 偶数页:表示新节从下一个偶数页开始,如果当前是偶数页,则下面的奇数页为一空页。

5. 分栏

对一些特殊的文档如报纸和杂志的排版,经常需要将整个文档或部分文档分成多个栏,用以改变文档的外观。

（1）创建分栏

首先选定要进行分栏的文本，选择功能区的【页面布局】选项卡，单击【页面设置】组中的【分栏】按钮，在弹出的下拉列表中选择相应的选项，或者在下拉列表中选择【更多分栏】选项，打开【分栏】对话框，如图 2-26 所示。在该对话框中可设置栏数和分栏样式，还可以设置各栏栏宽相等或单独调节各栏的栏宽、间距以及是否添加分栏分隔线等。若是对选定文本进行分栏，则【应用于】下拉列表框默认显示为【所选文字】，分栏后自动在选定文本前后插入【连续】型分节符，如图 2-27 所示。可以看出，分栏的内容一定是自成一节，它和节密不可分。

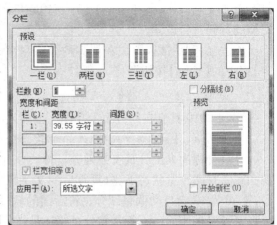

图 2-26 【分栏】对话框

用方法，重点介绍：文字及段落的格式化；表格的处理；图片、公式、艺术字、域以及其他对象的应用等。↵ ……分节符(连续)……

Microsoft Word 2010 是微软公司的 Office 2010 系列办公组件之一，是目前最优秀、最流行的文字编辑软件，其增强后的功能可创建专业的文档，用户可以更加轻松地与他人协同工作并可在任何地点访问文件。本章主要介绍 Windows 7 环境下 Word 2010 的基本功能和使用方法。↵ ……分节符(连续)……

Microsoft Word 2010 是微软公司的 Office 2010 系列办公组件之一，是目前最优秀、最流行的文字编辑软件，其增强后的功能可创建专业的文档，用户可以更加轻松地与他人协同

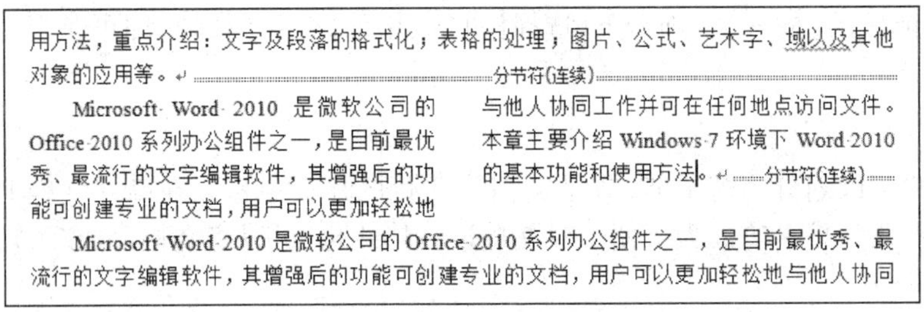

图 2-27 分栏后的文档

（2）调整分栏

有时文字分栏后，并不能完全满足用户预先设想的效果，这时候用户可以通过插入人工分栏符的办法来调整新栏的位置。

插入人工分栏符时首先将光标定位在需要调整分栏的具体位置；然后选择功能区的【页面布局】选项卡，单击【页面设置】组中的【分隔符】按钮，在弹出的下拉列表中选择【分栏符】选项即可。

6. 页面设置

页面设置通常在打印文档前进行，在对文档格式化后，再对页面布局进行调整。页面设置主要是确定页边距、纸张大小及打印方向。选择功能区中的【页面布局】选项卡，在其【页面设置】组中单击右下角的扩展按钮，打开如图 2-28 所示的【页面设置】对话框，在其中进行页面设置，该对话框中有 4 个选项卡：【页边距】、【纸张】、【版式】和【文档网格】。

（1）页边距

在页边距区域内可以放置页眉、页脚和页码等项目。

设置页边距可直接在【页面设置】对话框的【页边距】选项卡中进行，也可选择功能区中的【页面布局】选项卡，在其【页面设置】组中单击【页边距】按钮，打开如图 2-29 所示下拉列表，在此列表中列出了系统预定义的多种页边距设置，用户可根据需要进行选择。若没有合

适的页边距设置,可以选择【自定义边距】选项,弹出如图2-28所示的【页面设置】对话框,在其【页边距】选项卡中进行详细设置。在【预览】选项组的【应用于】下拉列表框中选择以上设置所要应用的范围。

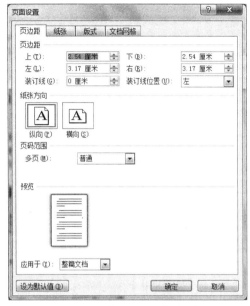
图2-28 【页面设置】对话框

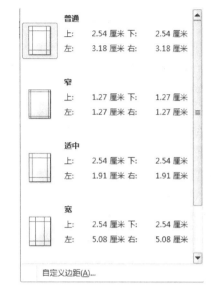
图2-29 【页边距】下拉列表

（2）纸张

在【页面设置】对话框中的【纸张】选项卡中,可设置实际打印时的纸张规格,默认为A4纸,用户可根据需要选择相应的纸型,也可以自定义纸张大小。

【纸张来源】选项组中的选项取决于所安装的打印机的设置,在此选项卡中可以设置纸源,其中首页和其他页可以有不同的来源。

（3）版式

在【页面设置】对话框中的【版式】选项卡中,可以把文档分为多节并为各节编排不同的格式,包括页眉和页脚的格式。单击【行号】按钮,在弹出的【行号】对话框中设置行号格式,Word 2010会在文档的每行前显示行的编号;单击【边框】按钮,可为页面设置边框格式。

（4）文档网格

利用【页面设置】对话框中的【文档网格】选项卡,可以指定文字的排列方向,指定在文档编辑中每行输入的字数和每页输入的行数等。

为了在页面上显示网格,只要单击【绘图网格...】按钮,弹出【绘图网格】对话框,选中【在屏幕上显示网格线】复选框即可。

2.3.4 特殊格式编排

1. 设置边框和底纹

边框和底纹可用于美化文档,使文档看起来更加清晰、重点突出。边框包括页面边框和文字边框两种,底纹只针对文字。

（1）设置页面边框

页面边框是指给整个页面添加边框。具体操作步骤如下：

① 在功能区的【页面布局】选项卡中，选择【页面背景】组中的【页面边框】按钮，打开如图2-30所示的【边框和底纹】对话框。

② 在【页面边框】选项卡的【设置】选项组中选择需要的边框类型；在【样式】列表框中选择边框线的线型；在【颜色】列表框中选择边框线的背景色；在【宽度】列表框中选择边框线的线宽。

图2-30 【边框和底纹】对话框

③ 如果在【设置】选项组中选择的是【自定义】，则在【预览】中还应该选择添加边框的位置。

④ 在【应用于】下拉列表框中选择如下应用范围：整篇文档、本节、本节-仅首页、本节-除首页外所有页。

⑤ 单击【选项】按钮，可在打开的【边框和底纹选项】对话框中设置边框的上、下、左、右边距。

⑥ 单击【确定】按钮，即可完成设置。

（2）设置文字边框

文字边框是指给一段文字或一些文字加注的边框。具体操作步骤如下：

① 选中要添加边框的文本。

② 选择功能区的【开始】选项卡下的【段落】组，单击【下框线】或【边框和底纹】按钮右侧的下拉按钮，选择下拉列表中的【边框和底纹】，打开【边框和底纹】对话框，选择【边框】选项卡，如图2-31所示。

③【边框】选项卡中各项命令与【页面边框】选项卡中的命令基本相同，操作方法也基本一样，但要在【应用于】下拉列表框中选定应用范围是【段落】还是【文字】。

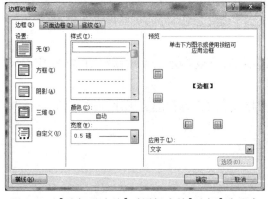

图2-31 【边框和底纹】对话框中的【边框】选项卡

图2-32 【边框和底纹】对话框中的【底纹】选项卡

（3）添加底纹

如需使一段文本具有背景色，可以通过添加底纹的方法来实现。具体操作步骤如下：

① 选定要添加底纹的文字。

②选择【边框和底纹】对话框中的【底纹】选项卡,如图 2-32 所示。
③在【填充】选项组中单击【无颜色】右侧的下拉按钮,选择用来设置底纹的填充颜色。
④在【样式】下拉列表框中选择底纹类型及底纹颜色的对比度。
⑤在【颜色】对话框中选择底纹的颜色。
⑥在【应用于】下拉列表框中选定应用范围。
⑦单击【确定】按钮。

要删除底纹,只需选中具有底纹的文本,然后在【底纹】选项卡中的【填充】区域中选择【无填充色】,在【样式】下拉列表框中选择【清除】即可。

2. 设置文字方向

在 Word 2010 中,提供了竖排文字的方法,它不仅改变了字符的方向,而且将中文标点符号也变为竖排格式的符号。

操作时先选定要竖排的文本;在选定文本上单击鼠标右键,在打开的快捷菜单中选择【文字方向】选项,即可打开【文字方向】对话框,选择所需要的排列方式;最后单击【确定】按钮即可。

3. 使用拼音指南

有时在编写 Word 文档时需要编写带拼音的文档,如小学生教材,这时,可以利用"拼音指南"来完成此项工作。具体操作步骤如下:

①选定需要加注拼音的文字。
②在功能区的【开始】选项卡下的【字体】组中单击【拼音指南】按钮,打开【拼音指南】对话框,如图 2-33 所示。
③在【基准文字】框中显示被选定的文字,在【拼音文字】框中输入每个文字对应的拼音。
④在【对齐方式】列表框中选择文字的对齐方式,一般选择【居中】较好;在【字体】、【字号】和【偏移量】列表框中分别设置所需要求。

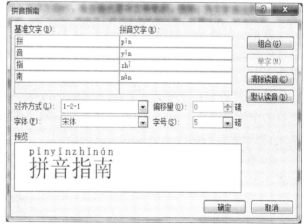

图 2-33 【拼音指南】对话框

⑤在预览框中查看设置效果,完成后单击【确定】按钮。

4. 给汉字加圈

在字符的格式修饰中,用户可以给字符加上方框,对其进行修饰或突出显示。如果用户还想利用其他图形来修饰字符,就必须用到【带圈字符】选项,它可以给字符加上方形、圆形、菱形和三角形等外框。需注意的是,该功能每次只能设置一个字符。具体操作步骤如下:

①用户首先确定需要设置的字符的大小、字形和颜色等,然后选中该字符。
②在功能区的【开始】选项卡下的【字体】组中单击【带圈字符】按钮,打开【带圈字符】对话框,如图 2-34 所示。

③ 在【样式】框中,用户可以选择【无】来取消已设置的带圈字符;还可以选择【缩小文字】或【增大圈号】来设置字符。

④ 在【文字】框中,若用户在执行此操作前,已用鼠标选中了一个字符,则在该【文字】框中就显示出这个字符;如果用户未选择字符,则可以在该输入框中重新键入一个字符,此后所设置带圈字符将显示在文档的当前光标处。

⑤ 在【圈号】框中,可以为该字符选择一个圈号样式。

⑥ 单击该对话框上的【确定】按钮。

图 2-35 为带圈字符示例。

图 2-34 【带圈字符】对话框

图 2-35 带圈字符示例

5. 设置首字下沉

首字下沉就是将段落的第一个字放大并占据下面几行的开头部分,或将放大后的第一个字放到段落左侧,使之看起来醒目,这种格式常见于报纸杂志。设置首字下沉的具体操作步骤如下:

① 将光标定位于要设置首字下沉的某段落,如果段落开头为英文单词(或数字),可以选择多个字符或整个单词,设置所选部分字符下沉;如果该段落首行前有空格或是首行缩进格式,先删除首行前的空格或取消缩进格式。

② 在功能区的【插入】选项卡中,选择【文本】组中的【首字下沉】按钮,打开下拉列表,如图 2-36 所示,【下沉】或【悬挂】选项即用来设置首字下沉或首字悬挂的效果。

图 2-36 【首字下沉】下拉列表

图 2-37 【首字下沉】对话框

③ 如果需要设置下沉文字的字体或下沉行数等选项,可以在下拉列表中单击【首字下沉选项】按钮,打开如图 2-37 所示的【首字下沉】对话框;在【位置】框中选择【下沉】或【悬挂】样式;根据需要在【选项】框中设置首字的字体、下沉行数及与正文的距离。

④ 单击【确定】按钮。
⑤ 若要取消首字下沉,在【位置】中选择【无】。

2.3.5 模板与样式

模板与样式是 Word 中最重要的排版工具。运用模板能够轻松制作出格式复杂、排版精美的各种文档,大大提高工作效率;使用样式能够直接将文字和段落设置成事先定义好的字体、字号以及段落格式。

1. 模板

模板是 Word 中采用 .dotx 为扩展名的一种特殊的文档,可用作建立其他同类文档的模型。模板决定文档的基本结构和文档设置,如自动图文集词条、字体、快捷键指定方案、宏、菜单、页面布局、特殊格式和样式等。

(1) 使用模板

Word 预置了许多模板(可用模板)供用户使用,而且当用户觉得这些模板不够用时还可以从 office.com 网站下载更多模板。

① 打开功能区的【文件】选项卡,选择【新建】选项,打开 Microsoft Office Backstage 视图,单击【可用模板】的【样本模板】,如图 2-38 所示。

图 2-38 样本模板

② 在【样本模板】下单击所需要的模板,如选择【平衡简历】图标,在最右侧显示所选模板的预览效果。

③ 单击【创建】按钮。

(2) 建立模板

除使用已经定义好的模板外,用户还可以自己定义模板,为今后使用相同格式的文档提供便利条件。

① 新建文档或打开已有文档,对文档进行格式设置。

② 在如图 2-39 所示的【另存为】对话框中,选择"Word 模板"保存类型,将定义好的文档另存为模板格式。

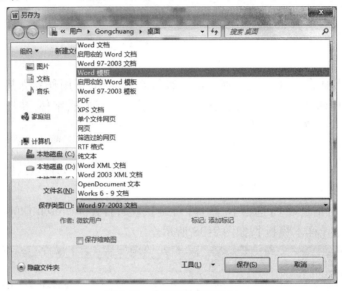

图 2-39 【另存为】对话框

2. 样式

很多用户在运用文档编排软件 Word 工作时,除了文档的录入之外,花在文档修饰上的时间不算少,【样式】正是专门为提高文档的修饰效率而添加的功能。使用【样式】可以帮助用户确保格式编排的一致性,并且减少许多重复的操作。

样式就是将修饰某一类段落的一组参数,其中包括字体类型、字体大小、字体颜色、对齐方式等,命名为一个特定的段落格式名称,通常把这个名称叫作【样式】,即【样式】就是指被冠以同一名称的一组命令或格式的集合。

(1) 设置样式

用户可以通过【快速样式】列表或【样式】任务窗格来设置所需要的样式。

① 用【快速样式】列表设置。

在功能区的【开始】选项卡下的【样式】组中的【快速样式】列表中列出了样式库中的样式,如图 2-40 所示,单击右侧的【向下滚动】按钮或【其他】按钮,将有更多样式可供选择。将光标定位到需要应用【样式】的段落或选择要应用【样式】的内容,在【快速样式】列表中选择某样式,即可将该样式应用到选定内容。

图 2-40 【快速样式】列表

② 通过【样式】任务窗格设置。

选中要设置样式的内容,单击【样式】组右下角的扩展按钮,弹出【样式】任务窗格,如图 2-41 所示,在列表中选择要设置的样式即可。

图 2-41 【样式】任务窗格　　　　图 2-42 【修改样式】对话框

（2）修改样式

如果样式库中的样式无法满足格式设置的要求，用户可以对其进行修改，操作步骤如下：

① 在【样式】任务窗格中，右击所要修改的样式（如标题 1），在弹出的下拉菜单中选择【修改】命令，打开【修改样式】对话框，如图 2-42 所示。

② 在【格式】选项组中进行相应的格式设置，或者单击下方的【格式】按钮，在弹出的下拉菜单中选择相应的命令，并在打开的相应格式设置对话框中进行设置。

③ 设置完毕，单击【确定】按钮，则文档中应用该样式的所有文本或段落被统一设置为修改后的格式。

（3）创建新样式

Word 2010 自带的样式称为【内置样式】，内置样式基本上可以满足大多数类型的文档格式设置。如果现有样式与所需格式相差很大，可以创建一个新样式，称为【自定义样式】。创建新样式的具体操作步骤如下：

① 在【样式】任务窗格中单击左下角的【新建样式】按钮，将打开【根据格式设置创建新样式】对话框，如图 2-43 所示。

② 在对话框中设置样式的名称、类型、样式基准（新样式的基础格式设置，默认情况下是当前光标所在位置的样式）及后续段落样式，在【格式】选项组中设置格式，或通过单击下方的【格式】按钮对样式所包含的格式进行详细设置。

③ 单击【确定】按钮，即可成功创建一个新样式。默认情况下创建的样式会自动添加到【快速样式列表】和【样式】任务窗格的样式列表中。

应用自定义样式，其方法和应用内置样式的方法相同。

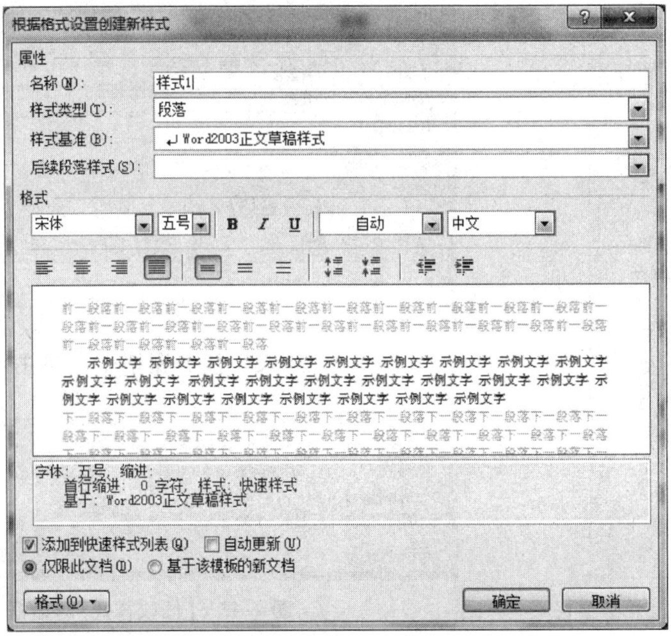

图 2-43 【根据格式设置创建新样式】对话框

(4) 删除样式

在 Word 中,用户可以删除样式,但不能删除内置样式。删除样式时,打开【样式】任务窗格,单击需要删除的样式(如"样式1")旁的箭头,在弹出的菜单中选择【删除"样式1"】选项,打开确认删除对话框,单击对话框中的【是】按钮即可。

如果用户删除了某样式,文档中所有应用该样式的文本或段落将被撤销相应的格式设置。

2.4 表格的制作

表格是 Word 文档中的重要组成部分,在文档中使用表格,既可以更形象地说明某些问题,表达一些常规文字所难以充分描绘的信息,使数据具有更好的可比性、可读性,还可以使文档的结构更加清晰。例如,我们制作通讯录、课程表、报名表等就必须使用表格,这样信息清晰,阅读方便,一目了然。Word 2010 提供了文档的表格制作工具,可以制作出满足各种要求的复杂报表,用户可以创建、编辑和调整表格,还可以在表格中进行公式计算和排序等操作。

2.4.1 表格的创建

Word 2010 提供了多种创建表格的方法。

1. 利用【插入】→【表格】工具创建表格

在【插入】选项卡中,单击【表格】组中的【表格】按钮,利用该工具可以快速插入简单的表格。具体操作步骤如下:

① 打开文档,将光标定位在文档中要插入表格的位置。

② 在【插入】选项卡中,单击【表格】组中的【表格】按钮,此时弹出【表格】下拉列表。

③ 在下拉列表中的表格模型上按下并移动鼠标指针,向右移动指定表格的列数,向下移动指定表格的行数,如图 2-44 所示,指定插入一张 4 行 5 列的表格。

图 2-44　利用【插入】→【表格】插入表格

④ 松开鼠标,在光标插入点处即出现一张 4 行 5 列的表格,如图 2-45 所示。

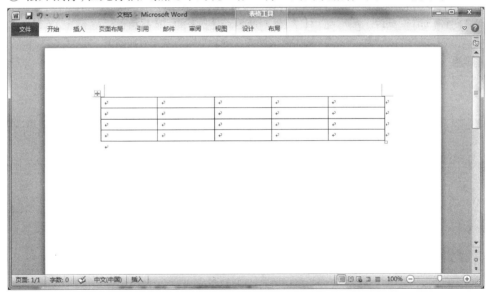

图 2-45　在文档中插入一张 4 行 5 列的表格

2．利用【插入表格】按钮创建表格

用【插入】→【表格】工具创建表格虽然很方便,但无法创建行数或列数较大的表格。而使用【插入表格】按钮创建表格的行、列数则不受限制,同时还可以设置表格的列宽。

具体操作步骤如下:

① 打开文档,将光标定位在文档中要插入表格的位置。

② 在【插入】选项卡中，单击【表格】组中的【表格】命令按钮，在弹出的下拉列表中单击【插入表格】按钮，弹出【插入表格】对话框，如图 2-46 所示。

③ 在【插入表格】对话框的【列数】和【行数】文本框中分别输入列数值与行数值，或通过微调按钮调整列数和行数。

④ 在【"自动调整"操作】中，可以根据需要任意选择以下选项：

- 【固定列宽】：表格的列宽将固定为右侧数值框内的数值，其默认状态为【自动】，表示将自定义列宽。
- 【根据内容调整表格】：根据单元格中输入的对象调整至合适的列宽。
- 【根据窗口调整表格】：根据窗口自动调整列宽。

图 2-46　【插入表格】对话框

3．手工绘制表格

对于不规则的表格，或者带有斜线表头的复杂表格，Word 提供了用鼠标绘制任意不规则自由表格的强大功能。利用【表格与边框】工具栏上的按钮可以灵活、方便地绘制或修改表格。

具体操作步骤如下：

① 打开文档，将光标定位在文档中要插入表格的位置。

② 在【插入】选项卡中，单击【表格】组中的【表格】按钮，在弹出的下拉列表中选择【绘制表格】选项，如图 2-47 所示，弹出【表格工具】→【设计】选项窗口。

图 2-47　【绘制表格】选项

③ 这时鼠标指针呈现铅笔形状，在 Word 文档中按住鼠标左键拖动绘制表格边框，然后在适当的位置绘制行和列，如图 2-48 所示。

第 2 章　文字处理软件 Word 2010

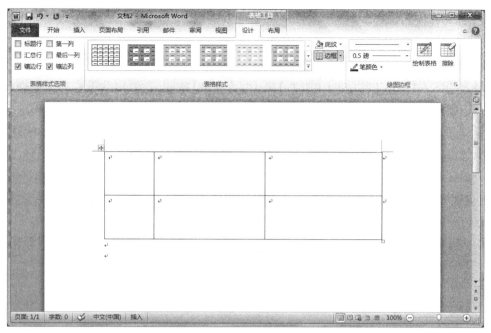

图 2-48　绘制一张 2 行 3 列的表格

④ 完成表格的绘制后,按下键盘上的【Esc】键;或者单击【表格工具】→【设计】选项卡下的【绘图边框】组中的【绘制表格】按钮,结束表格的绘制状态。

提示:如果在绘制或设置表格的过程中需要删除某行或某列,可以单击【表格工具】→【设计】选项卡下的【绘图边框】组中的【擦除】按钮,这时鼠标指针呈现橡皮擦形状,在特定的行或列线条上拖动鼠标左键即可删除该行或该列;在键盘上按下【Esc】键可取消擦除状态。对于表格线型、粗细、颜色,可以在【绘图边框】组中进行设置,如图 2-49 所示。

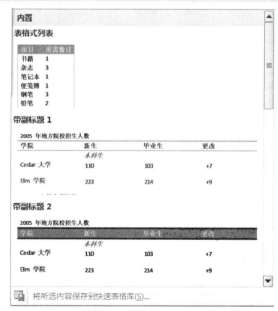

图 2-49　【绘图边框】组　　　　图 2-50　【内置】选项列表

4. 插入快速表格

Word 2010 内置了多种格式的表格,用户可以快速插入这些表格。具体操作步骤如下:

① 打开文档,将光标定位在文档中要插入表格的位置。

② 在【插入】选项卡中,单击【表格】组中的【表格】按钮,在弹出的下拉列表中选择【快速表格】,弹出如图 2-50 所示的【内置】选项列表。

③ 选择所需选项,则对应表格将插入到文档中,用户可以根据自己的需要进行调整。

5. 插入 Excel 表格

在 Word 2010 中还可以插入 Excel 表格,并且可以在其中进行比较复杂的数据运算和处理,就像在 Excel 环境中一样。具体操作步骤如下:

① 打开文档,将光标定位在文档中要插入表格的位置。

② 在【插入】选项卡中,单击【表格】组中的【表格】按钮,在弹出的下拉列表中选择【Excel 电子表格】,弹出如图 2-51 所示的 Excel 电子表格编辑状态。

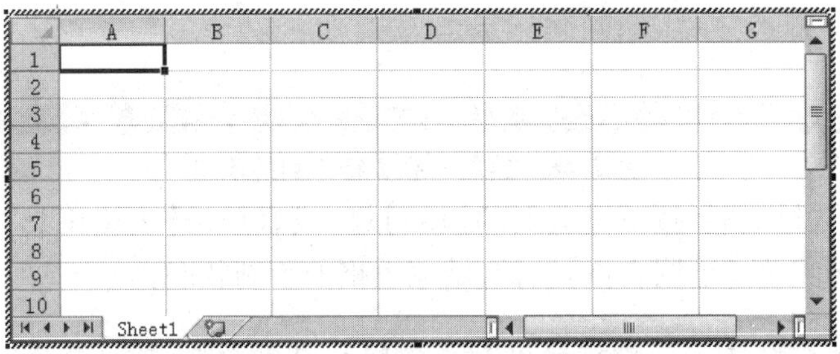

图 2-51　Excel 电子表格编辑状态

③ 编辑完表格后,单击电子表格以外的区域,就可以返回到 Word 文档编辑状态,如图 2-52所示。

学号	姓名	性别	出生日期	家庭住址	电话号码	
E0001	张燕	女				
E0002	刘飞	男				
E0003	王勃	男				
E0004	李丽	女				
E0005	李工科	男				
E0006	钱六一	男				
E0007	伍思凯	男				
E0008	茅茂	女				
E0009	薛礼	男				

图 2-52　Word 文档编辑状态下的 Excel 电子表格

提示:此时在文档中插入的表格是图片格式,不能对其进行编辑。若要对其进行编辑,双击表格区域,切换到电子表格的编辑状态。

2.4.2　表格的编辑

创建了表格之后,接下来可以对表格进行各种编辑操作,包括编辑表格内容、增加或删除表格中的行列、改变行高和列宽、合并与拆分表格或单元格等操作。

1. 编辑表格中的文本

在表格中,单元格是处理文本的基本单位。在单元格中输入和编辑文本的操作与普通文档中的操作基本相同。键入时如果内容的宽度超过了单元格的列宽则会自动换行或增加行宽,这会随着【插入表格】对话框中的【"自动调整"操作】选项不同而相异;如果按【Enter】键则新起一个段落。用户可以像对待普通文本一样对单元格中的文本进行格式设置,用【开始】选项卡中的【字体】组设置字体、字号等。

2．转换表格与文本

(1) 文本转换为表格

在编辑文本时可能会编辑一些类似表格的文本,这些文本比较规则,有统一的分隔符把它们分开,如图2-53所示的是用制表位分隔的文本。如果在编辑表格数据时,需要将这些文本信息输入到表格中,可以使用文本转换为表格的功能将它们直接转换为表格数据。

图2-53 用制表位分隔的文本

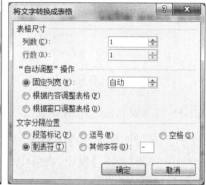

图2-54 【将文字转换成表格】对话框

具体操作步骤如下:

① 选中要转换为表格的文本。

② 选择【插入】选项卡下【表格】下拉列表中的【文本转换成表格】按钮,弹出【将文字转换成表格】对话框,如图2-54所示。

③ 在【列数】文本框中设置表格的列数,系统将自动计算出表格的行数。

④ 在【"自动调整"操作】区域设置合适的参数。

⑤ 在【文字分隔位置】区域选择【制表符】。

⑥ 单击【确定】按钮,结果如图2-55所示。

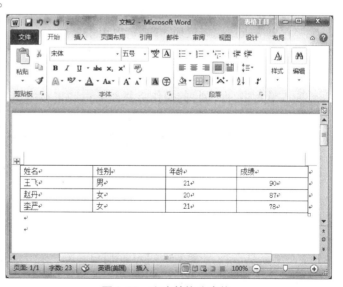

图2-55 文本转换为表格

（2）表格转换为文本

可以把文本转换为表格，也可以将表格中的数据转换为文本。例如，可以把图2-55表格中的数据转换为文本。具体操作步骤如下：

① 将光标置于表格的任意位置。

② 选择【表格工具】→【布局】选项卡下【数据】组中的【转换为文本】，弹出【表格转换成文本】对话框，如图2-56所示。

图2-56 【表格转换成文本】对话框   图2-57 表格转换为文本

③ 在对话框中选择一种分隔符，如选择【逗号】单选按钮。

④ 单击【确定】按钮，表格中的内容将转换为普通文本，并使单元格中的内容用所选的分隔符分开，如图2-57所示。

3．插入和删除单元格、行（列）

（1）插入单元格、行（列）

在表格中可以插入单元格、行或列，甚至可以在表格中插入表格。

要在表格末尾快速添加一行，可以单击最后一行的最后单元格，然后按【Tab】键；也可以把光标定位在最后一个单元格外按【Enter】键。

如果要在表格的不同位置插入单元格、行或列，应首先确定插入位置。

插入单元格、行（列）的操作步骤如下：

① 将插入点定位在表格中。

② 选择【表格工具】→【布局】选项卡中的【行和列】组，如图2-58所示。

图2-58 【行和列】组   图2-59 【插入单元格】对话框

③ 选择【在左侧插入】选项，在插入点所在列的左侧插入一列；选择【在右侧插入】选项，在插入点所在列的右侧插入一列。

④ 选择【在上方插入】命令,在插入点所在行的上方插入一行;选择【在下方插入】命令,在插入点所在行的下方插入一行。

⑤ 选择【行和列】组中右下角的扩展按钮 ,弹出如图 2-59 所示的【插入单元格】对话框,其单选按钮的功能如下:

- 活动单元格右移:可以在选定单元格的位置插入新的单元格,原单元格向右移动。
- 活动单元格下移:可以在选定单元格的位置插入新的单元格,原单元格向下移动。
- 整行插入:可以在选定单元格的位置插入新行,原单元格所在的行下移。
- 整列插入:可以在选定单元格的位置插入新列,原单元格所在的列右移。

⑥ 选择后单击【确定】按钮。

提示:在插入单元格时,如果单元格右移整个表格的列不会增加,但如果单元格下移,表格将会增加一行,所以在插入单元格后可能会使表格变得参差不齐。

(2) 删除单元格、行(列)

如果在插入表格时,出现多余的行或列,可以根据需要删除它们。在删除单元格、行或列时,单元格、行或列的内容也将被删除。具体操作步骤如下:

① 将插入点定位在表格中。

② 选择【表格工具】→【布局】选项卡下的【行和列】组中的【删除】按钮,弹出如图 2-60 所示下拉列表,用户可进行选择。

选择【删除列】,可将插入点所在列删除;选择【删除行】,可将插入点所在行删除;选择【删除表格】,可将整个表格删除;选择【删除单元格】,则弹出【删除单元格】对话框,如图 2-61 所示,其中 4 个选项分别是【插入单元格】对话框中相应选项的逆操作。

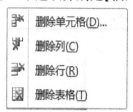

图 2-60 【删除】下拉列表

图 2-61 【删除单元格】对话框

4. 移动和复制单元格、行(列)

将单元格、行(或列)中的内容移动或复制到相应的单元格、行(或列)的操作与普通文本操作完全一样。具体操作步骤如下:

① 先选定要移动(或复制)的表格内容。

② 选择【开始】选项卡下的【剪贴板】组中的【剪切】(或【复制】)按钮。

③ 将插入点移动到目标单元格、行(列)。

④ 选择【开始】选项卡下的【剪贴板】组中的【粘贴】按钮,即可把剪切(或复制)的内容粘贴到相应的位置。

也可单击鼠标右键,利用快捷菜单进行以上操作。

5. 拆分和合并单元格

(1) 拆分单元格

拆分单元格就是把表中的一个单元格分成多个单元格,以达到增加行数和列数的目的。具体操作步骤如下:

① 选定要拆分的单元格。

② 选择【表格工具】→【布局】选项卡中的【合并】组中的【拆分单元格】按钮,或单击鼠标右键,在弹出的快捷菜单中选择【拆分单元格】命令,都将打开如图2-62所示的【拆分单元格】对话框。

③ 在对话框的【列数】文本框中输入单元格要拆分的列数,在【行数】文本框中输入单元格要拆分的行数,列数与行数相乘即为拆分后单元格的数目。

图2-62 【拆分单元格】对话框

④ 单击【确定】按钮,即完成拆分单元格的操作。

提示:对话框中有一个【拆分前合并单元格】复选框,选中此项,表示拆分前将选定的多个单元格合并成一个单元格,然后再将这个单元格拆分为指定的单元格数;不选此项,表示将选定的多个单元格直接拆分为指定的单元格数。

(2) 合并单元格

合并单元格就是把相邻两个或多个单元格合并成一个大的单元格。具体操作步骤如下:

① 选定要合并的单元格。

② 选择【表格工具】→【布局】选项卡下的【合并】组中的【合并单元格】按钮,或单击鼠标右键,选择快捷菜单中的【合并单元格】命令。选定的单元格即被合并成一个单元格。

6. 拆分表格

拆分表格就是将一个表格拆分成为两个表格。具体操作步骤如下:

① 将光标定位于要拆分的位置,即将要成为拆分后第二个表格的第一行处。

② 单击【表格工具】→【布局】选项卡下的【合并】组中的【拆分表格】按钮,可将表格一分为二。

7. 调整表格的大小

编辑表格的一个重要方面是更改列的宽度或行的高度以适应单元格中的信息。改变行高和列宽的操作可以用鼠标来完成,也可以在【表格属性】对话框中为列的宽度和行的高度输入一个实际的数值。

由于调整行高和列宽的操作基本相同,这里仅以调整列宽的操作为例。

(1) 使用【自动调整】调整表格

具体操作步骤如下:

① 将光标置于表格内的任意位置。

② 单击【表格工具】→【布局】选项卡下的【单元格大小】组中的【自动调整】按钮,在下拉列表中选择相应选项,或单击鼠标右键,选择快捷菜单中的【自动调整】命令,在弹出的子菜单中选择相应的选项即可,如图2-63所示。

第 2 章 文字处理软件 Word 2010

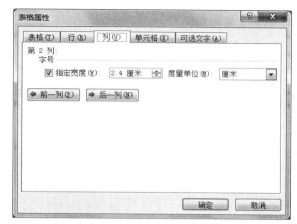

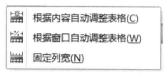

图 2-63 【自动调整】子菜单　　　　　图 2-64 【表格属性】对话框

- 选择【根据内容自动调整表格】,则表格中的列宽会根据表格中内容的宽度而改变。
- 选择【根据窗口自动调整表格】,则表格的宽度自动变为页面的宽度。
- 选择【固定列宽】,则列宽不变,如果内容的宽度超过了列宽会自动换行。

(2) 使用【表格属性】调整表格

如果对表格尺寸要求比较精确的话,则应通过【表格属性】对话框来调整列宽和行高。具体操作步骤如下:

① 将光标放在要调整列宽的列中或选中该列。

② 选择【表格工具】→【布局】选项卡下的【表】组中的【属性】选项,或单击鼠标右键,选择快捷菜单中的【表格属性】命令,均可打开【表格属性】对话框,在其中的【行】、【列】选项卡中可以设置该单元格所在行列的行高与列宽,如图 2-64 所示。

2.4.3 表格的修饰

在为表格填充了文本,形成行列整齐、间距合适的表格之后,就可以为表格设计各种风格,使其新颖、独特、可视性强、更具魅力。几乎所有对文档的操作都可用于对表的操作,包括选中文本、更改字体等,不仅如此,用户还可以对齐单元格中数据、在单元格中插图,还可以设计边框格式,甚至还可用灰色底纹或黑色背景来为单元格、行(或列)添加阴影。

1. 使用表格自动套用格式

在编排表格时,无论是新建的空表还是已经输入数据的表格,都可以利用表格的自动套用格式进行快速编排,Word 2010 提供了多种预定义的表格格式。具体操作步骤如下:

① 选定要套用格式的表格。

② 选择【表格工具】→【设计】选项卡下的【表格样式】组,如图 2-65 所示。

图 2-65 【表格样式】组

③ 在【表格样式】组中,选择要套用的表格格式,表格就自动套用了相应的格式。

2. 添加边框和底纹

可以为表格中的单元格设置边框和底纹,也可以为整个表格添加边框和底纹。具体操作步骤如下:

① 选定要设置边框和底纹的表格或表格的一部分。

② 在【表格工具】→【设计】选项卡下的【绘图边框】组中单击右下角的扩展按钮 ,弹出【边框和底纹】对话框,选择【边框】选项卡,如图 2-66 所示。

③ 在【设置】选项区域中可选择一种。

- 方框:在表格的四周设置一个边框,线型可在线型处自定义。

图 2-66 【边框】选项卡

- 全部:在表格四周设置一个边框,同时也为表格中行列线条设置格栅线,格栅线的线型和表格边框的线型一致。
- 虚框:在表格四周设置一个边框,同时也为表格中行列线条设置格栅线,格栅线的型号为默认,而边框线型是设置的线型。
- 自定义:选择【自定义】时,可以在预览表格中设置任意的边框线和格栅线。

④ 在【样式】列表框中选择线型样式,在【宽度】下拉列表框中选择线型的宽度值,在【颜色】下拉列表框中选择线条的颜色。

⑤ 在【应用于】下拉列表框中选择设置边框的应用范围。

⑥ 选择【底纹】选项卡,如图 2-67 所示。

⑦ 在【填充】区域中,选择一种填充色作为表格的背景色。

⑧ 在【样式】下拉列表框中,选择一种底纹的样式,即选择底纹颜色含量的百分比。

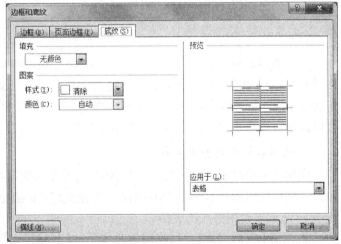

图 2-67 【底纹】选项卡

⑨ 在【颜色】下拉列表框中,选择底纹内填充点的颜色。

⑩ 在【应用于】下拉列表框中选择填充色和图案的应用范围。

⑪ 单击【确定】按钮,即完成添加边框和底纹的设置。

3. 设置单元格中文本的对齐方式

如果单元格的高度较大、内容较少而不能填满单元格时,顶端对齐的方式会影响整个表格的美观,此时可以对单元格中文本的对齐方式进行设置。在表格中,可以实现文本在水平方向和垂直方向上的对齐。具体操作步骤如下:

① 选择要设置对齐方式的单元格或整个表格。

② 在【表格工具】→【布局】选项卡下的【对齐方式】组的对齐方式列表中选择合适的选项,如图 2-68 所示;或单击鼠标右键,在弹出的快捷菜单中选择【单元格对齐方式】选项,并在子菜单中选择相应的对齐方式,如图 2-69 所示。

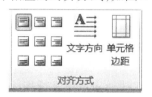
图 2-68 【对齐方式】组

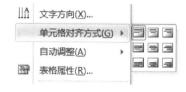
图 2-69 【单元格对齐方式】子菜单

2.4.4 表格内数据的排序与常用计算

1.排序

Word 2010 提供了对表格中数据的排序功能,用户可以依据拼音、笔画、数字或日期对表格内容以升序或降序方式进行排列。Word 2010 允许用户在排序中按照多个关键字进行排序。具体操作步骤如下:

① 将光标移动到表格中的任何位置。

② 选择【表格工具】→【布局】选项卡下的【数据】组中的【排序】按钮,弹出【排序】对话框,如图 2-70 所示。

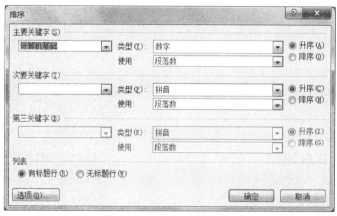
图 2-70 【排序】对话框

③ 在【排序】对话框中设置【主要关键字】、【次要关键字】和【第三关键字】选项以及类型和升降序等属性,Word 在排序时首先依据主要关键字,如有相同项则依据次要关键字,如果还有相同项再依据第三关键字排序。

④ 如果表格有标题行,则在【列表】区中选择【有标题行】单选按钮,并以标题为关键字排序;如果没有标题行,则以排序的列号为关键字排序。

⑤ 单击【确定】按钮完成操作。

2. 常用计算

Word 2010 提供了很强的表格计算功能,可完成大量的计算操作,且使用非常简便。在公式计算中可输入单元格来引用单元格的内容。表格中的单元格可用诸如 A1、A2、B1 之类的形式来引用,其中的字母代表列,数字代表行。在公式中引用单元格时,需要用逗号分隔,选定区域的首尾单元格之间用冒号分隔。

【例 2-3】 对单元格 A1 和 B2 求和。

可利用 SUM 函数求和。SUM(A1:B2)表示对选定区域单元格 A1、A2、B1 及 B2 求和。还可以使用参数 LEFT 表示引用当前行的左侧数据,ABOVE 表示引用当前列的上侧数据。

(1) 简单算术运算

当需要简单的数据运算时,Word 2010 可以用公式帮助用户完成这些运算。

【例 2-4】 对图 2-71 所示的表格进行求和运算。

① 单击文档中要放置运算结果的地方。

② 选择【表格工具】→【布局】选项卡下的【数据】组中的【公式】按钮,弹出如图 2-71 所示的【公式】对话框,在【公式】对话框中输入公式"=SUM(LEFT)",表示将要对选定的单元格的左侧数据进行求和。

③ 选择需要的编号格式。

图 2-71 公式计算

④ 单击【确定】按钮,运算结果出现在相应的位置,如图 2-71 所示。

(2) 使用简单函数

【例 2-5】 对图 2-72 所示的表格进行求和运算。

① 单击文档中放置函数运算结果的区域。

② 选择【表格工具】→【布局】选项卡下的【数组】组中的【公式】按钮。

③ 弹出【公式】对话框,在【粘贴函数】中选择需要的函数(Word 2010 自己具备的函数)。

④ 在上面公式中的圆括号中填写需要参加运算的单元格。

图 2-72 函数计算

⑤ 选择需要的编号格式。

⑥ 单击【确定】按钮,得到运算结果,如图 2-72 所示。

(3) 表格数据更新

有时,用户需要对表格中的数据进行修改,这就要用到数据更新功能。

【例 2-6】 对图 2-71 所示的表格进行更新求和运算。

① 用户先选定执行的区域,也可以全部选定表格,然后右击鼠标,在弹出的快捷菜单中选择【更新域】命令。

② 按【F9】键,更新全部计算结果,如图 2-73 所示。

项目编号	费用一（¥）	项目二（¥）	项目三（¥）	已使用（¥）	总和（¥）
A123	63.25	58.21	78.21	58.0	257.67
B123	65.25	87.0	22.25	12.54	187.04
C123	78.25	25.12	12.33	10.00	125.7
总和	206.75	170.33	112.79	80.54	570.41

图 2-73　数据更新

尽管 Word 2010 提供的表格计算及排序功能比较丰富,但是相比 Excel 仍不尽如人意。如果在文档中确需用到此功能,建议先在 Excel 中完成,然后将内容以嵌入对象的形式插入到 Word 文档中就可以了。

2.5　高级排版

Word 2010 允许在文档中插入各种对象,如图片、图文框、文本框等,以加强文档的直观性与艺术性。插入图片类型包括剪贴画、来自文件的图片、自选的图片、艺术字和图表等。图文框和文本框通常用于在文档中插入一些具有特殊格式的图形和文本内容。

2.5.1　图片的插入

Word 2010 的插入图片功能非常强大,它可以从剪辑库中插入剪贴画或图片,也可以从其他程序或位置插入图片,还提供了对图片进行处理的工具。

1. 插入剪贴画

Word 2010 提供了一个庞大的剪贴图库,默认情况下,Word 2010 中的剪贴画不会全部显示出来,需要用户使用相关的关键字进行搜索。用户可以在本地磁盘和 Office.com 网站中进行搜索,其中 Office.com 中提供了大量剪贴画,用户可以在联网状态下搜索并使用这些剪贴画。例如,想使用 Word 2010 提供的与运动有关的剪贴画时可以选择运动主题。具体操作步骤如下:

① 把插入点定位到需要插入剪贴画的位置。

② 选择【插入】选项卡下的【插图】组中的【剪贴画】按钮,在窗口右侧弹出【剪贴画】任务窗格,如图 2-74 所示。

③ 在【剪贴画】任务窗格中的【搜索文字】区域输入要插入剪贴画的主题,如输入"运动",单击【搜索】按钮,如果当前电脑处于联网状态,则可以选中【包括 Office.com 内容】复选框,如图 2-74 所示。

④ 在搜索结果中单击搜索到的剪贴画,即可将剪贴

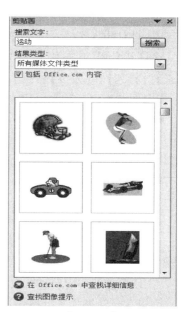

图 2-74　【剪贴画】任务窗格

插入到文档中。

2. 插入来自文件的图片

如果在文档中使用的图片来自已知的文件,可以直接将其插入到文档中。

① 把光标定位到想要插入图片的位置。

② 选择【插入】选项卡下的【插图】组中的【图片】按钮,弹出如图 2-75 所示的【插入图片】对话框,在此设定查找范围和文件名,然后单击【插入】按钮,即可将图片插入到 Word 文档中。

图 2-75 【插入图片】对话框

3. 编辑图片

如果插入适宜的图片或剪贴画可以显著地提高文档质量;如果插入的图片或剪贴画不合适将会使文档显得凌乱,这时需要对图片进行编辑修改。Word 2010 提供了多种图片编辑工具,可对插入文档中的图片进行各种编辑操作。在文档中选定图片,Word 2010 都会增加一个图片专用的【图片工具格式】选项卡,如图 2-76 所示。此选项卡共有【调整】、【图片样式】、【排列】和【大小】4 个组,下面分别介绍各组的常用编辑功能。

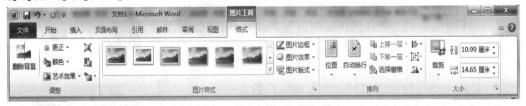

图 2-76 【图片工具格式】选项卡

(1) 图片的裁剪

在文档中,可以方便地对图片进行裁剪操作,以截取图片中最需要的部分。具体操作步骤如下:

① 单击选中需要进行裁剪的图片。

② 选择【图片工具格式】选项卡下的【大小】组中的【裁剪】按钮。

③ 此时图片周围出现 8 个方向的裁剪控制柄,用鼠标拖动控制柄将对图片进行相应方

向的裁剪,同时可以拖动控制柄将图片复原,直至调整到合适为止,如图 2-77 所示。

图 2-77 裁剪图片

④ 单击该图片以外的任何位置结束裁剪。

(2) 图片尺寸的设置

在 Word 2010 文档中,可以通过多种方式设置图片尺寸。下面介绍最常用的三种方式:

方法一:手动调整。选中图片后,直接使用鼠标拖动图片的控制点更改图片的大小。

方法二:数控式调整。在【图片工具格式】选项卡中的【大小】组中分别设置【高度】和【宽度】数值。

方法三:在【大小】对话框中设置。如果用户希望对图片尺寸进行更细致的设置,可以打开【大小】对话框进行设置:右击需要设置尺寸的图片,在弹出的快捷菜单中选择【大小和位置】选项,打开【布局】对话框,选择【大小】选项卡,并在其上进行高度与宽度的设置。

(3) 图片的调整

图片的亮度、颜色、对比度、清晰度、背景和艺术效果等,都可以通过【图片工具格式】选项卡中的【调整】组中的按钮来调整。

① 单击选中需要调整的图片。

② 选择【图片工具格式】选项卡中的【调整】组,如图 2-76 所示,可进行如下调整:

• 设置图片的亮度、对比度和清晰度:单击【调整】组中的【更正】按钮,打开【更正】列表,在【锐化和柔化】区域和【亮度和对比度】区域选择合适的选项进行设置。

• 设置图片的颜色:单击【调整】组中的【颜色】按钮,打开【颜色】列表,在【颜色饱和度】区域、【色调】区域和【重新着色】区域选择合适的选项进行设置。

• 给图片添加艺术效果:单击【调整】组中的【艺术效果】按钮,打开【艺术效果】列表,选择合适的艺术图片进行设置。

• 去除图片的多余背景:单击【调整】组中的【删除背景】按钮,然后单击【背景消除】选项中的【标记要保留的区域】按钮。

(4) 图片样式的套用

在【图片工具格式】选项卡的【图片样式】组中有很多预设的图片样式,事先设置了边框、阴影、倒影、光效和三维等效果,用户可以很方便地利用预设的图片样式来设置图片。

① 单击选中图片。

② 选择【图片工具格式】选项卡中的【图片样式】组,并在【图片样式】组的预设样式列表中选择所需要的样式,如图 2-78 所示。

图 2-78 【图片样式】组

(5) 图片的自定义边框和自定义效果的设置

如果预设的图片样式不能满足需求,用户还可以自己定义图片边框和图片效果。

设置自定义图片的边框,方法为:单击选中要设置边框的图片;选择【图片工具格式】选项卡下的【图片样式】组中的【图片边框】按钮,打开【图片边框】列表框进行相应的设置,如图 2-79 所示。

设置图片自定义效果,方法为:单击选中要设置特殊效果的图片;选择【图片工具格式】选项卡下的【图片样式】组中的【图片效果】按钮,打开【图片效果】列表框进行相应的设置,如图 2-80 所示。

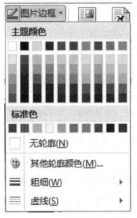

图 2-79 设置图片边框　　　　图 2-80 设置图片效果

(6) 图片文字环绕方式的设置

默认情况下,插入到 Word 文档中的图片作为字符插入到 Word 文档中,其位置随着其他字符的变动而改变,用户不能自由移动图片。通过设置图片的文字环绕方式,可以自由移动图片的位置。具体操作步骤如下:

① 单击选中需要设置文字环绕的图片。

② 选择【图片工具格式】选项卡下的【排列】组中的【位置】按钮,弹出【位置】下拉列表,如图 2-81 所示。

图 2-81 【位置】下拉列表

图 2-82 【布局】对话框

- 选择【嵌入文本行中】,则图片作为超大字符嵌入文档中。
- 可以在【文字环绕】区域中的九种环绕方式中选择一种合适的环绕方式。
- 如果预设的环绕方式均不符合要求,可单击【其他布局选项】,弹出【布局】对话框,单击【文字环绕】选项卡,如图 2-82 所示,单击【环绕方式】区域内的一种选项,再单击【确定】按钮。

如果用户希望在 Word 2010 文档中设置更丰富的文字环绕方式,可以单击【图片工具格式】选项卡下的【排列】组中的【自动换行】按钮,在打开的下拉列表中选择合适的文字环绕方式即可,如图 2-83 所示。

图 2-83 【自动换行】下拉列表

其中,【自动换行】下拉列表中的各种环绕方式的含义如下:

- 嵌入型:图片如同一个超大字符,前后可以有普通字符,所在行上下也可以有正常的文字行。
- 四周型环绕:不管图片是否为矩形图片,文字以矩形方式环绕在图片四周。

- 紧密型环绕:如果图片是矩形,则文字以矩形方式环绕在图片周围;如果图片是不规则图形,则文字将紧密环绕在图片四周。
- 穿越型环绕:文字可以穿越不规则图片的空白区域环绕图片。
- 上下型环绕:文字环绕在图片上方和下方。
- 衬于文字下方:图片在下,文字在上,分为两层,文字将覆盖图片。
- 浮于文字上方:图片在上,文字在下,分为两层,图片将覆盖文字。
- 编辑环绕顶点:用户可以编辑文字环绕区域的顶点,实现更个性化的环绕效果。

2.5.2 图形的绘制

Word 2010 可利用预设的形状和 SmartArt 图形,根据用户需要绘制图形,它一般与文字配合使用,具有较强的直观性。

1. 用【形状】按钮绘制图形

在 Word 2010 中的【插入】选项卡下的【插图】组中有一个【形状】按钮,通过该按钮,用户可以根据需要轻松地绘制各种图形,并对图形进行调整、旋转、修改颜色等操作,以增加文档的直观性。常见的图形有线条、矩形、箭头、流程图、标注等。具体操作步骤如下:

① 将光标移动到需要插入图形的位置。

② 选择【插入】选项卡下的【插图】组中的【形状】按钮,弹出如图 2-84 所示的【形状】下拉列表,选择有关选项,并在文档中绘制所选图形。

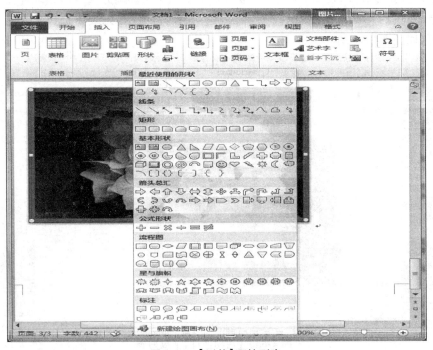

图 2-84 【形状】下拉列表

③ 用鼠标右键单击新插入的图形,在弹出的快捷菜单中选择【添加文字】命令,输入相关的文字,并设置好文字的字体、字号、字形和颜色等。

【例 2-7】 在文档中插入太阳图形,并标注"我的太阳",如图 2-85 所示。

第 2 章 文字处理软件 Word 2010

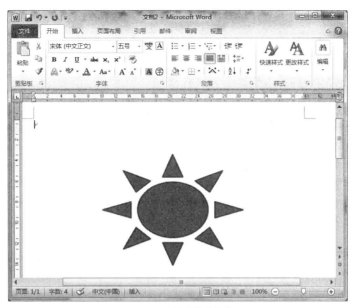

图 2-85 绘制【太阳】

提示：形状可以和图片一样进行组合，而且形状的默认环绕方式是【浮于文字上方】。

可以像对图片一样，对绘制的图形进行边框、效果设置和组合，也可以设置其文字环绕方式。

2．插入 SmartArt 图形

SmartArt 图形是信息的视觉表示，相对于简单的图片、剪贴画以及形状图形，它具有更高级的图形选项。使用 SmartArt 图形可以轻松快速地创建具有高水准的示意图、组织结构图、流程图等各种图示。在文档中插入 SmartArt 图形的具体操作步骤如下：

① 把光标移动到需要插入图形的位置。

② 选择【插入】选项卡下的【插图】组中的【SmartArt】按钮，弹出如图 2-86 所示的【选择 SmartArt 图形】对话框。

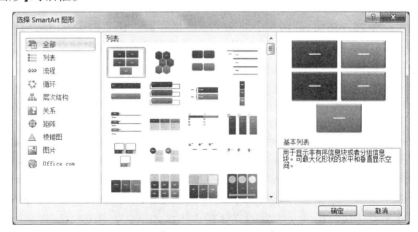

图 2-86 【选择 SmartArt 图形】对话框

③ 在对话框左侧选择布局类型，然后在【列表】区域选择所需要的图形。

④ 单击【确定】按钮，即可在文档中插入相应图形。

插入 SmartArt 图形后，系统自动打开【SmartArt 工具】→【设计】选项卡和【SmartArt 工具】→【格式】选项卡。通过【SmartArt 工具】→【设计】选项卡可以快速设置 SmartArt 图形的整体样式，如更改布局、样式和颜色等；通过【SmartArt 工具】→【格式】选项卡可以设置 SmartArt 图形的形状、形状样式和艺术字样式等。

2.5.3 艺术字的插入

在编辑文档时，为了使标题更加醒目、活泼，可以应用 Word 2010 提供的艺术字功能来绘制特殊的文字。Word 2010 中的艺术字是图形对象，所以可以像对待图形那样来编辑艺术字，也可以给艺术字加边框、底纹、纹理、填充颜色、阴影和三维效果等。

艺术字本质上是高度风格化、具有特殊效果的形状文字。Word 2010 将艺术字作为文本框插入，用户可以任意编辑其中的文字。插入艺术字的具体操作步骤如下：

① 把插入点定位到要插入艺术字的位置。

② 单击【插入】选项卡下的【文本】组中的【艺术字】按钮，弹出【艺术字】下拉列表，如图 2-87 所示。

③ 在弹出的下拉列表中单击所需要的艺术字式样后，即可在文档中插入艺术字文本框，系统提示用户"请在此放置您的文字"，如图 2-88 所示。

④ 用户在文本框中输入文字，插入艺术字完成。

插入艺术字后，在【绘图工具格式】选项卡下的【形状样式】组或【艺术字样式】组中对其进行进一步的设置，其操作方式与文本框的设置相同。

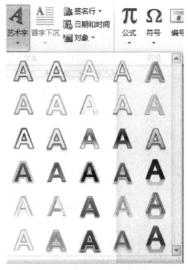

图 2-87 【艺术字】下拉列表

图 2-88 插入的艺术字

2.5.4 文本框的使用

文本框是指一种可移动、可调大小的文字或图形容器。在文档中灵活使用 Word 中的文本框对象，可以将文字和其他各种图形、图片、表格等对象在页面中独立于正文放置以方便定位。如果使用链接的文本框还可以使不同文本框中的内容自动衔接，当改变其中一个文本框大小时，其他文本框的内容会自动改变以适应其变化。

1．插入文本框

文本框是独立的对象，可以在页面上进行任意调整。将文本输入或复制到文本框中，文本框中的内容可以在框中进行任意调整。根据文本框中文本的排列方向，文本框可分为"竖排"文本框和"横排"文本框两种。"竖排"文本框表示文本框中文字垂直排列；"横排"文本框表示文本框中文字水平排列。创建文本框可以通过插入特定样式的文本框来实现，也可以通过绘制文本框完成。插入文本框的具体操作步骤如下：

① 将光标置于文档中需插入文本框的位置。

② 单击【插入】选项卡下的【文本】组中的【文本框】按钮，弹出【文本框】下拉列表，如图 2-89 所示。

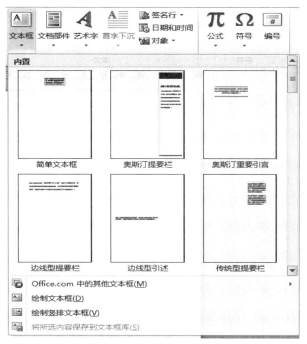

图 2-89 【文本框】下拉列表

③ 选择以下几种方法中的一种即可插入文本框。

方法一：在【文本框】下拉列表中选择要插入的文本框内置样式，即可在文档中插入该样式的文本框，在文本框中输入文本内容即可。

方法二：在【文本框】下拉列表中选择【绘制文本框】选项（或【绘制竖排文本框】选项）也可以创建文本框。单击这两个选项之一后，鼠标指针呈"十"字形，将十字形光标移到文档中需要插入文本框的位置，按住并拖动鼠标左键到需要的位置，松开鼠标左键，这样就在指定位置插入了一个文本框，在文本框中输入文字即可。

方法三：选择【插入】选项卡下的【插图】组中的【形状】按钮，在弹出的【形状】下拉列表中选择【基本形状】选项里的【文本框】或【垂直文本框】按钮。利用【文本框】或【垂直文本框】按钮也可以方便地绘制文本框，操作步骤与上述方法类似。

2．编辑文本框

（1）调整文本框

和图片一样，文本框上也有 8 个控制点，因此可以用鼠标来调整文本框的大小。文本框 4 个角上的控点用于同时调整文本框的宽度和高度，左右两边中间的控点用于调整文本框的宽度，上下两边中间的控点用于调整文本框的高度。

将光标放在文本框边框上控点以外的区域时，光标变为十字形箭头形状。此时按住鼠标左键并拖动鼠标，会出现虚线框，表示文本框的新位置，将之拖动到指定位置时，松开鼠标左键，这样就可以调整文本框的位置。

（2）删除文本框

删除文本框的操作和删除文字一样，只需先选定文本框，然后单击【开始】选项卡下的【剪贴板】组中的【剪切】按钮或按键盘上的【Delete】键即可。

（3）设置文本框形状及效果

可以像对图片一样设置文本框的边框和各种效果。设置方法与设置图片边框和效果的方法相同。但是文本框与图片设置不相同的是，文本框还可以进行形状及效果设置。

① 单击文本框的边框，使文本框处于选定状态。

② 单击【绘图工具格式】选项卡下的【形状样式】组中的【形状填充】按钮，弹出【形状填充】下拉列表，如图 2-90 所示。

- 选择【主题颜色】或【标准色】选项，可以为文本框指定填充色。
- 选择【无填充颜色】选项，则取消原有的所有填充设置。
- 选择【图片】选项，则使用指定图片来填充文本框。
- 选择【渐变】选项，可以为文本框设置在不同颜色之间的渐变效果。
- 选择【纹理】选项，则设置类似花岗岩等的纹理填充效果。

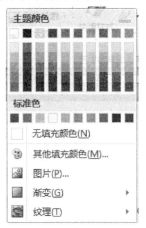

图 2-90 【形状填充】下拉列表

3．文本框的链接

使用 Word 制作手抄报、宣传册等文档时，往往会通过使用多个文本框进行版式设计。通过在多个 Word 文本框之间创建链接，可以在当前文本框中充满文字后自动转入所链接的下一个文本框中继续输入文字。

① 打开 Word 2010 文档窗口，单击选中第一个文本框。

② 选择【绘图工具格式】选项卡下的【文本】组中的【创建链接】按钮，如图 2-91 所示。

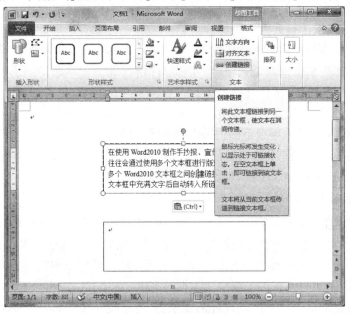

图 2-91 【创建链接】按钮

③ 这时，鼠标指针变成水杯形状 ；将水杯状的鼠标指针移动到准备链接的下一个文本框内部，鼠标指针变成倾斜的水杯形状 ；单击鼠标左键该形状消失，表示两个文本框已经创建了链接关系。此时如果在第一个文本框中输入文本，溢出的部分将自动流到

下一个文本框中,如图 2-92 所示。

图 2-92 【创建链接】结果

重复上述过程可以链接多个文本框。

4．文本框断开链接

如果要断开链接,选中第一个文本框,单击【绘图工具格式】选项卡下的【文本】组中的【断开链接】按钮,如图 2-93 所示,则第一个文本框和第二个文本框之间的链接被取消,第二个文本框中的内容将会流回第一个文本框。

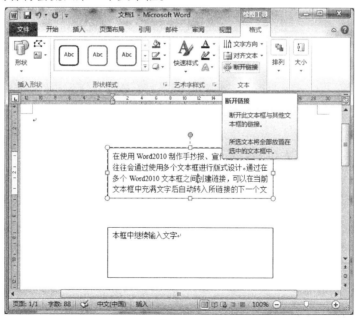

图 2-93 【断开链接】按钮

2.5.5 公式编辑器的使用

在很多科技文章中,用户需要插入各种特殊符号的数学公式。Word 2010 提供了功能强大的公式编辑器,用户不仅可以很轻松地在文本框中输入复杂的数学公式,还可以方便用户在该文本框中编辑、修改输入的数学公式。

① 将光标定位于文档中需要插入公式处。

② 选择【插入】选项卡下的【符号】组中的【公式】按钮,弹出【公式】下拉列表,如图 2-94 所示。

③ 从【公式】下拉列表中选择所需公式类型并单击,即可在文档中插入所需公式。如果下拉列表中没有用户所需公式类型,则在下拉列表中选择【插入新公式】选项,弹出【公式工具设计】选项卡,在文档中插入公式处弹出【在此处键入公式】文本框,在其中直接输入相应的公式即可,如图 2-95 所示。

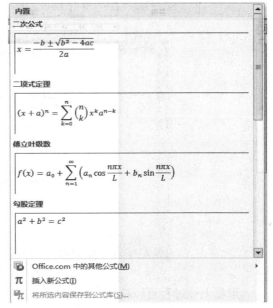

图 2-94 【公式】下拉列表

图 2-95 【插入新公式】界面

【例 2-8】 插入如下数学表达式:

$$[x]_{原} = \begin{cases} x, & +0 \leq x < 2^{n-1} \\ 2^{n-1} - x, & -2^{n-1} < x \leq -0 \end{cases}$$

① 将光标定位于文档插入公式处。

② 单击【插入】选项卡下的【符号】组中的【公式】按钮,在下拉列表中选择【插入新公式】,弹出【公式工具设计】选项卡,在文档中插入公式处弹出【在此处键入公式】文本框,在此文本框内输入该数学表达式。

③ 单击【结构】组中的【上下标】,弹出其下拉列表,单击下拉列表中的【下标】图案,在【在此处键入公式】文本框内出现"▭▭"图案,依次输入符号"$[x]$"、下标"原"和"$=$"后成为"$[x]_{原}=$"。

④ 此时光标紧接于等号后,单击【结构】组中的【括号】,在【括号】下拉列表中选择单方括号"{"图案,在虚线矩形中输入"$x, \quad +0 \leqslant x < 2^{n-1}$",单击【Enter】键,光标移到单方括号的第2行,成为"$[x]_{原}=\begin{cases} x, & +0 \leqslant x < 2^{n-1} \end{cases}$"。

⑤ 继续在第2行输入,可得数学表达式

$$[x]_{原} = \begin{cases} x, & +0 \leqslant x < 2^{n-1} \\ 2^{n-1} - x, & -2^{n-1} < x \leqslant -0 \end{cases}$$

⑥ 单击【在此处键入公式】文本框外的任何一处,即完成数学表达式的输入。

2.6 目录编制与域应用

2.6.1 目录编制

目录通常是长文档不可缺少的部分,依据目录,用户能很容易地知道文档中的内容,而且阅读查找有关内容时也很方便,只要按住【Ctrl】键单击目录中的某一章节就会直接跳转到该页。Word 2010 提供了手动生成目录和自动生成目录两种方式。一般在长文档编排过程中选择自动生成目录,这样,当文档发生改变时,用户可以利用更新目录功能来适应文档的变动。

1. 目录生成前的准备工作

如果用户已经完成了文档的全部输入和各级标题的设置工作,就可以创建目录了。
设定文章中标题格式为如下所示:

  第一章……大标题(一级)
   1.1……小标题(二级)
    1.1.1……小标题下的小标题(三级)
    ……
  第 N 章……大标题(一级)
   n.1……小标题(二级)
    n.1.1……小标题下的小标题(三级)

2. 目录的自动生成

如果已经使用了内置标题样式设置好了标题格式,操作步骤如下:

① 将插入点移到要插入目录的位置。

② 选择【引用】选项卡下的【目录】组中的【目录】按钮,弹出【目录】下拉列表,如图2-96所示,然后在其中选择【内置】选项组中的相应样式,即可在文档相应位置插入目录。

③ 若要对插入的目录进行自定义设置,可选择【目录】下拉列表中的【插入目录】选项,打开【目录】对话框,如图 2-97 所示。

④ 在【目录】对话框中设置是否显示页码、页码对齐方式以及制表符前导符的样式等,在【常规】选项组中设置目录格式以及显示级别。

⑤ 单击【确定】按钮,即可在插入点插入目录,如图 2-98 所示。

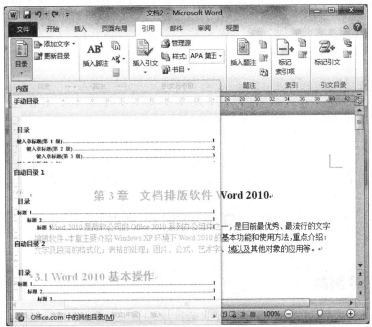

图 2-96 【目录】下拉列表

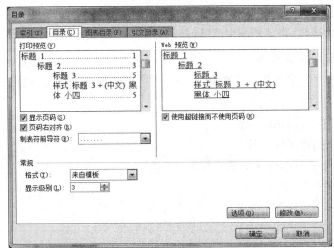

图 2-97 【目录】对话框

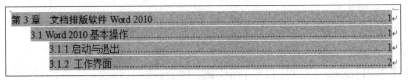

图 2-98 生成的目录

3. 更新目录

Word 2010 所创建的目录项是以域的形式存在的。创建目录后,如果文档的内容发生了变化,如页码或者标题发生了变化,就要更新目录,使它与文档的内容保持一致。最好不要直接修改目录,这样容易引起目录与文档内容的不一致。

在创建了目录后,如果想改变目录的格式或者显示的标题等,可以再执行一次创建目录的操作,重新选择格式和显示级别等选项。执行完操作后,会弹出一个对话框,询问【是否要替换所选目录】,选择【是】,替换原来的目录即可。

如果只是想更新目录中的数据,以适应文档的变化,而不是要更改目录的格式等项目,可以对目录单击鼠标右键,在弹出的快捷菜单中选择【更新域】即可。用户也可以在选择目录后单击【更新目录】按钮。

2.6.2 域的应用

在一些文档中,某些内容可能需要随时更新。例如,在一些日报型的文档中,报道日期就需要每天更新。如果手工更新这些日期,不仅烦琐而且容易遗忘,此时,用户可以通过插入【Date】域来实现日期的自动更新。

域系指 Word 文档中类似公式的一些字段,它由花括号、域名(域代码)及选项开关等构成。域代码类似于公式,域选项开关是特殊指令,在域中可触发特定的操作。Word 2010 中有多种域,其中有些是在操作文档中用 Word 的相关命令自动插入的,如目录、题注等;有些则可以在需要的地方用域命令手动插入,如显示作者姓名、文件大小或页数等文档信息。

1. 插入域

在 Word 2010 中,用户可以单击【插入】选项卡下的【文本】组中的【文档部件】按钮,在弹出的下拉列表中单击【域】选项,在打开的【域】对话框中选择域的类别、域名插入到文档中,并且可以设置域的相关公式。如图 2-99 所示,在【类别】中选择【日期和时间】,在【域名】中选择【Date】,在【日期格式】中按如图所示选择,单击【确定】按钮,将在文档当前插入点插入当前日期。当单击该部分文档时,域内容将显示有灰色底纹,如图 2-100 所示。

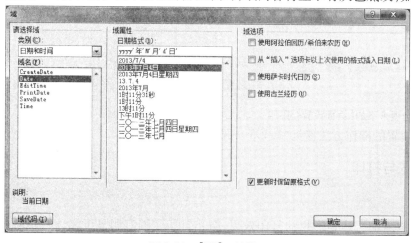

图 2-99 【域】对话框 　　　图 2-100 【Date】域

2. 更新域

如果域代码中引用的数据发生了变化,可以通过【更新域】来更新计算出来的域结果。更新域的方法很简单,如对图 2-100 所示【Date】域,右键单击该域,在弹出的快捷菜单中选择【更新域】命令即可。

2.7 打印文档

为了确保工作簿的打印质量符合要求,在打印之前通常需要先进行页面设置,然后进行打印预览,查看打印效果,最后打印输出。

2.7.1 页面设置

在打印工作表之前,可以首先进行页面设置:

单击【页面布局】选项卡,选择【页面设置】组,可对【文字方向】、【页边距】、【纸张方向】、【纸张大小】、【分栏】、【分隔符】、【行号】等进行设置,如图 2-101 所示。

也可以单击【页面布局】选项卡下的【页面设置】组右下角的【页面设置】对话框启动器按钮,在弹出的【页面设置】对话框中完成【页边距】、【纸张】、【版式】和【文档网格】的设置,如图 2-102 所示。

图 2-101 【页面布局】选项卡下的【页面设置】组　　图 2-102 【页面设置】对话框

【页面设置】参数设置的操作方法参见"2.3.3　页面格式编排"。

2.7.2 打印预览与打印

1. 打印预览

打印前,为了事先查看能否达到理想的打印效果,防止打印文档有明显纰漏,一般要进行打印预览。

第 2 章 文字处理软件 Word 2010

单击【文件】选项卡,选择【打印】选项,弹出如图 2-103 所示的打印预览与打印参数设置界面,该界面中包含【打印】、【打印机】、【设置】三个区域。

- 【打印】:单击它即可实现打印。
- 【份数】:设置打印份数。
- 【打印机】:设置【打印机名称】、【打印机属性】等。
- 【设置】选项。

➢ 【打印所有页】选项:设置【打印所有页】、【打印当前页面】或【打印自定义范围】。

➢ 【页数】选项:设置打印页数范围。

➢ 【单面打印】选项:设置【单面打印】或【手动双面打印】。

➢ 【调整】选项:设置打印顺序。

➢ 【纵向】选项:设置【纵向】或【横向】打印。

➢ 【A4】选项:设置打印纸张规格。

➢ 【正常边距】选项:设置【正常边距】或【自定义边距】打印。

➢ 【每版打印 1 页】选项:设置每版打印页数。

【打印预览与打印】界面如图 2-104 所示。

图 2-103 设置打印参数

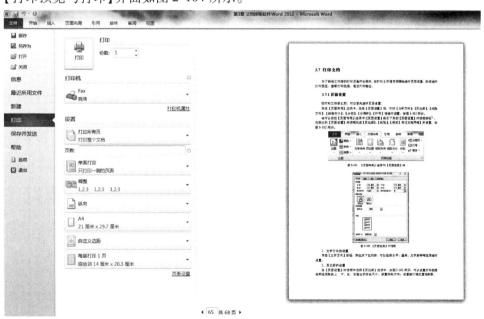

图 2-104 【打印预览与打印】界面

2. 打印

用户设置好打印参数以后,如果对打印预览效果满意,即可单击【打印】按钮。

2.8 项目练习

2.8.1 电子板报的制作

【教学目的】

- 掌握页面设置的方法。
- 掌握查找与替换的使用方法。
- 掌握文字、段落的排版操作技术。
- 掌握项目符号的设置方法。
- 掌握边框、底纹的设置方法。
- 掌握利用绘图工具绘制插图的方法。
- 掌握文本框的应用。
- 掌握艺术字的插入及自选图形的应用。
- 掌握脚注及尾注的设置方法。

【项目准备】

将"素材\第 2 章"文件夹复制到本地盘中(如 D 盘)。

启动 Word 2010,打开素材文件夹中的"练习 1.rtf"文件。

【项目内容】

按图 2-105 所示,进行文稿编辑排版。

图 2-105　文稿编辑操作效果图

1．设置页面

（1）将页面设置为：上、下、左、右页边距均为 3 厘米，装订线位于左侧，装订线 0.5 厘米，每页 40 行，每行 36 个字符

选择【页面布局】选项卡，单击【页面设置】组右下角的对话框启动器按钮，选择【页边距】或【文档网格】选项卡，按图 2-106、图 2-107 所示设置。

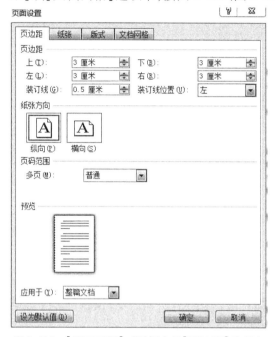

图 2-106　【页面设置】对话框中的【页边距】选项卡

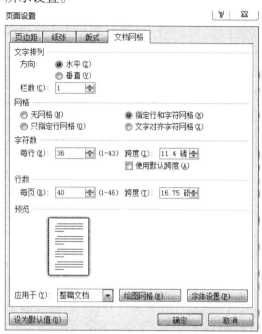

图 2-107　【页面设置】对话框中的【文档网格】选项卡

（2）设置奇数页页眉为【人口危机】，居中对齐，偶数页页眉为【计划生育】，居中对齐，所有页页脚为页码，右侧对齐

在功能区的【页面布局】选项卡中单击【页面设置】组右下角的扩展按钮，打开【页面设置】对话框，选择【版式】选项卡，选中【奇偶页不同】复选框，如图 2-108 所示。

在功能区【插入】选项卡下的【页眉和页脚】组中，单击【页眉】按钮，选择【空白】型，在奇数页页眉处输入"人口危机"，在偶数页页眉处输入"计划生育"，分别单击【开始】/【段落】上的【居中】按钮，设置居中对齐，如图 2-109 所示。

单击【页脚】按钮，切换到页脚处，分别在第一页和第二页页脚处单击【页码】，单击【开始】/【段落】上的【文本右对齐】按钮，如

图 2-108　【页面设置】对话框

图 2-110 所示。

单击【关闭页眉和页脚】按钮，退出页眉和页脚视图。

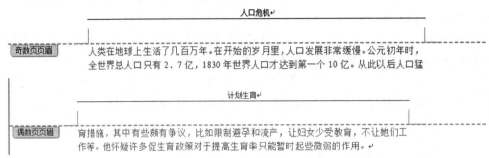

图 2-109　页眉设置

注：因为设置了奇偶页不同，所以页码必须在两页分别插入。

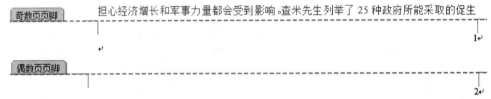

图 2-110　页脚设置

（3）为文章添加浅蓝色双波浪线页面方框

在功能区的【页面布局】选项卡中，选择【页面背景】组中的【页面边框】按钮，打开【边框和底纹】对话框，按图 2-111 所示设置。

图 2-111　【边框和底纹】对话框中的【页面边框】选项卡

2．设置标题

给文章加标题"中国人口问题"，设置其格式为：幼圆、小一号、红色、居中对齐，字符间距缩放 150%。

将光标定位在文章开头，输入【Enter】键，在文章开头添加一个空行，在第一行中输入文字"中国人口问题"，单击工具栏中的【居中】按钮设置文字居中对齐。

选中文字,单击【字体】组右下角的扩展按钮,按图 2-112 所示设置;选择【高级】选项卡,按图 2-113 所示设置。

图 2-112　【字体】对话框中的【字体】选项卡　　图 2-113　【字体】对话框中的【高级】选项卡

3. 查找和替换

将正文中所有的"人口"设置为蓝色、加粗、双下划线格式。

选中正文内容,选择功能区的【开始】选项卡下的【编辑】组中的【替换】按钮,打开【查找和替换】对话框,选择【替换】选项卡,如图 2-114 所示,在【查找内容】和【替换为】中分别输入"人口",单击【更多】按钮,选中【替换为】中的文字,单击【格式】→【字体】按钮。

图 2-114　【查找和替换】对话框中的【替换】选项卡

打开【替换字体】对话框,选择【字体】选项卡,按图 2-115 所示设置,单击【确定】按钮,再单击【查找和替换】对话框中的【全部替换】按钮,单击【关闭】按钮,关闭【查找和替换】对话框。

图 2-115 【替换字体】对话框

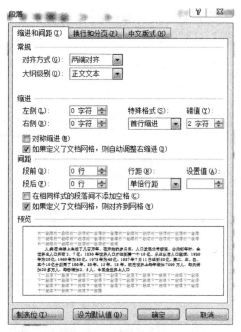

图 2-116 【段落】对话框

4．设置段落

设置所有段落首行缩进 2 字符,最后一段段前间距 0.5 行。

选中正文所有段落,单击【段落】选项组中的对话框启动器按钮,打开【段落】对话框,选择【缩进和间距】选项卡,按图 2-116 所示设置,单击【确定】按钮。

选中最后一段,单击【段落】选项组中的对话框启动器按钮,选择【缩进和间距】选项卡,按图 2-117 所示设置,在【间距】→【段前】选项中设置 0.5 行,单击【确定】按钮。

图 2-117 【段落】对话框　　　　　　　图 2-118 【分栏】对话框

5．分栏

将正文倒数第二段分为偏左两栏,加分隔线。

选中倒数第二段,选择功能区中【页面布局】选项卡,单击【页面设置】组中的【分栏】按钮,在下拉列表中选择【更多分栏】选项,打开【分栏】对话框,按图 2-118 所示设置,单击【确定】按钮,实现分栏效果。

6．插入文本框、图片、艺术字和自选图形

(1) 参考效果图,在正文中插入竖排文本框"中国人口问题",设置其字体格式为楷体、加粗、小二号、红色、居中对齐,文本框填充色为黄色,"中间居右,四周型文字环绕"方式

① 将光标置于文档中需插入文本框的位置。单击【插入】选项卡下的【文本】组中的【文本框】按钮,弹出【文本框】下拉列表,如图 2-119 所示。

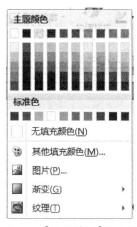

图 2-119　【文本框】下拉列表　　　　图 2-120　【形状填充】下拉列表

② 在【文本框】下拉列表中选择【绘制竖排文本框】选项,创建文本框。单击后,鼠标指针呈"十"字形,将十字形光标移到文档中需要插入文本框的位置,按住并拖动鼠标左键到需要的位置,松开鼠标左键,这样就在指定位置插入了一个文本框,在文本框中输入"中国人口问题"。

③ 选中文字,在【字体】选项组设置其字体格式为楷体、加粗、小二号、红色、居中对齐,单击【绘图工具格式】选项卡下的【形状样式】组中的【形状填充】按钮,弹出【形状填充】下拉列表,如图 2-120所示。选择【标准色】选项,设置文本框填充色为黄色。

单击图片,选择【图片】/【格式】选项卡下的【排列】组中的【位置】按钮,弹出【位置】下拉列表,选择【中间居右,四周型文字环绕】。

(2) 参考效果图,在正文适当位置以【中间居中,四周型文字环绕】方式插入图片 Pic.

jpg，图片高、宽缩放 80%

把光标定位到正文适当位置，选择【插入】选项卡下的【插图】组中的【图片】按钮，弹出如图 2-121 所示的【插入图片】对话框，找到 Pic.jpg，然后单击【插入】按钮，即可将图片插入 Word 文档中。

图 2-121 【插入图片】对话框

图 2-122 【位置】下拉列表

单击图片，选择【图片工具格式】选项卡下的【排列】组中的【位置】按钮，弹出【位置】下拉列表，选择【中间居中，四周型文字环绕】，如图 2-122 所示。

右击图片，在弹出的快捷菜单中选择【大小和位置】选项，在打开的【布局】对话框中选择【大小】选项卡，设置高度与宽度，如图 2-123 所示。

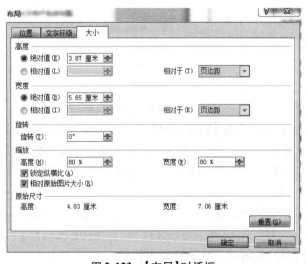

图 2-123 【布局】对话框

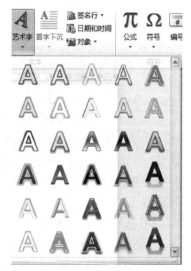

图 2-124 【艺术字】下拉列表

（3）参考效果图，在适当位置插入艺术字"控制人口"，要求采用第三行第四列式样，艺术字字体为楷书、48 号、蓝色、加粗，环绕方式为紧密型

把插入点定位到要插入艺术字的位置，单击【插入】选项卡下的【文本】组中的【艺术字】

按钮,弹出【艺术字】下拉列表,如图 2-124 所示。

采用第三行第四列式样,系统提示用户"请在此放置您的文字",如图 2-124 所示。

图 2-124　插入的艺术字

在文本框中输入"控制人口",插入艺术字完成。

插入艺术字后,在【绘图工具格式】选项卡下设置艺术字格式,操作方式与文本框的设置相同。

(4) 参考效果图,在适当位置插入【云形标注】自选图形,设置其环绕方式为紧密型,填充浅蓝色,并在其中添加文字"计划生育"

把光标移动到需要插入图形的位置,选择【插入】选项卡下的【插图】组中的【形状】按钮,弹出如图 2-125 所示的【形状】下拉列表,选择有关选项,并在文档中绘制所选图形。用鼠标右键单击新插入的图形,在弹出的快捷菜单中选择【添加文字】命令,输入"计划生育",并设置好图形位置及形状填充色。

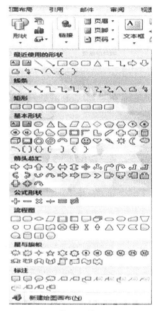

图 2-125　【形状】下拉列表

2.8.2　长篇文档的编排

【教学目的】

- 掌握页面设置的方法。
- 掌握文字、段落的排版操作技术。
- 掌握自动生成目录的方法。
- 掌握页眉/页脚的设置方法。
- 掌握利用绘图工具绘制插图的方法。

【项目准备】

将"素材\第 2 章"文件夹复制到本地盘中(如 D 盘)。

启动 Word 2010,打开素材文件夹中的"练习 2. rtf"文件。

【项目内容】

按图 2-126 所示,进行文稿编辑排版。

图 2-126　文稿编辑操作效果图

（1）将页面设置为：上、下页边距均为 2.5 厘米，左、右页边距均为 3 厘米，每页 42 行，每行 40 个字符

选择【页面布局】选项卡，单击【页面设置】组中的对话框启动器按钮，弹出【页面设置】对话框，分别在【页边距】、【文档网格】选项卡下，按图 2-127、图 2-128 所示设置。

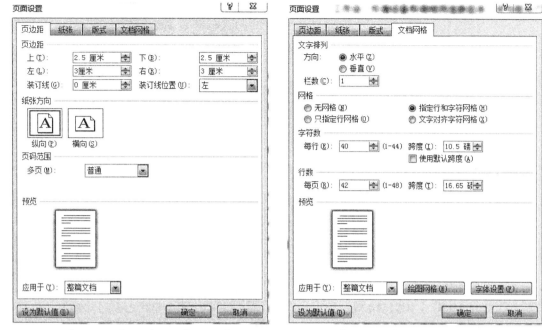

图 2-127 【页面设置】对话框中的【页边距】选项卡　　图 2-128 【页面设置】对话框中的【文档网格】选项卡

（2）设置页眉为"无锡职业技术学院毕业设计说明书"，设置其为宋体、四号、加粗，间距加宽 4 磅，居中对齐，所有页页脚为页码，右侧对齐

① 在功能区的【插入】选项卡下的【页眉和页脚】组中单击【页眉】按钮，选择【空白】型，在页眉处输入"无锡职业技术学院毕业设计说明书"，单击【格式】工具栏上的【居中】按钮，设置居中对齐，如图 2-129 所示。

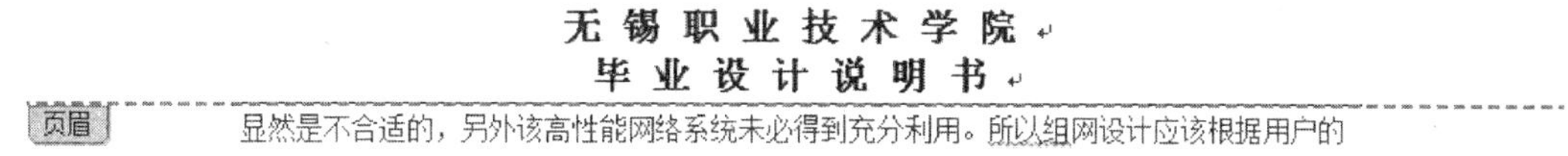

图 2-129　页眉设置

② 单击【页脚】按钮，切换到页脚处，在第一页页脚处单击【页码】，单击【格式】工具栏上的【文本右对齐】按钮，如图 2-130 所示。

图 2-130　页脚设置

③ 单击【关闭页眉和页脚】按钮，退出页眉和页脚视图。

（3）给文章添加标题"宿舍无线局域网的规划与设计"，设置其字体格式为宋体、三号字、加粗，段后间距 0.5 行，1.5 倍行距，居中显示

① 将光标定位在文章开头，按【Enter】键，在文章开头添加一个空行，在第一行中输入文字"宿舍无线局域网的规划与设计"。选中文字，单击【字体】组右下角的扩展按钮，弹出【字体】对话框，按图 2-131 所示设置。

图 2-131 【字体】对话框

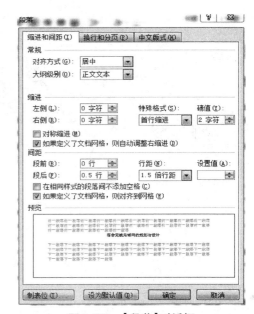

图 2-132 【段落】对话框

② 单击【段落】组右下角的扩展按钮,或单击鼠标右键,在弹出的快捷菜单中选择【段落】命令,打开【段落】对话框,按图 2-132 所示设置。

(4) 参考样张,应用【目录】功能自动生成目录

将插入点移到要插入目录的位置,选择【引用】选项卡下的【目录】组中的【目录】按钮,弹出【目录】下拉列表,如图 2-133 所示,然后在其中选择【内置】选项组中的相应样式,即可在文档相应位置插入目录。

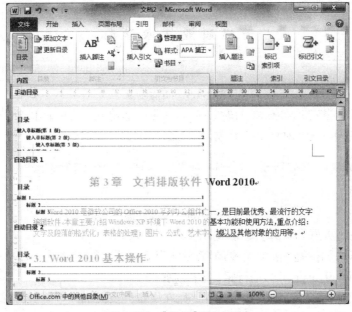

图 2-133 【目录】下拉列表

(5) 设置中英文"摘要""关键字""前言"字体加粗;设置正文中一级标题为无缩进、三号、黑体、1.5 倍行距,二级标题为首行缩进 2 字符、小四号、黑体、1.5 倍行距,如图 2-134 所示。

前言：现在大学宿舍里有电脑的已不在少数，就单个计算机而言，似乎还没有发挥出计算机的全部功能。宿舍无线局域网的建设的核心是将多台计算机联网才能最大化发挥出计算机的功能。我们应该在宿舍里组建一个局域网，这样就能帮助我们实现了资源的共享，其主要包括各种局域网的技术思想、网络设计方案、网络拓扑结构、布线系统、Intranet/Internet的应用、网络安全，网络系统的维护等内容。

- 一、项目概述
  - 1. 需求分析

    以计算机技术为代表的信息科技的发展更是日新月异，而其中的计算机网络技术的发展更为迅速，已经渗透到了我们生活的各个方面，人们已经越来越离不开网络，校园宿舍网络的建设是学校向信息化发展的必然选择。校园宿舍网工程建设中，主要是应用了网络技术中的重要分支局域网技术来建设与管理的。

    现在大学的宿舍中几乎每个人都有了电脑，我们将宿舍的四台计算机连接起来组成局域网，这样我们只需购买一台网络接入设备，就可通过代理服务器达到的方式或路由方式共享Internet连接。
  - 2. 设计目标

    确立宿舍无线局域网建设的目标，不仅要考虑技术方面，更要考虑环境、应用和管理等，必须与学校各方面改革、建设相结合，与学校长远发展相结合，科学论证和决策。根据这样的使用要求：建设一个技术主流、扩展性强、能覆盖全宿舍的网络，能与学校的各种PC机、工作站、终端设备和局域网连接起来，并与有关广域网相连，形成结构合理、内外沟通的计算机网络系统。
  - 3. 设计原则

图2-134　标题设置

① 选定中英文"摘要""关键字""前言"，单击【字体】组中的 **B** 按钮，使其加粗。

② 选定标题"一、项目概述"，设置其为无缩进、三号、黑体、1.5倍行距，并使用格式刷功能设置其他一级标题。在【剪贴板】工作组中双击【格式刷】按钮。当鼠标箭头变成刷子形状后，按住左键拖选其他文字内容，则格式刷经过的文字将被设置成格式刷记录的格式。重复上述步骤，多次复制格式，完成后单击【格式刷】按钮，即可取消格式刷状态。

③ 选定二级标题"1.需求分析"，设置其首行缩进2字符、小四号、黑体、1.5倍行距，使用格式刷功能设置其他二级标题。

（6）参照样张，在适当位置以四周型环绕方式插入如图2-135所示的插图

① 把光标移动到需要插入图形的位置。

② 选择【插入】选项卡下的【插图】组中的【形状】按钮，弹出【形状】下拉列表，选择有关选项，并在文档中绘制所选图形。

③ 用鼠标右键单击新插入的图形，在弹出的快捷菜单中选择【添加文字】命令，输入相关的文字，并设置好文字的字体、字号、字形和颜色等。

④ 按住【Shift】键的同时用鼠标单击各个要选取的图形对象，右击鼠标，在出现的快捷菜单中选择【组合】子菜单中的【组合】命令。

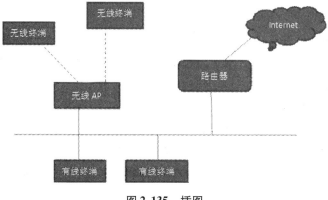

图2-135　插图

第 3 章 电子表格软件 Excel 2010

Excel 2010 是 Microsoft 公司推出的 Microsoft Office 2010 套件之一，主要用于电子表格制作和处理，用来帮助用户完成信息存储、数据的计算处理与分析决策、信息动态发布等工作。Excel 2010 不仅继承了以前版本的所有优点，而且在此基础上增加了新的功能，具有更加齐全的功能群组，可以高效地帮助用户完成各种表格和图的设计，进行复杂的数据计算、清晰的分析与判断，还提供了生动活泼、赏心悦目的操作环境，达到易学易用的效果。

Excel 2010 已经广泛应用于财务、金融、经济、统计、审计和行政等众多领域。

Excel 2010（以下简称 Excel）的缺省文件扩展名是.xlsx。

3.1 Excel 2010 概述

3.1.1 Excel 的主要功能与特点

Excel 2010 是当前最流行的、强有力的电子表格处理软件，它具有与 Internet 网络共享资源的特性，提供了绘制图表和宏功能，具有人工智能特性和数据库管理能力。此外，它还提供了友好的人-机交互界面。

Excel 2010 主要具有如下功能与特点：

1. 友好的图形界面

Excel 2010 提供了友好的图形界面，它是标准的 Windows 窗口形式。大多数操作只需使用鼠标单击窗口上相应的按钮，极大地方便了用户的使用。

2. 丰富的表格处理功能

Excel 2010 的表格处理功能包括对工作表中的数据进行编辑，可以对表格的边框、字体、对齐方案、图案等多项设置丰富的格式化命令，管理工作簿与工作表等。

3. 强大的数据处理能力

Excel 2010 提供了强大的数据处理能力，主要体现在以下两个方面：

① 提供了强大的函数库，其中包括财务函数、日期与时间函数、数学与三角函数、统计函数、查找与引用函数、数据库函数、文本函数和逻辑函数等；如果内部函数不能满足要求，还可以使用 VB 建立自定义函数。

② 提供了功能齐全的数据分析与辅助决策工具，如统计分析、方差分析、回归分析和线

性规划等。

4．完善的图表功能

Excel 2010 提供了丰富的图表，图表类型有柱形图、折线图及饼图等数十种可供选择，高级图表中，添加窗体控件可以实现图表动态的效果。以此为基础，用户只需按照向导操作即可制作出精美的图表。此外，在工作表建立数据清单后，还可以创建相应的数据透视表、数据透视图或一般图表，以便更直观、有效地显示与管理数据。

5．突出的数据管理功能

Excel 2010 具备很强的组织和管理大量数据的能力，以及筛选、分类、汇总的功能。

6．预防宏病毒的功能

Excel 2010 在打开可能包含病毒的宏程序工作簿时将显示警告信息。这样，用户在打开这些工作簿时可以选择不打开其中的宏，从而预防感染宏病毒。

与 Microsoft Office 系列软件的以往版本相比，Excel 2010 还具有以下新特点：

7．增强的功能区界面

Excel 2010 采用了功能区用户界面，让用户可以快速访问命令，同时用户还可以根据工作习惯自定义选项卡，不必像在以前版本中需要通过一级级菜单选择操作命令。

8．形象的图形功能

【迷你图】是在这一版本 Excel 中新增加的一项功能，使用迷你图功能，可以在一个单元格内显示出一组数据的变化趋势，让用户获得直观、快速的数据可视化显示。

9．增强的函数功能

在新的函数功能中添加了【兼容性】函数菜单，以方便用户的文档在不同版本的 Excel 中都能够正常使用。

10．更加丰富的条件格式

在 Excel 2010 中，增加了更多的条件格式，单击【开始】选项卡下【样式】组中的【条件格式】下拉按钮，在【数据条】组中新增了【实心填充】功能，实心填充之后，数据条的长度表示单元格中值的大小。在效果上，【渐变填充】也与老版本有所不同。

11．新增的公式编辑器

单击【插入】选项卡下【符号】组中新增加的【公式】下拉按钮，在这里包括二项式定理、傅立叶级数等专业的数学公式都能直接打印。同时，它还提供了包括积分、矩阵、近代数学运算符等在内的数学符号，能够满足专业用户的录入需要。

◆ 3.1.2 Excel 的启动与退出

1．Excel 的启动

启动中文 Excel 2010 的方法有几种，用户可根据自己的习惯和具体情况，采取其中的任何一种方法。

方法一：通过【开始】菜单启动：单击【开始】→【所有程序】→【Microsoft Office】→【Microsoft Excel 2010】。

方法二:通过桌面快捷方式启动:双击桌面上的 Excel 2010 快捷方式图标。
方法三:通过【文档】启动:双击计算机存储的某个 Excel 2010 文档。

2．Excel 的退出

用户在使用完 Excel 之后,需要退出 Excel。退出的方法有以下几种:

方法一:双击标题栏左侧的【控制菜单】图标 ![] 。

方法二:单击标题栏右侧的【关闭】按钮 ![] 。

方法三:右击标题栏,在弹出的快捷菜单中单击【关闭】命令。

方法四:单击标题栏左侧的【控制菜单】图标 ![] ,在弹出的下拉菜单中选择【关闭】按钮。

方法五:打开【文件】选项卡,单击【退出】选项。

方法六:按组合键【Alt】+【F4】。

3.1.3 Excel 的工作界面

Excel 工作界面由标题栏、快速访问工具栏、功能区、名称框、编辑栏、工作表编辑区和状态栏组成,如图 3-1 所示。

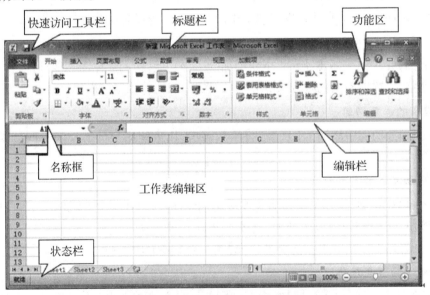

图 3-1　Excel 2010 的工作界面

1．功能区选项卡

功能区选项卡包含了【文件】、【开始】、【插入】、【页面布局】、【公式】、【数据】、【审阅】、【视图】和【加载项】等功能区供用户使用。

2．功能区

功能区能帮助用户快速找到完成某一任务所需的选项,这些选项组成一个组,集中放在各个选项卡内。

(1)【文件】选项卡

该选项卡包含了 Excel 的许多基本操作,如【保存】、【另存为】、【打开】、【关闭】、【信息】、【最近所用文件】、【新建】、【打印】、【保存并发送】、【帮助】和【选项】等选项。

（2）【开始】选项卡

启动 Excel 2010 后，在功能区默认打开的就是【开始】选项卡。该选项卡中包括【剪贴板】组、【字体】组、【对齐方式】组、【数字】组、【样式】组、【单元格】组和【编辑】组。在选项卡中有些组的右下角有一个按钮，比如【字体】组，该按钮表示这个组还包含其他的操作窗口或对话框，可以进行更多的设置和选择。

（3）【插入】选项卡

该选项卡包括【表格】组、【插图】组、【图表】组、【迷你图】组、【筛选器】组、【链接】组、【文本】组和【符号】组，其主要用于在表格中插入各种绘图元素，如图片、形状和图形、特殊效果文本、图表等。

（4）【页面布局】选项卡

该选项卡包含的组有【主题】组、【页面设置】组、【调整为合适大小】组、【工作表选项】组和【排列】组，其主要功能是设置工作簿的布局，比如页眉页脚的设置、表格的总体样式设置、打印时纸张的设置等。

（5）【公式】选项卡

该选项卡主要集中了与公式有关的按钮和工具，包括【函数库】组、【定义的名称】组、【公式审核】组和【计算】组。【函数库】组包含了 Excel 2010 提供的各种函数类型，单击某个按钮即可直接打开相应的函数列表；并且将鼠标移到函数名称上时，会显示该函数的说明。

（6）【数据】选项卡

该选项卡中包括【获取外部数据】组、【连接】组、【排序和筛选】组、【数据工具】组及【分级显示】组等。

（7）【审阅】选项卡

该选项卡中包括【校对】组、【中文简繁转换】组、【批注】组和【更改】组。

（8）【视图】选项卡

该选项卡中包括【工作簿视图】组、【显示】组、【显示比例】组、【窗口】组和【宏】组。

还有一些特殊的选项卡隐藏在 Excel 中，只有在特定的情况下才会显示。例如，【开发工具】选项卡。

提示：在 Excel 中，按快捷键【Ctrl】+【F1】可隐藏或显示功能区。

3．快速访问工具栏

Excel 2010 已把一些常用的按钮显示在快速访问工具栏中，以方便用户的操作。用户还可以通过【自定义快速访问工具栏】增添快速访问按钮。

如图 3-1 所示，在 Excel 2010 标题栏的左侧是快速访问工具栏，除【控制菜单】图标以外，默认的按钮为【保存】、【撤销键入】、【重复键入】键。单击快速访问工具栏右侧的小箭头，即可打开【自定义快速访问工具栏】菜单，选中菜单中有关选项，即可将其加入快速访问工具栏。例如，要将【快速打印】按钮放入快速访问工具栏，可单击快速访问工具栏右侧的小箭头，然后单击弹出菜单中的【快速打印】，即可将其添加到快速访问工具栏中。

4．右键快捷菜单

在 Excel 2010 中继续沿用了快捷菜单功能，右击要操作的对象便可打开快捷菜单，菜单内容会根据所选内容和鼠标指针的位置有所变化。

5. 状态栏

状态栏用于显示当前工作区的状态,默认情况下,状态栏显示"就绪"字样,表示工作表正准备接受新的信息。在单元格中输入数据时,状态栏会显示"输出"字样;当对单元格的内容进行编辑和修改时,状态栏会显示"编辑"字样。

默认情况下,打开的 Excel 工作表是普通视图,如要切换到其他视图,单击状态栏上相应的按钮即可,还可以单击"+"和"-"按钮改变工作表的显示比例,如图 3-2 所示。

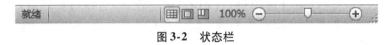

图 3-2 状态栏

3.2 工作簿与工作表的基本操作

◆ 3.2.1 基本概念

1. 工作表

工作表是在 Excel 2010 中用于存储和处理数据的主要文档,也称为电子表格。工作表由排列成行、列的单元格组成,列号按字母排列,即 A ~ XFD,共 16384 列,行号按阿拉伯数字自然排列,计 1 ~ 1048576 行,可以视作无限大,远大于 Excel 2003 的列、行数。工作表总是存储在工作簿中。

2. 单元格

工作表行和列交叉的矩形框称为单元格。单元格的使用是通过引用单元格地址来实现的。单元格地址由列号和行号共同组成,如 B8,列号在前,行号在后。

3. 工作簿

工作簿是包含一个或多个工作表的文件,该文件可用来组织各种相关信息,可同时在多张工作表上输入并编辑数据,并且可以对多张工作表的数据进行汇总、分析和计算。

◆ 3.2.2 工作簿的操作

在 Excel 2010 中,工作簿是计算和存储数据的文件,每一个工作簿可以包含多个工作表,用户可以在一个工作簿文件中管理各种类型的相关信息。

1. 创建工作簿

具体操作步骤如下:

① 打开【文件】选项卡,单击【新建】按钮,出现如图 3-3 所示的界面。

② 选择【可用模板】→【空白工作簿】,双击【空白工作簿】或单击右下角【创建】按钮,即可创建一个新的空白工作簿。

图 3-3　新建空白工作簿界面

2．打开工作簿

方法一：找到要打开的工作簿文件，直接双击打开。

方法二：找到要打开的工作簿文件，单击鼠标右键，在弹出的快捷菜单中选择【打开】选项。

方法三：启动 Excel 2010 应用程序后，利用菜单打开工作簿。打开【文件】选项卡，单击 打开 按钮，弹出【打开】对话框，如图 3-4 所示，选择要打开的工作簿文件，单击 打开(O) 按钮。

图 3-4　【打开】对话框

3．保存工作簿

在使用 Excel 过程中，保存工作簿非常重要。及时进行保存，可以避免计算机突然断电或者系统发生意外而非正常退出 Excel 时造成的数据损失。

(1) 保存新建工作簿

若工作簿是新建工作簿,在以前还未进行任何保存操作,则在保存时操作步骤如下:

① 打开【文件】选项卡,单击 保存按钮。

② 单击【快速访问工具栏】上的【保存】按钮 或使用快捷键【Ctrl】+【S】,此时会弹出如图 3-5 所示的【另存为】对话框。在左侧【导航窗格】选择文件保存路径;在【文件名】下拉列表框中输入工作簿的名称;单击图 3-5 右下角的【保存】按钮,保存工作簿。

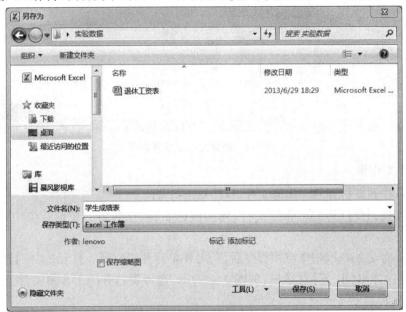

图 3-5 【另存为】对话框

(2) 保存已有工作簿

如果活动工作簿已经被命名,可以单击【快速访问工具栏】上的【保存】按钮 ,或者打开【文件】选项卡,单击 保存 按钮,即可保存工作簿内容。

(3) 以其他文件格式保存工作簿

打开【文件】选项卡,单击 另存为 按钮,弹出【另存为】对话框,选择工作簿的保存路径,在【文件名】下拉列表框中输入一个新文件名后单击 保存 按钮。

Excel 工作簿可以以多种文件格式进行保存。单击【保存类型】下拉列表框右边的下拉按钮,在打开的下拉列表框中选择所要保存的文件格式,然后选择合适的文件名和路径进行保存。

4．共享工作簿

在 Excel 中,如果允许多个用户对一个工作簿同时进行编辑,可以设置共享工作簿。操作步骤如下:

① 单击功能区中【审阅】选项卡下【更改】组中的【共享工作簿】按钮,打开【共享工作簿】对话框。

② 勾选【允许多用户同时编辑,同时允许工作簿合并】复选框,然后切换到【高级】选项卡,在其中进行共享工作簿的相关设置。

③ 设置完成后，单击【确定】按钮。

5．切换工作簿

在移动、复制或查找工作表时常常需要在若干个工作簿之间进行切换。现以工作簿1、工作簿2之间的切换为例介绍其切换方法。操作步骤如下：

① 打开工作簿1，然后单击【最小化】按钮将其最小化。

② 打开工作簿2，单击【视图】选项卡下【窗口】组中的【切换窗口】按钮，弹出其下拉列表。

③ 单击下拉列表中的【工作簿1】，即切换到工作簿1。

6．加密工作簿

如果要对打开的工作簿进行加密设置，则只有输入正确的密码后才可以打开或编辑工作表中的数据。操作步骤如下：

① 打开要设置密码的工作簿，切换到【文件】选项卡，单击【另存为】命令，打开【另存为】对话框。

② 单击对话框右下角的【工具】下拉按钮，然后单击弹出菜单中的【常规选项】，打开【常规选项】对话框。

③ 在文本框中设置工作簿的【打开权限密码】和【修改权限密码】，勾选【建议只读】复选框。

④ 单击【确定】按钮，打开【确认密码】对话框，要求重新输入设置的修改权限密码，再次输入修改权限密码后单击【确定】按钮。

⑤ 单击【另存为】对话框中的【保存】按钮，保存工作簿。

3.2.3 工作表的操作

在 Excel 中，工作簿由不同类型的若干张工作表组成，而工作表由存放数据的单元格组成，对工作表的操作其实就是对单元格的操作。

1．选择工作表

在进行工作表操作时，需要选定相应的工作表。选择工作表的方法如表3-1所示。

表3-1 工作表的选择方法

选 择	执 行
单张工作表	单击工作表标签。如果看不到所需的标签，那么单击标签滚动按钮可显示此标签，然后单击它
两张或多张相邻的工作表	先选中第一张工作表的标签，再按住【Shift】键单击最后一张工作表的标签
两张或多张不相邻的工作表	单击第一张工作表的标签，再按住【Ctrl】键单击其他工作表的标签
工作簿中所有工作表	用鼠标右键单击工作表标签，然后在弹出的快捷菜单中选择【选定全部工作表】选项

2．添加与删除工作表

（1）添加工作表

打开 Excel 2010，系统会默认创建一个工作簿，其中包含三张工作表，选择其中一张工作表,接下来有以下三种方法可以添加单张工作表。

方法一:在选择的工作表的标签上右击,然后在弹出的快捷菜单中选择【插入】命令,弹出如图3-6所示的【插入】对话框,在【常用】选项卡下选择【工作表】选项,单击【确定】按钮,即可在所选工作表前插入一张新的工作表。

方法二:选择【开始】选项卡下的【单元格】组,单击【插入】下拉按钮,在弹出的下拉列表中选择【插入工作表】选项,同样可以在选中的工作表前插入一张新的工作表。

图3-6 【插入】工作表对话框

方法三:单击Sheet3旁边的【插入工作表】按钮 Sheet3,即可在所选工作表后面插入一张新的工作表。

(2)删除工作表

如果已不再需要某张工作表,可以将该表删除。常用方法有以下两种:

方法一:选定要删除的工作表,选择【开始】选项卡下的【单元格】组,单击【删除】下拉按钮,在弹出的下拉列表中选择【删除工作表】选项,如图3-7所示。

图3-7 【开始】选项卡下【删除】按钮下拉列表

方法二:用鼠标右键单击要删除的工作表标签,从弹出的快捷菜单中选择【删除】选项。

3. 移动与复制工作表

用户可以轻易地在工作簿中移动或复制工作表,或者将工作表移动或复制到其他工作簿中。

(1)移动工作表

① 利用鼠标,可以在当前工作簿内移动工作表。

a. 选定要移动的工作表标签。

b. 按住鼠标左键并沿工作表标签拖动,此时鼠标指针将变成白色方块与箭头的组合,同时,在标签行上方出现一个小黑三角形,指示当前工作表所要插入的位置。

c. 释放鼠标左键,工作表即被移到新位置。

② 利用快捷菜单中【移动或复制】选项在不同工作簿间移动工作表。

a. 打开用于接收工作表的工作簿。

b. 切换到包含需要移动工作表的工作簿,再选定工作表。

c. 单击鼠标右键,在弹出的快捷菜单中选择【移动或复制】命令,弹出【移动或复制工作表】对话框,如图3-8所示。

d. 在【工作簿】下拉列表框中,选择用来接收工作表的工作簿。

e. 在【下列选定工作表之前】列表框中选择一个工作表,然后单击【确定】按钮,就可以将所要移动的工作表插入到指定的表之前。

(2) 复制工作表

① 在同一工作簿内复制工作表。

a. 选定要复制工作表的标签。

b. 按住【Ctrl】键的同时按住鼠标左键并沿工作表标签拖动,此时鼠标指针将变成 形状,同时,在标签行上方出现一个小黑三角形,指示当前工作表所要复制的位置。

c. 释放鼠标左键和【Ctrl】键,工作表即被复制到新位置。

图3-8 【移动或复制工作表】对话框

② 在不同工作簿间复制工作表。

a. 打开用于接收工作表的工作簿。

b. 切换到包含需要复制的工作表的工作簿,再选定工作表。

c. 单击鼠标右键,选择【移动或复制】命令,弹出【移动或复制工作表】对话框,如图3-8所示。

d. 在【工作簿】下拉列表框中,单击选定用来接收工作表的工作簿;若要将所选工作表复制到新工作簿中,则选择【(新工作簿)】选项。

e. 在【下列选定工作表之前】列表框中选择一个工作表,就可以将所要复制的工作表插入到指定的表之前。

f. 选中【建立副本】复选框,然后单击【确定】按钮即可。

4. 切换工作表

当需要从当前工作表切换到其他工作表时,可以使用以下任意一种方法:

方法一:单击工作表标签,可以快速在工作表之间进行切换。

方法二:通过键盘切换工作表。按【Ctrl】+【PageUp】键,选择上一工作表为当前工作表;按【Ctrl】+【PageDown】键,选择下一工作表为当前工作表。

方法三:使用鼠标右键单击工作表标签左边的标签滚动按钮 ,然后从弹出的列表中选择要激活的工作表。

5. 重命名工作表

在 Excel 2010 中,系统在新建一个工作簿时,工作表默认的名称按 Sheet1、Sheet2、Sheet3、Sheet4……的顺序来命名。工作表名一般不代表特定意义,用户可以对工作表进行重命名。

(1) 选定要重命名的工作表。

（2）双击工作表标签使其激活，或者把鼠标指针指向选定的工作表标签，单击鼠标右键，然后从弹出的快捷菜单中选择【重命名】选项，这时工作表标签上的名字被反白显示。

（3）输入新的工作表名称，按【Enter】键确定。

6．隐藏工作表

隐藏工作表可以减少屏幕上显示的工作表，并避免不必要的混乱。隐藏的工作表仍处于打开状态，其他文件可以利用其中的信息，当一个工作表被隐藏时，它的工作表标签也被隐藏起来。

（1）隐藏工作表

① 选定需要隐藏的工作表。

② 单击鼠标右键，弹出快捷菜单，选择【隐藏】命令。

（2）重新显示被隐藏的工作表

① 单击鼠标右键，弹出快捷菜单，选择【取消隐藏】命令，弹出如图3-9所示的【取消隐藏】对话框。

② 在【取消隐藏】对话框中，选择要显示的被隐藏工作表的名称，单击【确定】按钮。

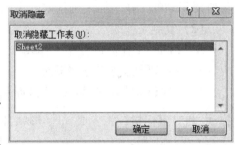

图3-9 【取消隐藏】对话框

◆ 3.2.4 窗口视图的操作

通过【视图】选项卡，用户可以选择各种视图，可以隐藏或显示网格线和编辑栏，还可以冻结表格的某一部分，或者进行宏操作。

1．新建窗口

对于数据比较多的工作表，可以建立两个窗口。一个窗口用于显示固定内容，另一个窗口显示其他内容或进行其他操作。方法如下：

① 单击功能区【视图】选项卡下【窗口】组中的【新建窗口】按钮，此时会显示一个名为"工作簿1:2"的工作簿，内容和"工作簿1:1"相同。

② 单击【视图】选项卡下【窗口】组中的【并排查看】按钮，则两个工作簿可在同一个窗口中显示。

2．重排窗口

如果新建了多个工作窗口，要实现窗口之间的快速切换，可以使用Excel的【全部重排】功能对新建的窗口进行排列。方法如下：

① 单击【视图】选项卡下【窗口】组中的【全部重排】按钮，此时会打开【重排窗口】对话框。

② 在对话框中选择要使用的排列方式，单击【确定】按钮即可。

3．拆分窗格

在Excel中可以将窗口拆分为4个部分。如果要拆分窗格，可单击【视图】选项卡下【窗口】组中的【拆分窗格】命令按钮；如果要取消拆分，可双击分割窗格的拆分框的任何部分。

4．显示和隐藏网格线

单击【视图】选项卡下【显示】组中的【网格线】复选框，取消勾选【网格线】，即可隐藏工作表中的网格线。如果要显示隐藏的网格线，可再次勾选【网格线】复选框，此时就会显示被隐藏的网格线。此外还可通过此方法隐藏标题栏、标尺等。

在【视图】选项卡下还可进行【重设窗口位置】、【保存工作区】、【冻结窗格】、【切换窗口】和【视图缩放】等操作。

3.3　工作表的编辑

工作表中任意一行和一列唯一确定了一个可以容纳数据的二维位置，这就是单元格，它是工作表编辑处理数据的基本单位。

Excel 2010 在执行大多数任务之前，先要选定需要进行操作的单元格。

如果要选定一个单元格，则将鼠标指针指向它并单击鼠标左键，在该单元格的周围出现粗边框，表明它是活动单元格。另外，也可以同时选定多个单元格，称为单元格区域（即一个矩形区域中的多个单元格），如表 3-2 所示。

表 3-2　单元格的选择方法

选　　择	执　　行
单个单元格	单击相应的单元格，或按箭头键移动到相应的单元格
某个单元格区域	单击所选区域的第一个单元格，再拖动鼠标到最后一个单元格
较大的单元格区域	单击区域中的第一个单元格，再按住【Shift】键单击区域中的最后一个单元格
工作表中所有单元格	单击【全选】按钮（位于工作表中行标题和列标题交叉时的最左上端）
不相邻的单元格或单元格区域	先选中第一个单元格或单元格区域，再按住【Ctrl】键选中其他的单元格或单元格区域
整个行或列	单击行标题或列标题，如 A、1、B、2
相邻的行或列	在行标题或列标题中拖动鼠标，或者先选中第一行或第一列，再按住【Shift】键选中最后一行或最后一列
不相邻的行或列	先选中第一行或第一列，再按住【Ctrl】键选中其他的行或列
增加或减少活动区域中的单元格	按住【Shift】键单击需要包含在新选定区域中的最后一个单元格，在活动单元格与所单击的单元格之间的矩形区域将成为新的选定区域
取消单元格选定区域	单击相应工作表中的任意单元格

3.3.1　数据的输入

在 Excel 工作表的单元格中可以输入文本、数字、日期、时间与公式等。在输入数据时，首先激活相应的单元格，然后输入数据。

1．输入文本数据

单击需要输入数据的单元格，输入所需的文本数据，输入完成后，按【Tab】键可使相邻右侧的单元格成为活动单元格,按【Enter】键可使相邻下方的单元格成为活动单元格。

文本数据在单元格中的默认对齐方式是左对齐。

2．输入数字数据

单击需要输入数字的单元格,输入具体的数值。在 Excel 中,数字是仅包含下列字符的常量数值:0、1、2、3、4、5、6、7、8、9、+、-、(、)、/、¥、%、,、.、E、e。

数字数据在单元格中的默认对齐方式是右对齐。

3．输入时间和日期

日常编辑表格数据时,往往要涉及日期和时间。用户可以使用多种格式来输入日期。

【例3-1】 日期 2013 年 8 月 16 日的输入格式。

(1) 2013/8/16;(2) 2013 - 8 - 16;(3) 13 - 8 - 16;(4) 8/16;(5) 8 - 16;(6) 16 - August。

如果要在单元格中输入时间,小时、分钟、秒之间用冒号分隔(小时:分钟:秒)。如果按 12 小时制输入时间,需在时间数字后空一格,并键入字母 a(上午)或 p(下午)。例如,9:00 p。如果只输入时间数字,Microsoft Excel 将作为 AM(上午)处理。

如果要输入当天的日期,按【Ctrl】+【;(分号)】;如果需输入当前的时间,按【Ctrl】+【:(冒号)】或【Ctrl】+【Shift】+【:(冒号)】组合键即可。

4．输入公式

使用公式有助于分析工作表中的数据。要输入公式,方法如下:

① 选定要输入公式的单元格。

② 在单元格中输入一个等号" = "。

③ 输入公式的内容。

④ 输入完毕后,按【Enter】键。

3.3.2 数据的编辑

1．编辑、修改单元格数据

具体操作步骤如下:

① 双击被编辑或修改数据的单元格。

② 对数据内容进行修改或编辑。

③ 按【Enter】键确认所做编辑或修改。

若要取消所做的编辑或修改,按【Esc】键即可。

2．删除单元格数据

删除一个单元格或某个区域中所包含内容的快速方法是:先选定相应的单元格或单元格区域,然后按【Delete】键。

如果要有选择地删除单元格中的相关内容、格式以及批注等,可执行以下操作步骤:

① 选定被删除数据的单元格区域。

② 选择【开始】选项卡下的【编辑】组,单击【清除】下拉按钮,弹出下拉列表。

③ 从下拉列表中选择相应的清除选项,其中各选项的功能如表 3-3 所示。

表 3-3　清除选项

选　择	功　能
全部清除	清除单元格中的全部内容、格式、批注和超链接等
清除格式	仅清除单元格的格式,单元格的内容、批注和超链接均不改变
清除内容	仅清除单元格的内容,单元格的格式和批注均不改变
清除批注	仅清除单元格中包含的附注,单元格的内容、格式和超链接均不改变
清除超链接	仅清除文本中的超链接,单元格的内容、格式和批注均不改变

3．移动单元格数据

移动单元格数据是指将某个单元格中的数据从一个位置移到另一个位置,原位置的数据会消失。具体操作步骤如下:

① 双击被移动数据的单元格。

② 在单元格中选择要移动的数据。

③ 选择【开始】选项卡下的【剪贴板】组,单击【剪切】按钮;或者单击鼠标右键,在弹出的快捷菜单中选择【剪切】选项。

④ 单击需要粘贴数据的单元格。

⑤ 选择【开始】选项卡下的【剪贴板】组,单击【粘贴】按钮;或者单击鼠标右键,在弹出的快捷菜单中选择【粘贴】选项。

4．复制单元格数据

复制单元格数据是指将某个单元格或区域中的数据复制到指定位置,原位置的数据依然存在。具体操作步骤如下:

① 双击被复制数据的单元格。

② 在单元格中选择要复制的数据。

③ 选择【开始】选项卡下的【剪贴板】组,单击【复制】按钮;或者单击鼠标右键,在弹出的快捷菜单中选择【复制】选项。

④ 单击需要粘贴数据的单元格。

⑤ 选择【开始】选项卡下的【剪贴板】组,单击【粘贴】按钮;或者单击鼠标右键,在弹出的快捷菜单中选择【粘贴】选项。

3.3.3　单元格与行、列的操作

1．插入单元格、整行或整列

具体操作步骤如下:

① 在需要插入单元格的位置选定单元格。

② 选择【开始】选项卡下的【单元格】组,单击【插入】下拉按钮,弹出如图 3-10 所示的下拉列表,单击【插入工作表行】(或【插入工作表列】),则在工作表中插入整行(或整列);若单击【插入单元格】选项,则弹出如图 3-11 所示的【插入】对话框。

或者在选定单元格后单击鼠标右键,在弹出的快捷菜单中选择【插入】选项,也弹出【插入】对话框。

③ 在【插入】对话框中选择合适的选项。
④ 单击【确定】按钮。

图 3-10　插入下拉列表

图 3-11　【插入】对话框

2．删除单元格、整行或整列

删除单元格、整行或整列不同于删除单元格数据。删除单元格数据仅仅是清除了单元格的内容，而空白单元格仍然保留在工作表中；而删除单元格、整行和整列则在工作表中彻底删除了相应项。

（1）删除整行

具体操作步骤如下：

① 单击所要删除的行号。

② 选择【开始】选项卡下的【单元格】组，单击【删除】下拉按钮，弹出如图 3-12 所示的下拉列表，单击【删除工作表行】，则被选定的行被删除，其下方的行整体向上移动。或者选定行或单元格后单击鼠标右键，在弹出的快捷菜单中选择【删除】选项，则会弹出如图 3-13 所示的【删除】对话框，选择【整行】，则被选定的行被删除，其下方的行整体向上移动。

图 3-12　【删除】下拉列表

图 3-13　【删除】对话框

（2）删除整列

具体操作步骤如下：

① 单击所要删除的列标。

② 选择【开始】选项卡下的【单元格】组，单击【删除】下拉按钮，弹出【删除】下拉列表，选择【删除工作表列】，则被选定的列被删除，其右方的列整体向左移动。或者选定列或单元格后单击鼠标右键，在弹出的快捷菜单中选择【删除】选项，则会弹出如图 3-13 所示的【删除】对话框，选择【整列】，则被选定的列被删除，其右方的列整体向左移动。

（3）删除单元格

具体操作步骤如下：

① 单击所要删除的单元格或单元格区域。

② 选择【开始】选项卡下的【单元格】组，单击【删除】下拉按钮，弹出【删除】下拉列表，选择【删除单元格】，弹出如图 3-13 所示的【删除】对话框。或者选定单元格后单击鼠标右

键,在弹出的快捷菜单中选择【删除】选项,弹出【删除】对话框。

③ 在【删除】对话框中选择合适的选项。

④ 单击【确定】按钮。

【删除】对话框中各选项的含义如表3-4所示。

表3-4 删除选项

选 择	功 能
右侧单元格左移	右侧的单元格左移,填充被删除位置
下方单元格上移	下方单元格上移,填充被删除位置
整行	选定单元格所在的行被删除
整列	选定单元格所在的列被删除

3.3.4 批注的使用

1．插入批注

选定要添加批注的单元格,选择【审阅】选项卡下的【批注】组,单击【新建批注】选项,或者右击该单元格,从弹出的快捷菜单中选择【插入批注】选项,在弹出的一个黄色批注中输入批注文本,文本输入完成后,单击批注外部的工作表任一区域,则批注添加完成。以后鼠标移至该单元格时,将显示注释的内容。批注的左上角显示所用计算机的名称。

2．编辑批注

在批注需要修改的时候,单击需要编辑批注的单元格,选择【审阅】选项卡下的【批注】组,单击【编辑批注】选项;或者在需要编辑批注的单元格上右击,从弹出的快捷菜单中选择【编辑批注】选项,此时在批注框中可进行编辑和修改。

3．复制批注

单击含有批注的单元格,选择【开始】选项卡下的【剪贴板】组,单击【复制】下拉按钮,从弹出的下拉列表中选择【复制】选项,单击目标单元格,从【粘贴】下拉列表中选择【选择性粘贴】选项,选择【批注】粘贴;或者用鼠标右击目标单元格,从弹出的快捷菜单中选择【选择性粘贴】选项,选择【批注】粘贴。

4．删除批注

选中要删除批注的单元格,选择【审阅】选项卡下的【批注】组,单击【删除】按钮,或者在需要删除批注的单元格上右击,从弹出的快捷菜单中选择【删除批注】选项。

5．隐藏（显示）批注

打开【审阅】选项卡下的【批注】组,选择【显示所有批注】,则显示所有批注和标识符;若选择【显示/隐藏批注】,则显示/隐藏当前所选单元格的批注。

3.3.5 查找与替换

利用查找功能可以迅速地在表格中定位到要查找的内容,替换功能则可对表格中多处出现的同一内容进行修改,查找和替换功能可以交互使用。

1. 查找

具体操作步骤如下：

① 选择【开始】选项卡下的【编辑】组，单击【查找和选择】，从弹出的下拉列表中选择【查找】选项，弹出如图3-14(a)所示的【查找和替换】对话框。

② 单击【查找】选项卡，在【查找内容】下拉列表框中输入要查找的内容。

③ 单击【选项】按钮，在扩展选项中进行设置：

- 在【范围】下拉列表框中选择工作簿或工作表。
- 在【搜索】下拉列表框中选择行或列的搜索方式。
- 在【查找范围】下拉列表框中选择值、公式或批注类型。
- 若选中【区分大小写】复选框，则查找内容区分大小写。
- 若选中【单元格匹配】复选框，则仅查找单元格内容与查找内容完全一致的单元格；否则，只要单元格中包含查找的内容，该单元格就在查找之列。
- 若选中【区分全/半角】复选框，则查找内容区分全角或半角。

④ 单击【查找下一个】按钮开始执行查找。

2. 替换

具体操作步骤如下：

(a)【查找】选项卡

(b)【替换】选项卡

图3-14 【查找和替换】对话框

① 选择【开始】选项卡下的【编辑】组，单击【查找和选择】，从弹出的下拉列表中选择【替换】选项，也可打开如图3-14(b)所示的对话框。

② 对话框中的【范围】、【搜索】、【查找范围】、【区分大小写】、【单元格匹配】和【区分全/半角】功能与【查找】选项卡中的相同。

③ 在【查找内容】和【替换为】文本框中输入相应的内容。

④ 单击【全部替换】按钮，将工作表中所有匹配内容一次替换；单击【查找下一个】按钮，则当找到指定内容时，单击【替换】按钮才进行替换，否则不替换当前找到的内容，系统自动查找下一个匹配的内容。

3.4 工作表的格式化

编辑好工作表内容后，需要对工作表进行格式化编排，使表格更加形象、整齐、美观、一目了然。

3.4.1 文字格式的设置

在 Excel 2010 中,设置文本格式主要有三种方法:通过【开始】选项卡下的【字体】组设置;通过【开始】选项卡下的【单元格】组设置;利用快捷菜单设置。

1. 使用【开始】选项卡下【字体】组设置

Excel 2010 的【开始】选项卡如图 3-15 所示。

图 3-15　【开始】选项卡

（1）设置字体格式

首先选定要设置字体的单元格区域,然后单击如图 3-15 所示的【字体】组中的【字体】下拉列表框右侧的下拉按钮,弹出如图 3-16 所示的下拉列表框,最后从列表中选择所需的字体即可。

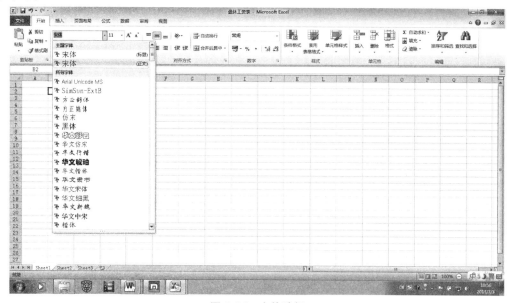

图 3-16　字体选择

（2）设置文本的字号

首先选定要改变字号的单元格区域,然后单击【字体】组中的【字号】下拉按钮,弹出【字号】下拉列表,从列表中选择所需的字号即可。

（3）设置文本的字形

【字体】组具有三个设置文本字形的按钮,即【加粗】、【倾斜】和【下划线】,这三个选项可以同时选择,也可以只选一项。

（4）设置文本的颜色

首先选定要设置文本颜色的单元格区域,然后单击【字体】组中的【字体颜色】下拉按钮,弹出如图 3-17 所示的颜色调色板,在颜色调色板中选择所需的颜色方框即可。

2. 使用【开始】选项卡下的【单元格】组设置

具体操作步骤如下:

① 选择要进行文本格式设置的单元格区域。

② 选择【开始】选项卡下的【单元格】组,单击【格式】下拉按钮,弹出如图 3-18 所示的下拉列表。

③ 单击其中的【设置单元格格式】选项,弹出如图 3-19 所示的【设置单元格格式】对话框,在此对话框中可以进行【字体】、【字形】、【字号】、【下划线】、【颜色】等文本属性的设置。

④ 单击【确定】按钮。

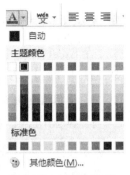

图 3-17　颜色调色板

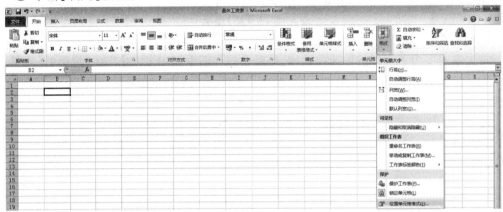

图 3-18　【单元格】分组中【格式】下拉列表

3. 使用快捷菜单设置

选中要设置格式的单元格,单击鼠标右键,在弹出的快捷菜单中选择【设置单元格格式】命令,弹出如图 3-19 所示的【设置单元格格式】对话框,在该对话框中即可设置。

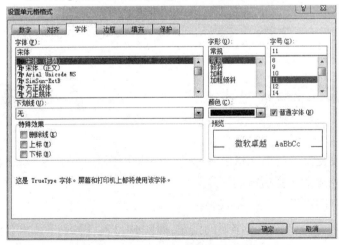

图 3-19　【设置单元格格式】对话框

3.4.2　数字格式的设置

在 Excel 2010 中,设置数字格式也有三种方法:通过【开始】选项卡下的【数字】组设置;

通过【开始】选项卡下的【单元格】组设置;使用快捷菜单设置。

1.使用【开始】选项卡下的【数字】组设置

利用【开始】选项卡下的【数字】组中的6个格式化数字的按钮设置。

- 【常规】下拉按钮:在弹出的下拉列表中根据需要设置数字格式。
- 【货币样式】下拉按钮 :在弹出的下拉列表中根据需要在数字前面插入货币符号,并且保留两位小数。
- 【百分比样式】按钮 :将选定单元格区域的数字乘以100,在该数字的末尾加上百分号。
- 【千位分隔样式】按钮 :将选定单元格区域的数字从小数点向左每三位整数之间用千分号分隔。
- 【增加小数位数】按钮 :将选定单元格区域的数字增加一位小数。
- 【减少小数位数】按钮 :将选定单元格区域的数字减少一位小数。

2.使用【开始】选项卡下的【单元格】组设置

具体操作步骤如下:

① 选择要进行数字格式设置的单元格区域。

② 选择【开始】选项卡下的【单元格】组,单击【格式】下拉按钮,弹出【格式】下拉列表,单击【设置单元格格式】选项,弹出【设置单元格格式】对话框。

③ 单击【数字】选项卡,在【分类】列表框中选择所需要的格式,在右侧可进行相应格式的设置,如图3-20所示。

图3-20 【数字】选项卡

④ 单击【确定】按钮。

3.使用快捷菜单设置

选中要设置格式的单元格,单击鼠标右键,在弹出的快捷菜单中选择【设置单元格格式】命令,弹出如图3-20所示的【设置单元格格式】对话框,在分类列表中进行设置。

3.4.3 对齐格式的设置

在Excel 2010的默认情况下,单元格的文本靠左对齐,数字靠右对齐,逻辑值和错误值居中对齐,但用户可以改变对齐格式的设置。设置对齐格式主要通过三种方法:使用【开始】选项卡下的【对齐方式】组进行设置;使用【开始】选项卡下的【对齐方式】组中的【方向】下的【设置单元格对齐方式】设置;使用快捷菜单设置。

1．使用【开始】选项卡下的【对齐方式】组设置

如图 3-21 所示,利用【开始】选项卡下的【对齐方式】组中的对齐格式按钮设置。

图 3-21　【对齐方式】组

- 【顶端对齐】按钮:可以将选定的单元格区域中的内容沿单元格顶边缘对齐。
- 【垂直居中】按钮:可以将选定的单元格区域中的内容沿单元格垂直方向居中对齐。
- 【底端对齐】按钮:可以将选定的单元格区域中的内容沿单元格底边缘对齐。
- 【文本左对齐】按钮:可以将选定的单元格区域中的内容沿单元格左边缘对齐。
- 【文本右对齐】按钮:可以将选定的单元格区域中的内容沿单元格右边缘对齐。
- 【居中】按钮:可以将选定的单元格区域中的内容居中。
- 【合并后居中】下拉按钮:弹出如图 3-22 所示的下拉列表,从中选择命令。
- 【自动换行】按钮:可以将选定单元格中超出列宽的内容自动换到下一行。
- 【方向】下拉按钮:弹出如图 3-23 所示的下拉列表,可从中选择某一选项。

图 3-22　【合并后居中】下拉列表

图 3-23　【方向】下拉列表

2．使用【开始】选项卡下【对齐方式】组中的【方向】下的【设置单元格对齐方式】设置

具体操作步骤如下:

① 选择要进行对齐格式设置的单元格区域。

② 单击【开始】选项卡下【对齐方式】组中的【方向】下拉按钮,在其下拉列表中选择【设置单元格对齐方式】项,弹出【设置单元格格式】对话框。

③ 在该对话框的【对齐】选项卡中可对文本进行水平、垂直方向对齐以及旋转等操作(图 3-24)。

④ 单击【确定】按钮。

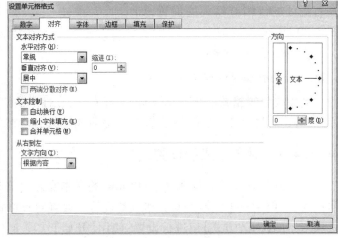

图 3-24　【对齐】选项卡

3．使用快捷菜单设置

选中要设置格式的单元格,单击鼠标右键,在弹出的快捷菜单中选择【设置单元格格式】

命令,弹出【设置单元格格式】对话框,选择【对齐】选项卡,如图 3-24 所示,可以对文本对齐方式、文本控制及文字方向进行设置。

3.4.4 行高与列宽的调整

虽然行高和列宽并不影响工作表储存数据,但是用户打印工作表时需要能够完整显示数据和对齐格式,因此,有时需要改变行高和列宽。

1. 通过快捷菜单改变行高和列宽

具体操作步骤如下:

① 选定操作区域(若要改变行高,则选中某一行或者几行;若要改变列宽,则选中一列或者几列)。

② 选择【开始】选项卡下的【单元格】组,单击【格式】下拉按钮,在弹出的下拉列表中选择【行高】命令,弹出如图 3-25 所示的【行高】对话框,在【行高】对话框内输入行的高度,单击【确定】按钮,即完成更改行高的操作。或利用快捷菜单操作:单击鼠标右键,在弹出的快捷菜单中选择【行高】命令,弹出【行高】对话框,输入行的高度,单击【确定】按钮,即完成更改行高的操作。

图 3-25 【行高】对话框

改变列宽的操作和改变行高的操作完全相同。

2. 通过鼠标拖动改变行高和列宽

要改变某列的宽度,也可以用鼠标拖动列标题的边界来实现:首先将鼠标指针置于列标题的边界旁,这时鼠标指针形状变为 ✥,按住鼠标左键进行左右拖动至合适宽度时释放鼠标左键即可完成改变列宽的操作;或者在此处直接双击鼠标,系统会根据单元格内容变成最合适的列宽。

改变行高也可采用类似方法。

如果要一次改变多行或多列的高度和宽度,只需要一次把它们都选中,然后再用鼠标来拖动其中任何一行或一列的边界就可实现。

3.4.5 自动套用格式

Excel 2010 提供了丰富的表格格式供用户套用。

方法如下:

① 选择要进行自动套用格式的单元格区域。

② 选择【开始】选项卡下的【样式】组,单击【套用表格格式】下拉按钮,在弹出的如图 3-26 所示的下拉列表中选择表格样式。

③ 单击某一表格样式,弹出如图 3-27 所示的【套用表格格式】对话框,选中【表包含标题】复选框,单击【确定】按钮,即可应用预设的表格样式。

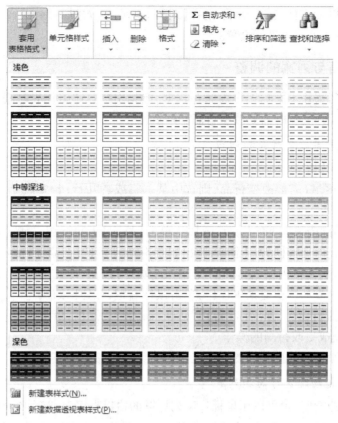

图 3-26　套用表格样式

图 3-27　【套用表格式】对话框

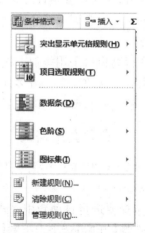

图 3-28　【条件格式】下拉列表

3.4.6　条件格式的设置

Excel 2010 中的条件格式是一项方便用户的功能,系指在单元格中输入的内容满足预先设置的条件之后,就自动给该单元格预先设置各种样式,并突出显示要检查的动态数据。

条件格式即单元格格式,包括单元格的底纹、字体等。

具体操作步骤如下:

① 首先选中要设置格式的单元格区域。

② 选择【开始】选项卡下的【样式】组,单击【条件格式】下拉按钮,弹出如图3-28所示的下拉列表,选择其中的【新建规则】选项,打开如图3-29所示的【新建格式规则】对话框。

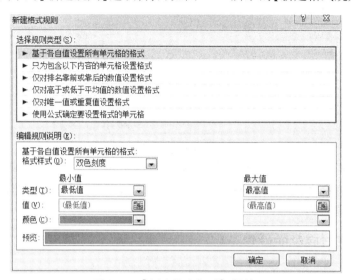

图3-29 【新建格式规则】对话框

③ 在【选择规则类型】列表中选择【只为包含以下内容的单元格设置格式】,出现如图3-30所示的对话框,可以为满足条件的单元格设置格式。

图3-30 【只为包含以下内容的单元格设置格式】对话框

④ 选择【单元格值】选项,在右侧设置格式条件。例如,选择下拉列表框中的【介于】选项,后面出现两个文本框,在其中输入数值即可。

⑤ 单击【格式】按钮,打开【设置单元格格式】对话框,其中包含有【数字】、【字体】、【边框】和【填充】四个选项卡,在各选项卡中分别设置文本的具体格式。

⑥ 如果要编辑某个条件,则在图3-28中选择【管理规则】命令,打开如图3-31所示的【条件格式规则管理器】对话框,在该对话框中有【新建规则】、【编辑规则】和【删除规则】三个选项卡,分别可以进行新建规则、编辑规则和删除规则操作。

图 3-31 【条件格式规则管理器】对话框

⑦ 如果要删除规则,首先选择要删除规则的数据区域,单击【条件格式】下拉按钮,弹出下拉列表,选择【清除规则】选项,或在【条件格式规则管理器】对话框中选择【删除规则】选项,进行相应的删除操作。

3.4.7 边框与底纹的设置

1．设置边框

(1) 利用【边框】选项自动设置

具体操作步骤如下：

① 选择要进行边框设置的单元格区域。

② 选择【开始】选项卡下的【字体】组,单击【所有框线】下拉按钮,弹出如图 3-32 所示的下拉列表,在【边框】选项中选择所需边框,Excel 2010 随即自动设置。

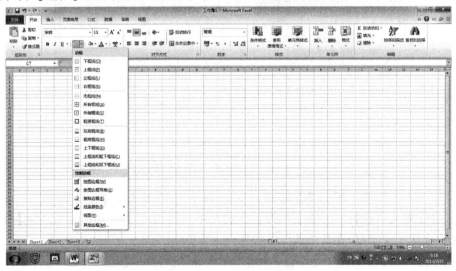

图 3-32 【边框】下拉列表

(2) 利用【其他边框】设置

具体操作步骤如下：

① 在页面上选择要设置边框的单元格区域。

② 选择【开始】选项卡下的【字体】组,单击【边框】下拉按钮,在展开的下拉列表中的【绘制边框】选项中选择【其他边框】,打开【设置单元格格式】对话框(或右击弹出快捷菜单,

选择【设置单元格格式】选项,打开【设置单元格格式】对话框),在【边框】选项卡中设置,如图 3-33 所示。

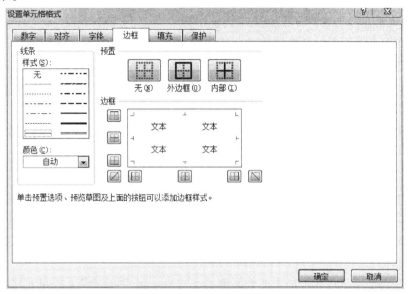

图 3-33 【边框】选项卡

2．设置底纹

具体操作步骤如下:

① 选择要进行底纹设置的单元格区域。

② 如上所述,打开【设置单元格格式】对话框,选择【填充】选项卡,在该选项卡中可以对所选区域进行颜色和图案的设置,如图 3-34 所示。

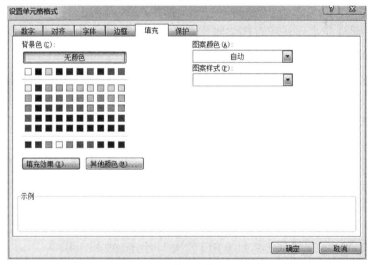

图 3-34 【图案】选项卡

③ 单击【确定】按钮。

3.5 公式与函数

Excel 2010 具有强大的数据运算和分析功能,在其应用程序中包含丰富的函数及数组运算公式,对于复杂的数据运算,用户可以利用这些公式和函数进行解答。在 Excel 中公式是常用工具,编辑公式需要遵循的准则是:公式必须以"="开头,等号后面是运算数和运算符,运算数可以是常量数值、单元格引用、区域名称或者函数等。

公式与函数是 Excel 的灵魂所在,学好本节知识,对于用户掌握 Excel 至关重要。

3.5.1 公式

1. 公式的组成

公式以等号"="开头,后面包含各种运算符、常量、函数以及单元格引用等。使用公式可以进行许多计算:对单元格中的数据进行计算;对工作表中的数据进行计算;还可以对文本进行操作和比较。

【例3-2】 把4乘以3再加上8的运算用公式表示出来,就是"=8+4*3"。

【例3-3】 计算圆的面积,可以用公式"=PI()*A5^2"来表示,其中 PI()函数用来返回 pi 值 3.1415926…;引用 A5 返回单元格 A5 的数值(圆半径)。

综上所述,公式中包含的基本元素如下:

- 常量:即不会发生变化的值。例如,数字1010、文本"每月平均销售量"等是常量。
- 函数:系统预先编写好的公式,可以对一个或多个值进行函数运算,并返回一个或多个值。函数可以简化工作表中的公式符号、缩短运行时间,尤其在用公式进行大数据处理或复杂计算时更显示其优越性。
- 运算符:用以指定表达式内执行的计算类型的标记或符号。

2. 公式中的运算符

运算符用以规定对公式的元素进行特定类型的运算。Excel 2010 公式中包含 4 种类型的运算符:算术运算符、比较运算符、文本运算符和引用运算符。输入运算符时,系统应处于半角英文输入状态。

(1) 算术运算符

算术运算符用来完成基本的数学运算,包括:+(加法,如4+6)、-(减法,如6-2或负数-1)、*(乘法,如5*6)、/(除法,如6/6)、^(乘幂,如4^2)和%(百分号,如60%)。运算的优先级是先乘方、后乘除、再加减,如有括号先计算括号内部的公式。

(2) 比较运算符

比较运算符有:"="(等于,如 A1=B1)、"<"(小于,如 A1<B1)、">"(大于,如 A1>B1)、"<="(小于等于,如 A1<=B1)、">="(大于等于,如 A1>=B1)、"<>"(不等于,如 A1<>B1)。使用上述运算符可对两个值进行比较,比较运算的结果是逻辑值:结果成立时为 TRUE,否则为 FALSE。

在使用比较运算符进行比较的时候,应该注意以下几点:

① 数值型数据:应该按照数值的大小进行比较,如 125>45。

② 文字型数据:西文字符应按照 ASCII 码进行比较,中文字符按照拼音进行比较。例如,"A"<"a"(A 的 ASCII 码为 65,a 的 ASCII 码为 97)。

③ 日期型数据:日期越靠后的数据越大,如 13/03/16(表示 2013 年 3 月 16 日) > 12/03/16(表示 2012 年 3 月 16 日),此外时间型数据不能进行比较。

(3) 文本运算符

文本链接符"&"(或称和号)用来连接不同单元格的数据,即是将一个或多个文本字符串连接起来产生一串文本。参与连接运算的数据可以是字符串,也可以是数字。连接字符串时,字符串两边必须加"";连接数字时,数字两边的双引号可有可无。

【例 3-4】 将两个文本值连接或串起来产生一个连续的文本值("China"&"BeiJing",即显示"ChinaBeiJing");如 A1 单元格的数据为"学生",在 E1 单元格中输入公式" = A1&"王华""后,在 E1 中显示"学生王华"。

(4) 引用运算符

引用运算符有冒号、逗号和空格,使用引用运算符可以将单元格区域合并计算。

冒号(:):区域运算符,用以对两个引用间的所有单元格进行引用。

【例 3-5】 AVERAGE(A1:D1)表示对 A1~D1 单元格中的数值计算算术平均值。

逗号(,):联合运算符,用以连接两个以上的单元格区域,即将多个引用合并为一个引用。

【例 3-6】 AVERAGE(B5:B15,D5:D15)表示对 B5~B15 单元格、D5~D15 单元格中的数值计算算术平均值。

空格( ):交叉运算符,表示两个单元格区域的交叉集合,即不同区域共同包含的单元格。

【例 3-7】 AVERAGE(A1:D1,A1:B4)表示对 A1、B1 单元格中的数值计算算术平均值。

(5) 运算符的优先级别

如果公式中包含多个运算符,优先级别高的运算符先运算;若优先级相同,则从左到右计算(单目运算符除外);若要改变运算的优先级,可利用括号将先计算的部分括起来。

在 Excel 2010 中,运算符优先级由高到低如表 3-5 所示。

表 3-5 运算符的优先级

运算符	说 明
:(冒号)	引用运算符——区域运算符
(单个空格)	引用运算符——区域运算符
,(逗号)	引用运算符——联合运算符
-	负号
%	百分比
^	乘方
* 和 /	乘和除

+ 和 -	加和减
&	连接两个文本字符串(连接)
=、<、>、<=、>=、<、>	比较运算符

3. 公式的操作

(1)公式的输入

首先选定要输入公式的单元格,然后在该单元格中(或编辑栏的输入框中)输入一个"=",再输入公式,公式的形式为"=表达式",其中表达式由运算符、常量、单元格地址、函数以及括号等组成,不包括空格。输入完毕后,按【Enter】键或单击编辑栏上的【输入】按钮✓即可。

【例3-8】 对图3-35所示的"教师登记表"给定公式:"工资=基本工资+岗位津贴+课时津贴",要求计算出教师的工资。

在I3单元格中输入公式"=F3+G3+H3",按【Enter】键,则在I3单元格中显示6200(李奇的工资)。

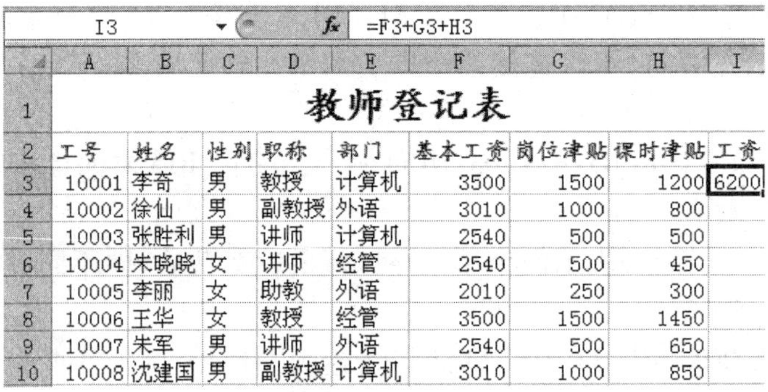

I3 =F3+G3+H3

	A	B	C	D	E	F	G	H	I
1	教师登记表								
2	工号	姓名	性别	职称	部门	基本工资	岗位津贴	课时津贴	工资
3	10001	李奇	男	教授	计算机	3500	1500	1200	6200
4	10002	徐仙	男	副教授	外语	3010	1000	800	
5	10003	张胜利	男	讲师	计算机	2540	500	500	
6	10004	朱晓晓	女	讲师	经管	2540	500	450	
7	10005	李丽	女	助教	外语	2010	250	300	
8	10006	王华	女	教授	经管	3500	1500	1450	
9	10007	朱军	男	讲师	外语	2540	500	650	
10	10008	沈建国	男	副教授	计算机	3010	1000	850	

图3-35 公式的输入

(2) 公式的复制

在计算其他教师的工资时,不需要重新输入公式"=F3+G3+H3",只需要"复制公式"即可。

① 使用剪贴板复制:选中被复制的单元格,选择【复制】按钮,选中要复制的目标单元格或单元格区域,选择【粘贴】选项即可。

② 使用鼠标操作:将鼠标指向被复制的单元格的右下角,当鼠标变成实心十字时,拖动鼠标到需要复制的目标单元格即可。这是公式复制最常用的方法。

③ 选定区域,再输入公式,然后按【Ctrl】+【Enter】组合键即可,也可以在区域内的所有单元格中输入同一个公式。

提示:这种复制不是简单的原样复制,而是对单元格区域进行了引用。

【例3-9】 采用公式复制方法计算各位教师的工资。

图3-36是经过公式复制计算出的各位教师的工资数。

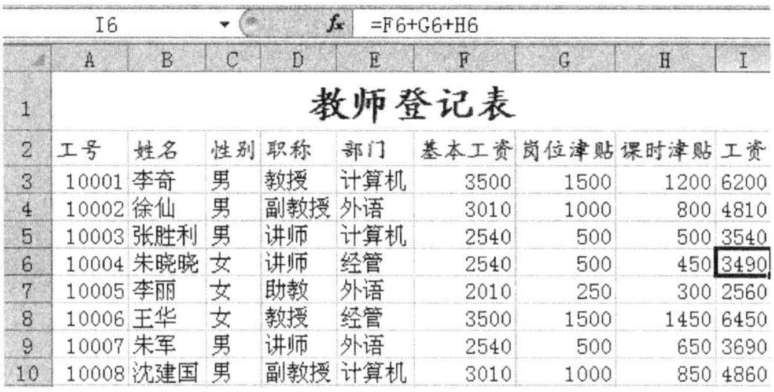

图 3-36 公式的复制

（3）公式的移动

创建公式之后，可以将它移动到其他单元格中，移动后，原单元格中的内容消失，目标单元格中若改变了公式中元素的大小，此单元格的值也会做出相应的改变。

移动公式的过程中，单元格的绝对引用不会改变，而相对引用则会改变。

① 选定被移公式的单元格，将鼠标移动在该单元格的边框上，待鼠标形状变为箭头。

② 按住鼠标左键，拖动鼠标到目标单元格，松开鼠标按键，即完成了公式的移动。

（4）公式的删除

在 Excel 2010 中，当使用公式计算出结果后，可以设置删除该单元格的公式，并保留结果。

① 右击被删除公式的单元格，在弹出的快捷菜单中选择【复制】选项，然后打开【开始】选项卡，在【剪贴板】组中单击【粘贴】下的三角按钮，从弹出的下拉列表中选择【选择性粘贴】选项。

② 打开如图 3-37 所示的【选择性粘贴】对话框，在【粘贴】选项区域中选择【数值】单选按钮。

③ 单击【确定】按钮，即可删除该单元格中的公式并保留结果。

图 3-37 【选择性粘贴】对话框

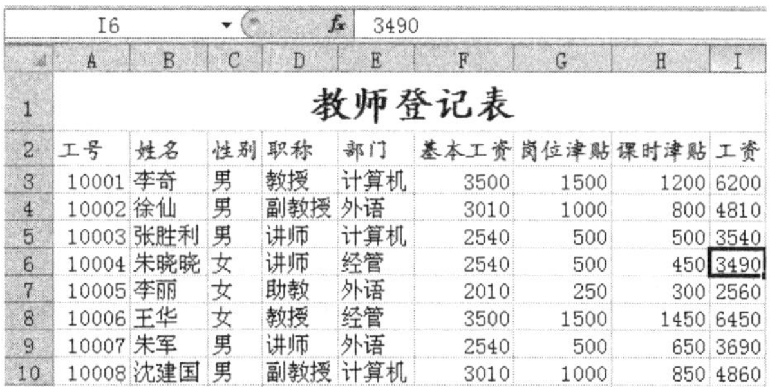

图 3-38 删除公式但保留结果

【例 3-10】 将图 3-36 所示的"教师登记表"中 I6 单元格（朱晓晓的工资）中的公式删除并保留计算结果。

按上述步骤删除公式并保留计算结果，如图 3-38 所示。

提示：若要将单元格中的计算结果和公式一起删除，只需选定要删除的单元格，然后按下键盘上的【Delete】键即可。

4．相对引用和绝对引用

公式的引用就是对工作表中的一个或一组单元格进行标识，它允许公式使用这些单元格的值。通过引用，可以在一个公式中使用工作表不同部分的数据，或者在几个公式中使用同一个单元格的数值。在 Excel 2010 中，引用单元格的常用方式包括相对引用、绝对引用与混合引用。

（1）相对引用

在创建公式时，单元格或单元格区域的引用通常是指相对于包含公式单元格的相对位置。其中，单元格的相对引用，指将单元格所在的列标和行标作为其引用。例如，“A5”引用了第 A 列与第 5 行交叉处的单元格。单元格区域的引用，是指由单元格区域的左上角单元格的相对引用和该区域右下角单元格相对引用组成，中间用冒号分隔。例如，A3：F8 表示以单元格 A3 作为左上角，以单元格 D8 作为右下角的矩形区域。

相对引用的特点是将相应的计算公式复制或填充到其他单元格时，其中的单元格引用会自动随着移动的位置相对发生变化。

【例 3-11】 图 3-39 所示的是高一(12)班第 1 小组 7 名学生的成绩表，G3 单元格用来存放李小小的五门课的总成绩，其公式为“ = B3 + C3 + D3 + E3 + F3”。将 G3 单元格的公式复制到 G4 单元格中，试采用相对引用方法计算章华的总成绩。

G4 单元格中的相对引用相应地从“ = B3 + C3 + D3 + E3 + F3”改变为“ = B4 + C4 + D4 + E4 + F4”，结果如图 3-40 所示。

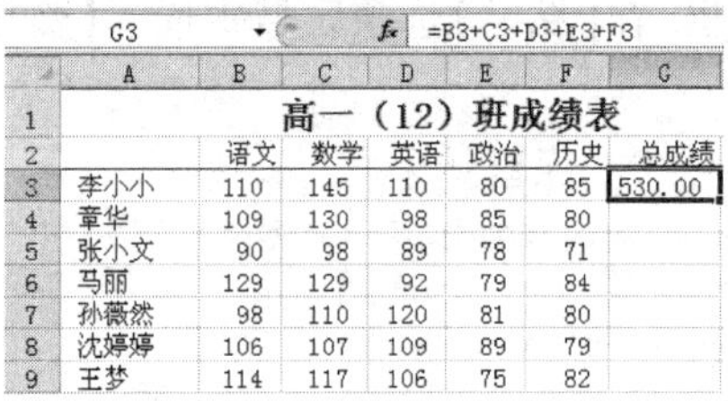

G3 =B3+C3+D3+E3+F3

	A	B	C	D	E	F	G
1	高一（12）班成绩表						
2		语文	数学	英语	政治	历史	总成绩
3	李小小	110	145	110	80	85	530.00
4	章华	109	130	98	85	80	
5	张小文	90	98	89	78	71	
6	马丽	129	129	92	79	84	
7	孙薇然	98	110	120	81	80	
8	沈婷婷	106	107	109	89	79	
9	王梦	114	117	106	75	82	

图 3-39 相对引用

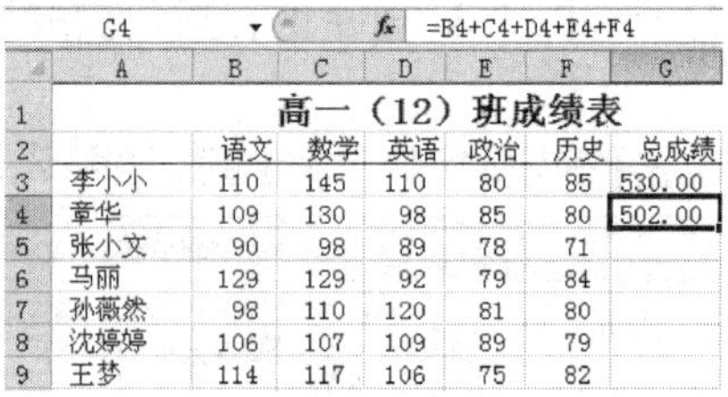

G4 =B4+C4+D4+E4+F4

	A	B	C	D	E	F	G
1	高一（12）班成绩表						
2		语文	数学	英语	政治	历史	总成绩
3	李小小	110	145	110	80	85	530.00
4	章华	109	130	98	85	80	502.00
5	张小文	90	98	89	78	71	
6	马丽	129	129	92	79	84	
7	孙薇然	98	110	120	81	80	
8	沈婷婷	106	107	109	89	79	
9	王梦	114	117	106	75	82	

图 3-40 相对引用

（2）绝对引用

绝对引用是指复制公式后的目标单元格严格按照原公式中的单元格地址进行计算。书写时在列标和行标前分别加上符号“ $ ”。例如，$D $5 表示单元格 D5 的绝对引用，而$A $1：$D $5 表示单元格区域 A1：D5 的绝对引用。

相对引用和绝对引用的区别是：复制公式时使用相对引用，则单元格引用会自动随着移动的位置相对发生变化；若公式中使用绝对引用，则单元格引用不会发生变化。

【例 3-12】 给定图 3-39 所示的成绩表，试采用绝对引用方法计算单元格 G4 中章华的总成绩。

将图 3-39 所示的 G3 单元格中的公式改为“ = $B $3 + $C $3 + $D $3 + $E $3 + $F $3”，然后将公式复制到 G4 单元格中，G4 单元格的公式不变，结果也不变，如图 3-41 所示。

图 3-41　绝对引用　　　　　　　　　图 3-42　混合引用

（3）混合引用

混合引用是指公式中可能行采用绝对引用,列采用相对引用,或恰好相反。例如,$A6、A$6 均为混合引用。

【例 3-13】　将图 3-39 中 G3 单元格的公式改为"＝$B3＋C3＋D3＋E3＋F3",然后将公式复制到 H3 单元格中,试计算结果。

H3 单元格的公式实际运算时变为"＝$B3＋D3＋E3＋F3＋G3",结果如图 3-42 所示。

3.5.2　函数

用户在操作表格时经常会遇到各种复杂的运算,如果都要依赖自己编制、输入公式来运行,效率就会大大降低。Excel 强大的运算功能体现在给用户提供了丰富的函数,用户只需遵循函数的规则就可以轻松地运用它们,从而完成复杂的运算。

函数通过接收参数后返回结果的方式来完成预定的功能。函数可以单独使用,也可以出现在公式表达式中,其格式如下:

函数名(参数1,参数2,…,参数n)。

在函数中,"( )"是不可省略的。

函数的功能不同,所接受参数的数据类型也不同,可以是文本、数值、逻辑值、错误值或单元格引用,甚至有的函数不需要参数。但是,不论有没有参数,函数的调用一定要有一对圆括号,没有参数时就写一对空的圆括号。虽然每个函数具有不同的功能,但是都有一个确定的返回值,因此用户在使用函数时可以将函数的整体当作一个数。当函数单独作为公式输入时,函数调用前应加等号"＝"。

1．函数的输入

函数输入有插入函数和直接输入两种方法。

（1）插入函数法

创建带函数的公式,选择【公式】选项卡下【函数库】组中的【插入函数】按钮,如图 3-43 所示,在弹出的【插入函数】对话框中选择相应的函数,如图 3-44 所示,单击【确定】按钮,弹出如图 3-45 所示的【函数参数】对话框,显示函数的名称、其各个参数、函数及其各个参数的说明、函数的当前结果以及整个公式的当前结果等。

图 3-43 插入函数

图 3-44 【插入函数】对话框

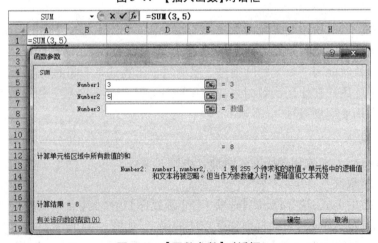

图 3-45 【函数参数】对话框

在如图 3-43 所示的【公式】选项卡下的【函数库】组中,将函数进行分类管理,如【财务】、【逻辑】、【文本】、【日期和时间】、【查找与引用】、【数学和三角函数】,可按类别选择要插入的函数。

(2) 直接输入法

在单元格中直接输入公式有以下两种方法:

方法一:选取要插入函数的单元格,若设置了【公式记忆式键入】功能,则在键入"="和开头几个字母或显示触发字符之后,Excel 会在单元格的下方显示一个动态下拉列表,该表中包含了与这几个字母或该触发字符相匹配的有效参数和名称供用户选取,如图 3-46 所示。

 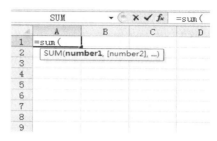

图 3-46　直接输入函数

提示: 设置【公式记忆式键入】功能,可单击【文件】选项卡下的【选项】按钮,在弹出的【Excel 选项】对话框中选择【公式】,在【使用公式】区域处选中【公式记忆式键入】复选框,如图 3-47 所示。

方法二:选取要插入函数的单元格,键入" = ",此时【名称】框切换为【函数名】列表框,在【插入函数】列表框中选择相应的函数即可完成函数的输入。

图 3-47　公式记忆式键入

2. 函数的类型

Excel 2010 内置函数包括常用函数、财务函数、日期和时间函数、数学和三角函数、统计函数、查找和引用函数、数据库函数、文本函数、逻辑函数、信息函数和工程函数等,它们都有各自不同的应用。

3. 常用函数介绍

(1) 求和函数:SUM( )

功能:计算所有参数数值的和。

使用格式:SUM(Number1,Number2,…)。

参数说明:Number1,Number2,…为 1 ~ 255 个需要求和的参数,代表需要计算的值,参数可以是数字、文本、逻辑值,也可以是单元格引用等。如果参数是单元格引用,那么引用中的空白单元格、逻辑值、文本值和错误值将被忽略,即取值为 0。

【例 3-14】　如图 3-39 所示的成绩表,要计算章华五门课的总成绩。试写出 G4 单元格中的输入公式,计算章华的总成绩。

要在 G4 单元格中求出 B4:F4 单元格区域的总和,应在 G4 单元格中输入公式" = SUM(B4:F4)",即可得到章华的总成绩为 502 分。

依据规则,如在 G4 单元格中输入公式" = SUM(A4:F4)",同样可得到章华同学的总成绩为 502 分,因为 A4 单元格的值为 0。

(2) 有条件的求和函数:SUMIF( )

功能:对满足指定条件的单元格求和。

使用格式:SUMIF(Range,Criteria,Sum_Range)

参数说明:Range 代表条件判断的单元格区域;Criteria 为指定条件表达式;Sum_Range 代表需要计算的数值所在单元格区域。

【例3-15】 在图3-39所示的成绩表上增加第10行为"语文成绩大于100分的数学总成绩"栏目,求出7名学生中语文成绩在100分以上(不包含100分)的学生的数学成绩总和,并置于C10单元格。试写出C10单元格中的输入公式,计算数学的总成绩。

B3:B9单元格区域含有7名学生的语文成绩,C3:C9单元格区域含有7名学生的数学成绩,在C10单元格中输入公式"=SUMIF(B3:B9,">100",C3:C9)",可得到7名学生中语文成绩在100分以上(不包含100分)的学生的数学成绩之和为628分。

(3)求平均值函数:AVERAGE()

功能:求出所有参数的算术平均值。

使用格式:AVERAGE(Number1,Number2,…)。

参数说明:Number1,Number2,…为需要求平均值的数值或引用单元格(区域),参数不超过255个。

【例3-16】 在图3-39所示成绩表上增加第11行为"科目考试平均成绩"栏目,试在B11单元格求出该组7名学生的语文平均成绩,并写出输入公式。如果已知该班其他5组学生的语文平均成绩分别为107.5、107.2、109.4、105.5和111.6,试求全班各组学生的语文平均成绩。设置数值的小数位数为1位。

要在B11单元格中计算该组7名学生的语文成绩平均值,应在B11单元格中输入公式"=AVERAGE(B3:B9)",确认后即可得到语文平均成绩为108.2分。

如要在B11单元格中计算全班各组学生的语文成绩平均值,则可在B11单元格中输入公式"=AVERAGE(AVERAGE(B3:B9),107.5,107.2,109.4,105.5,111.6)",确认后即可得到语文平均成绩为108.2分。

提示:如果引用区域中包含"0"值单元格,则计算在内;如果引用区域中包含空白或字符单元格,则不计算在内。

(4)求最大值函数:MAX()

功能:求出一组数中的最大值。

使用格式:MAX(Number1,Number2,…)。

参数说明:Number1,Number2,…代表需要求最大值的数值或引用单元格(区域),参数不超过255个。

【例3-17】 在图3-39所示成绩表上增加第12行为"科目最高成绩"栏目,试在B12单元格中求出该组7名学生的语文最高成绩,并写出输入公式。

需求B3:B9单元格区域的最大值,应在B12单元格中输入公式"=MAX(B3:B9)",确认后即可得到语文的最高成绩为129分。

提示:如果参数中有文本或逻辑值,则忽略。

(5)求最小值函数:MIN()

功能:求出一组数中的最小值。

使用格式:MIN(Number1,Number2,…)。

参数说明:Number1,Number2,…代表需要求最小值的数值或引用单元格(区域),参数不超过 255 个。

【例 3-18】 在图 3-39 所示成绩表上增加第 13 行为"科目最低成绩"栏目,试在 C13 单元格中求出该组 7 名学生的数学最低成绩,并写出输入公式。

需求 C3:C9 单元格区域的最小值,应在 C13 单元格中输入公式" = MIN(C3:C9)",确认后即可得到数学的最低成绩为 98 分。

提示: 如果参数中有文本或逻辑值,则忽略。

(6) 绝对值函数:ABS( )

功能:求出相应数字的绝对值。

使用格式:ABS(Number)。

参数说明:Number 代表需要求绝对值的数值或引用的单元格。

【例 3-19】 如图 3-42 所示,在 H4 单元格中分别输入公式" = ABS(G4)"和" = ABS(A4)",求出结果。

输入公式" = ABS(G4)"的结果是 530,输入公式" = ABS(A4)"的结果是"#VALUE!"

提示: 如果 Number 参数不是数值,而是一些字符,则返回错误值"#VALUE!"。

(7) 取整函数:INT( )

功能:将数值向下取整为最接近的整数。

使用格式:INT(Number)。

参数说明:Number 表示需要取整的数值或包含数值的引用单元格。

【例 3-20】 对例 3-16 的计算结果取整。

输入公式" = INT(AVERAGE(AVERAGE(B3:B9),107.5,107.2,109.4,105.5,111.6))",确认后得到结果为 108。

提示: 如果输入的公式为" = INT(- 18.89)",则返回结果为 - 19。

(8) 求余函数:MOD( )

功能:求出两数相除的余数。

使用格式:MOD(Number,Divisor)。

参数说明:Number 代表被除数;divisor 代表除数。

【例 3-21】 求 13/4 的余数。

输入公式" = MOD(13,4)",确认后得到结果为 1。

提示: 如果 divisor 参数为零,则显示错误值"#DIV/0!";MOD 函数可以借用取整函数 INT 来表示,上述公式可以修改为" = 13 - 4 * INT(13/4)"。

(9) 判断函数:IF( )

功能:根据对指定条件的逻辑判断的真假结果,返回相对应的内容。

使用格式:IF(Logical,Value_if_true,Value_if_false)。

参数说明:Logical 代表逻辑判断表达式;Value_if_true 表示当判断条件为逻辑"真(TRUE)"时的显示内容,如果忽略返回"TRUE";Value_if_false 表示当判断条件为逻辑"假(FALSE)"时的显示内容,如果忽略返回"FALSE"。

【例 3-22】 依据图 3-39 所示的成绩表对学生学习情况进行分析,该表增加第 H 列为"学生平均成绩"栏目,增加第 I 列为"学生学习状态"栏目。如果平均成绩大于 100,则认为该生状态"良好",否则认为"中等"。试写出 I 列各单元格中的输入公式。

在 I3 单元格中输入公式"= IF(AVERAGE(B3:F3) > 100,"良好","中等")",确认以后即可求得李小小的学习状态。该列其他各单元格采用"公式复制",即可求得各学生的学习状态。

(10) COUNT 函数

功能:统计参数表中的数字参数和包含数字的单元格个数。

使用格式:COUNT(Value1,Value2,…)。

参数说明:Value1,Value2,…为 1~255 个可以包含或引用各种不同类型数据的参数,但只对数字型数据进行计算。

【例 3-23】 在例 3-22 的基础上,试为第 H 列各单元格设计一种参数可调的求取学生平均成绩的输入公式。

H3 单元格(李小小平均成绩)输入公式可为"= SUM(B3:F3)/COUNT(B3:F3)",其中 COUNT(B3:F3)统计出课程总数,该列其他各单元格采用"公式复制",即可得到各学生的平均成绩。该公式参数可调,具有应变性。

(11) COUNTIF 函数

功能:统计某个单元格区域中符合指定条件的单元格数目。

使用格式:COUNTIF(Range,Criteria)。

参数说明:Range 代表要统计的单元格区域;Criteria 表示指定的条件表达式。

【例 3-24】 在图 3-39 所示成绩情况表上增加第 14 行为"该科目成绩大于 100 分的学生数"栏目,以便分析学生学习情况。试设计该行各单元格中的输入公式。

输入公式应为"= COUNTIF(B3:B9," > = 100")"。该行其他各单元格采用"公式复制",即可得到语文、数学、英语各科成绩大于 100 分的学生数。

提示:允许引用的单元格区域中有空白单元格出现。

4. 工作表的快速计算

(1) 简单计算

求和、求平均值、计数、求最大值和最小值是常用的简单计算,在【开始】选项卡下的【编辑】组中,Excel 2010 提供了这些简单计算的功能,可以快速完成计算,如图 3-48 所示。

(2) 自动计算

Excel 2010 提供了自动计算功能,利用它可以自动计算选定单元格的总和、平均值、计数、最大值和最小值等。

图 3-48 简单计算

【例 3-25】 如图 3-49 所示,利用【自动计算】功能计算 A1:A5 单元格区域的总和、最大值和平均值。

选择A1:A5单元格区域,右击状态栏,弹出【自定义状态栏】快捷菜单,选择【平均值】、【最大值】和【求和】选项,其计算结果将在状态栏上显示出来,如图3-49所示。

图3-49　自动计算

3.5.3　常见出错信息的分析

公式中的错误不仅使计算结果出错,而且会产生某些意外结果。在使用公式或函数进行计算时,经常遇到单元格出现类似"#NAME""#VALUE"等信息,这些信息都是错误使用公式返回的错误信息,下面介绍一下部分常见的错误信息、产生原因以及解决方法。

1．######

错误原因:输入到单元格中的数值太长或公式产生的结果太长,单元格容纳不下,将产生错误值######。

解决方法:适当增加列的宽度,直到单元格的数值完全显示。

2．#DIV/0!

错误原因:在公式中引用了空单元格或公式中有除数为零,将产生错误值#DIV/0!

解决方法:修改单元格引用,或者修改除数的值。

3．#VALUE

错误原因:当使用错误的参数,或运算对象类型不匹配,或当自动更正公式功能不能更正公式时,将产生错误#VALUE。

解决方法:确认公式或函数所需要的参数或运算符的正确性,确认公式引用的单元格所包含数值的有效性。

4．#N/A

错误原因:在公式中无可用的数值或缺少函数参数时,将产生错误值#N/A。

解决方法:如果某些单元格中暂无数值,可在这些单元格中输入"#N/A",这样,公式引用时会不计算数值,且返回#N/A。

5．#NAME

错误原因:在公式中使用了Excel不能识别的文本,即函数名拼写错误、引用了错误的单元格地址或单元格区域。

解决方法:确认使用的名称是否存在,如果所需的名称没有被列出,则添加相应的名称;如果名称存在拼写错误,则修改拼写错误。

6．#REF

错误原因:引用了一个所在列或行已被删除的无效单元格,将产生错误值#REF。

解决方法:更改公式,或在删除或粘贴单元格之后,立即单击【撤销】按钮,以恢复工作表中的单元格。

7．#NUM!

错误原因:在公式或函数中使用了非法的数字参数,如 = sqrt（-3）,将产生错误值#NUM!。

解决方法:检查数值是否超出限定区域,确认函数中使用的参数类型的正确性。

8．#NULL!

错误原因:使用了不正确的区域运算或不准确的单元格引用,将产生错误值#NULL!

解决方法:如果要引用两个不相交的区域,要使用联合运算符(逗号)。

3.6 Excel 2010 的图表

图表是分析数据最直观的方式,这是因为图形可以比数据更加清晰易懂,它表示的含义更加形象直观,并且易于通过图表直接了解到数据之间的关系,分析预测数据的变化趋势。Excel 2010 提供了强大的用图形表示数据的功能,可以将工作表中的数据自动生成各种类型的图表,且各种图表之间可以方便地转换。

3.6.1 图表概述及基本术语

在 Excel 2010 中,图表是对数据的图形描述和表示,即是将工作表单元格区域中的数据根据需要生成相应的图表,使人一目了然。其中,单元格数值对应图表中的一个数据点,工作表单元格区域的数据就对应图表的数据系列。

1．图表概述

Excel 2010 提供的图表类型包括柱形图、折线图、饼图、条形图、面积图、散点图、股价图、曲面图、圆环图、气泡图和雷达图共 11 大类标准图表,有二维图表和三维图表,可以选择多种类型图表创建组合图。下面介绍基本的图表类型。

- 柱形图:可直观地对数据进行对比分析。在 Excel 2010 中,柱形图又可细分为二维柱形图、三维柱形图、圆柱图、圆锥图以及棱锥图等。
- 折线图:可直观地显示数据的走势。在 Excel 2010 中,折线图又分为二维折线图与三维折线图。
- 饼图:能直观地显示数据占有比例,而且比较美观。在 Excel 2010 中,饼图又分为二维饼图与三维饼图。
- 条形图:即横向的柱形图,其作用与柱形图相同,可直观地对数据进行对比分析。

在 Excel 2010 中，条形图又可细分为二维条形图、三维条形图、圆柱图、圆锥图以及棱锥图等。

- 面积图：可直观地显示数据的大小与走势范围。在 Excel 2010 中，面积图又可分为二维面积图和三维面积图。
- 散点图：可直观地显示图表数据点的精确性，帮助用户对图表数据进行统计计算。

2．图表的主要术语

图 3-50 描述的是一个关于公司销售额的柱形图，图表中常用的术语在图中已经标注出来，包括图表区、绘图区、图表标题、数据系列和数据点、数据标签、坐标轴标题以及图例等。

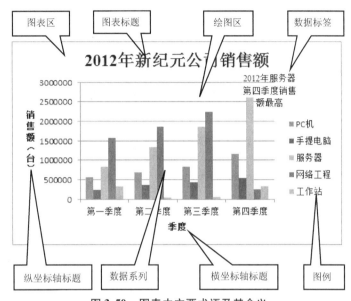

图 3-50　图表中主要术语及其含义

基本术语说明如下：

- 图表区：整个图表及其全部元素。
- 绘图区：指通过轴来界定的区域，包括所有数据系列、分类名、刻度线标志和坐标轴标题。
- 数据系列和数据点：图表中每个数据系列具有唯一的颜色或图案并且在图表的图例中表示。可以在图表中绘制一个或多个数据系列（饼图只有一个数据系列）。

在图表中绘制的相关数据点的数据来自数据表的行或列。数据点在图表中绘制的单个值由条形、柱形、折线、饼图或圆环图的扇面、圆点和其他被称为数据标记的图形表示。相同颜色的数据标记组成一个数据系列。

- 坐标轴：指界定图表绘图区的线条，用作度量的参照框架。其中 x 轴（横轴）称为水平分类轴，y 轴（纵轴）称为垂直数值轴。
- 图表标题：图表标题是说明性的文本，可以自动与坐标轴对齐或在图表顶部居中。
- 数据标签：为数据标记提供附加信息的标签，数据标签代表源于数据表单元格的单个数据点或值。
- 图例：图例是一个方框，用于标识图表中的数据系列，或分类制定的图案或颜色。

3.6.2 图表的创建

Excel 2010 的图表在总体上可以分成两种类型:一种图表位于单独的工作表中,也就是说图表与数据源不在同一个工作表上,这种工作表称为图表工作表;另外一种图表与数据源在同一个工作表上,作为该工作表中的一个对象,称为嵌入式图表。两种图表都与建立它们工作表的数据相链接,图表会随着与之关联的工作表数据的变化而发生相应的变化。

图 3-51 所示的是"2012 年新纪元公司销售额"表,需根据其数据建立一个柱形图,并以此为例介绍建立图表的方法与步骤。

	A	B	C	D	E
1	2012年新纪元公司销售额(单位:台)				
2	类别	第一季度	第二季度	第三季度	第四季度
3	PC	562300	687400	829600	1155400
4	手提电脑	237400	359800	428300	546900
5	服务器	827700	1345600	1865900	2605500
6	网络工程	1567800	1866000	2236000	265400
7	工作站	334444	33333	54543	324233

图 3-51 新纪元电脑公司 2012 年销售表

1. 使用默认图表类型创建图表

在工作表上选定用于生成图表的数据;按【F11】键,生成如图 3-52 所示的默认类型的图表,即图表工作表,它是一张单独的工作表(在工作簿中生成 Chart1 的工作表)。

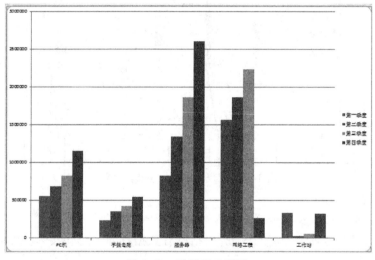

图 3-52 默认图表类型

2. 创建基本图表

在 Excel 2010 中,可根据已有的数据建立一个标准类型或自定义类型的图表,在图表创建完成后,仍然可以修改其各种属性,以使整个图表更趋于完善。

(1) 插入图表

【例 3-26】 在"2012 年新纪元公司销售额"工作表中创建图表。

① 选择用于创建图表的工作表数据(即 A2:E7 单元格区域),如图 3-51 所示。

② 在【插入】选项卡下【图表】组中单击【柱形图】按钮,单击【二维柱形图】选项区域中的【簇状柱形图】样式,如图 3-53 所示;若要查看所有可用的图表类型,单击【图表】组右下角图标 ,弹出如图 3-54 所示的【插入图表】对话框,选中某一图表类型后单击【确定】按钮。

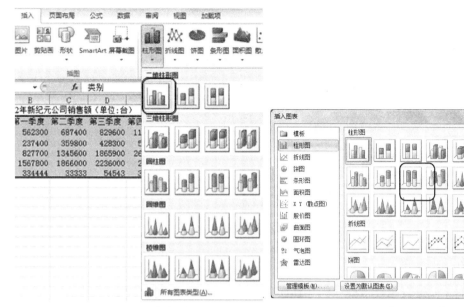

图 3-53 图表类型　　　　　　　　图 3-54 【插入图表】对话框

③ 此时二维簇状柱形图将插入工作表中,如图 3-55 所示。

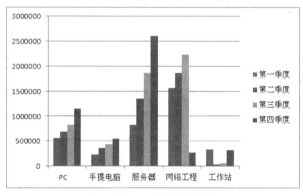

图 3-55 二维簇状柱形图

(2) 确定图表位置

● 嵌入图表:嵌入图表是数据源和图表在同一工作表中的图表。当要在一个工作表中查看或打印图表、数据透视图及其源数据等信息时使用此类型。默认情况下,图表作为嵌入图表放在工作表中。

● 图表工作表:图表工作表是工作簿中只包含图表的工作表。当单独查看图表或数据透视图时使用此类图表。

如果需要将图表放在单独的图表工作表中,更改嵌入图表的位置,可单击嵌入图表中的任何位置以将其激活,单击【图表工具】→【设计】选项卡下【位置】组中的【移动图表】按钮,弹出如图 3-56 所示的【移动图表】对话框,在【选择放置图表的位置】选项中单击【新工作表】并为工作表命名,图表即被移动到新的工作表中。

图 3-56 【移动图表】对话框

3.6.3 图表的编辑

选择一个能够充分表现数据特征的最佳图表类型,有助于更清晰地反映数据的差异和变化,有益于从这些数据中获取尽可能多的信息。图表生成后,如果觉得不够理想,可以对其进行更改。这些图表和原数据表之间有一种动态的联系,当修改工作表中的数据时,这些图表都会随之发生变换,反之亦然。

图表创建完成后,Excel 2010 会自动打开【图表工具】选项卡,如图 3-57 所示,在其中可以设置图表类型、图表位置和大小、图表样式和图表布局等参数,还可以为图表添加趋势线或误差线。

图 3-57 【图表工具】→【布局】选项卡

1.更改图表类型

当创建的图表类型不合适或无法确切地展现工作表数据所包含的信息的时候,需要更改图表类型。

【例 3-27】 将如图 3-55 所示的 2012 年新纪元公司销售额的【二维簇状柱形图】更改为【条形图】。

① 单击如图 3-55 所示的【二维簇状柱形图】,使之处于激活状态。

② 打开【图表工具】→【设计】选项卡,在【类型】组中单击【更改图表类型】按钮,弹出【更改图表类型】对话框,如图 3-58 所示。

③ 在【更改图表类型】对话框左侧的【类型】列表框中选择【条形图】,然后在右侧的样式列表框中选择【簇状条形图】样式,单击【确定】按钮,即可将图表类型更改为条形图,如图 3-59 所示。

图 3-58 【更改图表类型】对话框

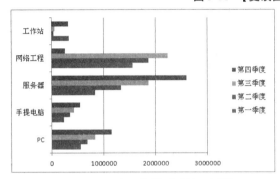

图 3-59　更改图表类型后的示例图　　　　图 3-60　添加数据的"2012年新纪元公司销售额"表

2．更新数据图表

在创建图表后，往往有行或列要添加或删除，需要在原有的图表上体现出来。

（1）添加数据

在原数据表中增添路由器的销售情况，如图 3-60 所示。

【例 3-28】　添加了路由器销售数据后，更新此图表。

① 在工作表中添加一行路由器的销售情况。

② 单击要更新数据的图表，使之处于激活的状态。

③ 打开【图表工具】→【设计】选项卡，在【数据】组中单击【选择数据】按钮，弹出【选择数据源】对话框，如图 3-61 所示。

图 3-61　【选择数据源】对话框

④ 在【图表数据区域】选择添加了路由器销售情况的数据区域,单击【确定】按钮,路由器的销售情况即在图表中显示出来,如图3-62所示。

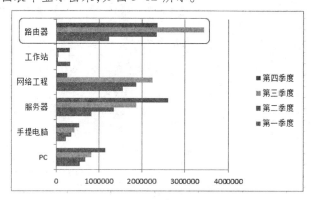

图3-62 添加了数据的图表

(2) 删除数据

如果要删除相应的数据,最简单的方法是在原有工作表上删除该行,然后按添加数据类似的方法操作;如果只想修改图表上的系列,原工作表不变,只要选定所需删除的数据系列,按【Delete】键,即可把整个数据系列从图表中删除。

3. 图表布局

Excel 2010 提供了多种预定义布局供用户选择,也可以手动更改各个图表元素的布局。

(1) 应用预定义图表布局

选中如图3-62所示的图表区的任意位置,在【图表工具】→【设计】选项卡下的【图表布局】组中,单击要使用的图表布局(选择"布局8"),即可应用预定义的图表布局,如图3-63所示。当Excel 2010 窗口缩小时,单击【图表布局】组中的【快速布局】按钮,在弹出的下拉列表的【快速布局库】中将提供图表布局,如图3-64所示。

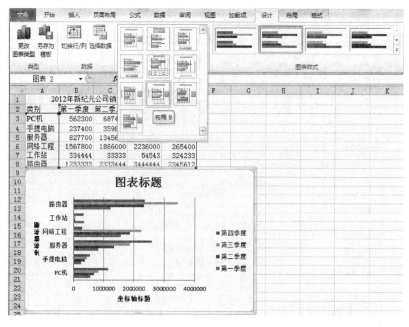

图3-63 设置图表布局图

图 3-64 快速布局

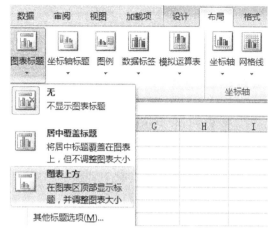

图 3-65 添加图表标题

（2）手动更改图表元素的布局

在【图表工具】→【布局】选项卡中可以手动设置图表的标签、坐标轴、背景等参数。

【例 3-29】 对如图 3-62 所示的"2012 年新纪元公司销售额"表设置图表的布局。

① 选定图表区，使之处于激活的状态。

② 打开【图表工具】→【布局】选项卡，在【标签】组中单击【图表标题】按钮，从弹出的下拉列表中选择【图表上方】（图 3-65），即在图表上方弹出【图表标题】文本框。

③ 在【图表标题】文本框中输入文本"2012 年新纪元公司销售额"，效果如图 3-66 所示。

④ 打开【图表工具】→【布局】选项卡，在【标签】组中选择【坐标轴标题】，在【主要横坐标轴标题】中选择【坐标轴下方题】，在【主要纵坐标轴标题】中选择【竖排标题】，分别会弹出【横坐标轴标题】、【纵坐标轴标题】文本框，分别输入"销售额""类别"，即可在图表中添加横、纵坐标轴标题，效果如图 3-66 所示。

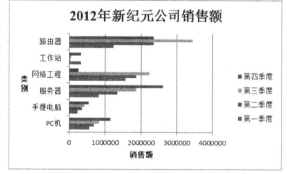

图 3-66 设置图表布局的效果图

⑤ 打开【图表工具】→【布局】选项卡，在【标签】组中单击【图例】按钮，从弹出的下拉列表中可以选择图例的位置（默认在右侧显示图例）。

⑥ 此外，还可在【图表工具】→【布局】选项卡下的【标签】组中单击【数据标签】按钮，设置数据标签信息；在【图表工具】→【布局】选项卡下的【坐标轴】组中设置【坐标轴】和【网格线】信息等。

4．图表样式

设置图表样式与设置图表布局方法相似。先选中要设置的图表区的任意位置，在【图表工具】→【设计】选项卡下的【图表样式】组中，单击要使用的图表样式，即可完成预定义图表样式的设置，如图 3-67 所示。

图 3-67　图表样式

5. 更改图表元素格式

【例 3-30】　对如图 3-66 所示的"2012 年新纪元公司销售额"表相对应的图表区的【填充】、【边框颜色】、【样式】、【阴影】、【属性】等格式进行设置。

右击图表区,从弹出的快捷菜单中选择【设置绘图区格式】,打开【设置绘图区格式】对话框,如图 3-68 所示。在此对话框中可对图表区的【填充】、【边框颜色】、【边框样式】、【阴影】、【发光和柔化边缘】、【三维格式】和【属性】等进行设置。

① 打开【填充】选项卡,选择【图片或纹理填充】单选按钮,在【纹理】选项区域单击【纹理】下拉按钮,从弹出的纹理面板中选择【新闻纸】样式,如图 3-68 所示。

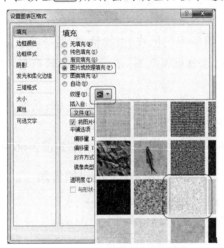
图 3-68　【设置图表区格式】对话框中的【填充】选项卡

图 3-69　【边框颜色】选项卡

② 打开【边框颜色】选项卡,选择【实线】单选按钮,在【颜色】选项区域单击【颜色】下拉按钮,从弹出的颜色面板中选择【深蓝,文字 2,淡色 40%】色块,如图 3-69 所示。

③ 打开【边框样式】选项卡,设置【宽度】为 3 磅,【复合类型】为由粗到细,【短划线类型】为实线,【线端类型】和【联接类型】为圆形,并且勾选【圆角】复选框,如图 3-70 所示。

④ 打开【发光和柔化边缘】选项卡,在【发光】选项区设置【预设】为【蓝色,8pt 发光,强调文字颜色 1】,在【柔化边缘】选项区设置【预置】为 1 磅,如图 3-71 所示。

⑤ 对【阴影】、【三维格式】、【大小】、【属性】和【可选文字】设置,可参照上述方法,最终效果图如图 3-72 所示。

图 3-70 【边框样式】选项卡　　　　图 3-71 【发光和柔化边缘】选项卡

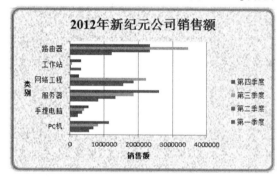

图 3-72 设置图表样式效果图

6．添加误差线

运用图表进行回归分析时，如果需要描绘数据的潜在误差，可以为图表添加误差线。

【例 3-31】　对如图 3-72 所示的"2012 年新纪元公司销售额"表相对应图表添加误差线。

① 选中图表，打开【图表工具】→【布局】选项卡，在【分析】组中单击【误差线】按钮，从弹出的下拉列表中选择【标准偏差误差线】，如图 3-73 所示，即可添加误差线，得到如图 3-74 所示的效果图。

图 3-73 添加误差线

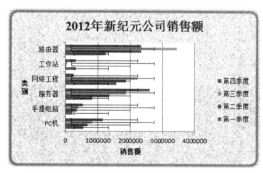

图 3-74 添加误差线的效果图

② 在图表的绘图区,单击【第一季度】系列中的误差线,选中该误差线,打开【图表工具】→【格式】选项卡,在【形状样式】组中单击【形状轮廓】按钮,从弹出的【标准色】颜色面板中选择【红色】色块,为误差线填充颜色,如图 3-75 所示。

③ 使用同样方法,设置其他系列中的误差线的填充颜色,最终效果图如图 3-76 所示。

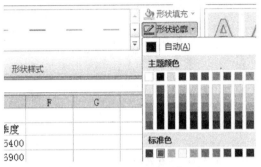
图 3-75　设置误差线的填充色

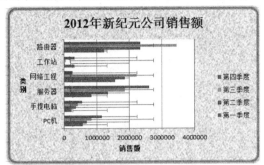
图 3-76　设置误差线的填充色的最终效果图

提示：添加趋势线的方法和添加误差线类似,选中图表,打开【图表工具】→【布局】选项卡,在【分析】组中单击【趋势线】按钮,从弹出的下拉列表中选择一种趋势线样式即可。

3.6.4　迷你图

迷你图是一个微型图表,可提供数据的直观表示,它还可以显示一系列数值的趋势,或者突出显示最大值和最小值。与 Excel 工作表上的图表不同,迷你图不是对象,而是单元格背景中的一个微型图表。此外,在打印包含迷你图的工作表时将会把迷你图也打印出来。

1．创建迷你图

【例 3-32】　以图 3-77 所示的"2012 年三星手机各地区销售额"表为例创建迷你图,反映每个地区四个季度的销售趋势。操作步骤如下：

① 选中 F3 单元格,在其中插入相应的迷你图。

② 在【插入】选项卡的【迷你图】组中,单击要创建的迷你图的类型,包括【折线图】、【柱形图】或【盈亏】,在此选择【折线图】,弹出【创建迷你图】对话框,如图 3-78 所示。

③ 在【数据范围】内选择 B3:E3 单元格区域,在【位置范围】中选择 F3 单元格,单击【确定】按钮,即可在 F3 单元格中生成折线迷你图；将鼠标光标置于 F3 右下角,光标变形为"十"(F3 单元格的填充柄),按住鼠标右键向下拖动填充柄,即可生成 F4:F6 单元格区域的迷你图,如图 3-79 所示。

	A	B	C	D	E	F
1	2012年三星手机各地区销售额（万台）					
2	地区	第一季度	第二季度	第三季度	第四季度	区域销售额
3	东部	21234	11345	4321	12245	
4	南部	3245	23456	5435	11234	
5	西部	23467	2345	56123	2345	
6	北部	32456	3241	2345	34567	

图 3-77　2012 年三星手机各地区销售表

图 3-78　【创建迷你图】对话框

	A	B	C	D	E	F
1		2012年三星手机各地区销售额（万台）				
2	地区	第一季度	第二季度	第三季度	第四季度	区域销售额
3	东部	21234	11345	4321	12245	
4	南部	3245	23456	5435	11234	
5	西部	23467	2345	56123	2345	
6	北部	32456	3241	2345	34567	

图 3-79 迷你折线图

2．编辑迷你图

创建迷你图后，功能区增加【迷你图工具设计】选项卡，该卡上分为多个组：【迷你图】、【类型】、【显示】、【样式】和【分组】，使用这些命令可以编辑已创建的迷你图。

【例3-33】 对如图3-79所示的迷你折线图进行编辑。操作步骤如下：

① 选中F3单元格的迷你折线图。

② 打开【迷你图工具设计】选项卡，在【显示】组中选择【高点】和【低点】，则相应的点在图上显示出来；在【样式】组中选择迷你图的颜色，如图3-80所示；此外还可更改迷你图和标记的颜色，以及设置坐标轴。

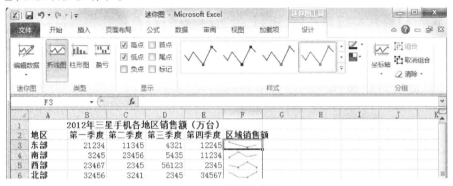

图 3-80 编辑迷你图

3.7 数据管理与分析

Excel不仅具有数据排序、筛选、分类、汇总等管理功能，还提供了简单、形象、有效、实用的数据分析工具——数据透视表及数据透视图，从而能够及时、全面地对变化的数据清单进行重新组织和统计，以方便用户进行决策。

Excel中数据的这些管理操作通常与用作为数据库的数据清单有关。数据清单由包含相关信息的一系列数据行组成，其中，行表示记录，列表示字段。数据清单的第一行中含有列标志，Excel使用这些列标志对数据清单进行查询、排序、筛选、分类汇总等操作。图3-81所示的"英语成绩表"就是一个简单的记录清单。

建立数据清单的规则是：

① 每张工作表仅创建一个数据清单，要避免在一张工作表上建立多个数据清单。

② 避免在数据清单中放置空白行和空白列。

③ 数据清单中的每一行作为一个记录，存放相关的一组数据。

④ 数据清单中的每一列作为一个字段，存放相同类型的数据，同一列数据具有相同的单元格格式。

⑤ 在工作表的数据清单与其他数据之间至少留出一个空行和一个空列。

3.7.1 排序

数据排序是指按一定规则对数据进行整理、排列,这样可以快速、直观地显示和查找数据。Excel 提供了按数字大小顺序排序、按字母顺序排序、按字体颜色和单元格颜色排序以及按单元格图标进行排序等方法。排序中,既可以按升序排序,也可以按降序排序,还可以由用户自定义排序方式。

1. 简单排序

Excel 对数据清单进行排序时,如果按照单列的内容进行简单排序,则可以打开【数据】选项卡,在【排序和筛选】组中单击【升序】按钮 或【降序】按钮 。

【例 3-34】 对如图 3-81 所示的"英语成绩表",按【听力】字段从高到低来排列数据记录,操作步骤如下:

① 选中"英语成绩表"中【听力】字段所在的 D3:D13 单元格区域,打开【数据】选项卡,在【排序和筛选】组中单击【降序】按钮 ,弹出【排序提醒】对话框,如图 3-82 所示。

② 在【排序提醒】对话框中选中【扩展选定区域】单选按钮(此例选择【扩展选定区域】和【以当前选定区域排序】均可),然后单击【排序】按钮,即可按照【听力】字段由高到低来排列数据记录,如图 3-83 所示。

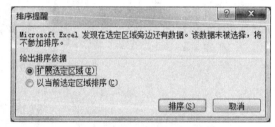

图 3-81 英语成绩表　　　　　　　　　图 3-82 【排序提醒】对话框

图 3-83 按【听力】字段降序排列

2. 自定义排序

简单排序时只能使用一个排序条件。因此,排序后,表格中的数据可能仍然达不到用户的排序需求。这时,用户可以设置多个排序条件,如当排序值相等时,可以参考第二个排序条件进行排序,以此类推。

【**例 3-35**】 对如图 3-81 所示的"英语成绩表",按【听力】从高到低降序排列数据记录,【听力】成绩相等者再按【口语】成绩降序排序。

① 选中"英语成绩表"中的 A3:F13 单元格区域,打开【数据】选项卡,在【排序和筛选】组中单击【排序】按钮 ,打开【排序】对话框,如图 3-84 所示。

② 在【排序】对话框的【主要关键字】下拉列表框中选择【听力】选项,在【排序依据】下拉列表框中选择【数值】选项,在【次序】下拉列表框中选择【降序】选项,如图 3-84 所示。

图 3-84 【排序】对话框

③ 单击【添加条件】按钮,添加新的排序条件。在【次要关键字】下拉列表框中选择【口语】选项,在【排序依据】下拉列表框中选择【数值】选项,在【次序】下拉列表框中选择【降序】选项,如图 3-85 所示。

④ 单击【确定】按钮,即可完成排序设置,效果如图 3-86 所示。

图 3-85 自定义排序条件

	A	B	C	D	E	F
1			英语成绩表			
2	姓名	系部	班级	听力	口语	作文
3	李小雨	机电系	1班	90	92	88
4	朱珠	机电系	2班	90	82	69
5	王小旭	艺术系	3班	89	78	80
6	郭金花	文法系	1班	88	90	90
7	李小海	文法系	2班	85	61	68
8	丁中华	计算机系	2班	84	72	78
9	王玲	计算机系	2班	77	79	90
10	陈光	机电系	2班	72	82	80
11	张华	计算机系	1班	72	76	81
12	孙丽	艺术系	3班	70	68	66
13	徐仙	艺术系	3班	60	78	79

图 3-86 多条件排序结果

图 3-87 【排序选项】对话框

提示：若要删除已经添加的排序条件,则在如图 3-85 所示的【排序】对话框中选择该排序条件,然后单击上方的【删除条件】按钮即可;若要设置排序方法和排序方向等,单击【选项】按钮,在弹出的【排序选项】对话框中设置即可,如图 3-87 所示;若添加多个排序条件后,单击【排序】对话框上方的上下箭头按钮,可以调整排序条件的主次顺序。

◆ 3.7.2 数据筛选

数据筛选功能系指只显示数据清单中符合条件的记录,那些不满足条件的记录暂时被隐藏起来。筛选是一种用于查找数据清单中数据的快速方法。

在 Excel 中提供了自动筛选和高级筛选两种方法来筛选数据。自动筛选可以实现较简单的筛选功能。一般情况下,自动筛选就能够满足大部分的需要。当用户设定的筛选条件很复杂,这时就需要使用高级筛选。

1. 自动筛选

自动筛选具有较简单的筛选功能,通过它可以快速地访问大量数据,从中选出并显示满足条件的记录。具体操作步骤如下:

① 单击数据清单的任意一个单元格。

② 打开【数据】选项卡,在【排序和筛选】组中单击【筛选】按钮,在数据清单的每个字段的右侧出现一个如图 3-88 所示的下三角按钮,单击任意一个向下箭头,会出现如图 3-89 所示的以下几个选项:【升序】、【降序】、【按颜色排序】、【按颜色筛选】和【数字筛选】。

③ 填入选项后单击【确定】按钮,即可筛选出满足条件的记录。

图 3-88　自动筛选　　　　　　　图 3-89　设置自动筛选条件

提示：若字段是文本数据,则自动筛选选项中的【数字筛选】变为【文本筛选】,包含【等于】、【不等于】、【开头是】、【结尾是】、【包含】和【不包含】等自定义自动筛选方式。

【例 3-36】 对图 3-81 所示的"英语成绩表",现要查看 2 班学生的英语成绩情况。

① 打开【数据】选项卡,在【排序和筛选】组中单击【筛选】按钮,在数据清单的每个字段

的右侧出现下拉箭头。

② 单击【班级】的下拉箭头,去掉【全选】前面的√,勾选 2 班,单击【确定】按钮即可实现操作。

【例3-37】 现要查看 2 班口语成绩在 80 分和 90 分(不包括 80 分和 90 分)之间的情况。

① 单击【班级】字段的下拉箭头,选择 2 班,操作同上。

② 单击【口语】字段的下拉箭头,在弹出的下拉列表中选择【数字筛选】→【介于】选项,弹出【自定义自动筛选方式】对话框,如图 3-90 所示。

③ 在【自定义自动筛选方式】对话框中设置【口语】字段的筛选条件为【大于 80】与【小于 90】,如图 3-90 所示。

④ 单击【确定】按钮,即可筛选出满足条件的记录,如图 3-91 所示。

图 3-90　自定义自动筛选方式设置　　　　图 3-91　自定义自动筛选结果

提示:若要取消自动筛选,可直接单击【数据】选项卡下【排序和筛选】组中的【筛选】按钮,即可显示所有数据。

2．高级筛选

在实际应用中,常常涉及更为复杂的筛选条件,此时利用自动筛选有很多局限,甚至无法完成,这时就需要使用高级筛选。

高级筛选一次就将所有条件全部指定,然后在数据清单中找出满足这些条件的记录。它在本质上与自动筛选并无区别,但可以在筛选之前将筛选条件定义在工作表另外的单元格区域中,这些放置筛选条件的单元格区域称为条件区域,利用筛选条件区域的条件,用户便能一次性地将满足多个条件的记录筛选出来。

高级筛选是一种快速高效的筛选方法,它既可将筛选出的结果在源数据清单处显示出来,也可以把筛选出的结果放在另外的单元格区域之中。下面以图 3-81 所示的"英语成绩表"为例,来说明使用高级筛选的方法。

【例3-38】 对于图 3-81 所示的"英语成绩表",若要只显示机电系、计算机系和艺术系的英语成绩情况,使用自动筛选就无法做到,现采用高级筛选方法。

① 选定存放筛选条件的空白单元格区域,在该单元格区域设置筛选条件,该条件区域至少为两行,第一行为字段名行,以下各行为相应的条件值。在本例中设置的条件如图 3-92 所示(G2:G5 单元格区域)。

② 打开【数据】选项卡,在【排序和筛选】组中单击【高级】按钮,打开【高级筛选】

对话框,如图 3-93 所示。

③ 在【方式】选项区中,根据需要选择相应的选项。

- 【在原有区域显示筛选结果】:选择该单选按钮,则筛选结果显示在原数据清单位置(此例选择此项)。
- 【将筛选结果复制到其他位置】:选择该单选按钮,则筛选后的结果将显示在另外的区域,与原工作表并存,但需要在【复制到】文本框中指定区域。

④ 在【列表区域】文本框中输入要筛选的数据,可以直接在该文本框中输入区域引用,也可以用鼠标在工作表中选定数据区域。

⑤ 在【条件区域】文本框中输入含筛选条件的区域,可以直接在该文本框中输入区域引用,也可以用鼠标在工作表中选定数据区域。

⑥ 如果要筛选掉重复的记录,则应选中【选择不重复的记录】复选框。

	A	B	C	D	E	F	G
1	英语成绩表						
2	姓名	系部	班级	听力	口语	作文	系部
3	朱珠	机电系	2班	90	82	69	机电系
4	李小海	文法系	2班	85	61	68	计算机系
5	王玲	计算机系	2班	77	79	90	艺术系
6	孙丽	艺术系	3班	70	68	66	
7	李小雨	机电系	1班	90	92	88	
8	郭金花	文法系	1班	88	90	90	
9	丁中华	计算机系	2班	84	72	78	
10	徐仙	艺术系	3班	60	78	79	
11	陈光	机电系	2班	72	82	80	
12	王小旭	艺术系	3班	89	78	80	
13	张华	计算机系	1班	72	76	81	

图 3-92　输入高级筛选条件

图 3-93　【高级筛选】对话框

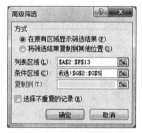

⑦ 单击【确定】按钮,高级筛选结果如图 3-94 所示。

提示: 若要重新显示工作表的全部数据内容,则在【数据】选项卡下的【排序和筛选】组中单击【清除】按钮即可。

	A	B	C	D	E	F	G
1	英语成绩表						
2	姓名	系部	班级	听力	口语	作文	系部
3	朱珠	机电系	2班	90	82	69	机电系
5	王玲	计算机系	2班	77	79	90	艺术系
6	孙丽	艺术系	3班	70	68	66	
7	李小雨	机电系	1班	90	92	88	
9	丁中华	计算机系	2班	84	72	78	
10	徐仙	艺术系	3班	60	78	79	
11	陈光	机电系	2班	72	82	80	
12	王小旭	艺术系	3班	89	78	80	
13	张华	计算机系	1班	72	76	81	

图 3-94　高级筛选结果

3. 高级筛选中条件的确立

(1) 单一条件的确立

对于单一条件设置可以在条件范围的第一行输入字段名,第二行输入匹配的值。例如,筛选出口语成绩在 80 分以上(包含 80 分)的英语成绩情况,则在条件范围的值处输入“ > =80”。

(2) 设置“与”复合条件

如果筛选条件有若干个条件,而且条件之间的关系是“与”运算,需要将多个条件的值分别写在同一行上。对如图 3-81 所示的“英语成绩表”,筛选出机电系且口语和作文都在 80

分以上(不包括80分)的英语成绩情况,筛选条件设置如图3-95所示(条件写在同一行上),筛选结果如图3-96所示。

16	系部	口语	作文
17	机电系	>80	>80

图3-95　含有"与"的高级筛选条件

1	英语成绩表					
2	姓名	系部	班级	听力	口语	作文
7	李小雨	机电系	1班	90	92	88

图3-96　含有"与"条件的高级筛选结果

(3) 设置"或"复合条件

如果筛选条件有若干个条件,且条件之间的关系是"或"运算,需要将多个条件的值分别写在不同的行上。对如图3-81所示的"英语成绩表",筛选出机电系或口语在80分以上(不包括80分)的英语成绩情况,筛选条件设置如图3-97所示(条件写在不同行上),筛选结果如图3-98所示。

19	系部	口语
20	机电系	
21		>80

图3-97　含有"或"的高级筛选条件

	A	B	C	D	E	F
1	英语成绩表					
2	姓名	系部	班级	听力	口语	作文
3	朱珠	机电系	2班	90	82	69
7	李小雨	机电系	1班	90	92	88
8	郭金花	文法系	1班	88	90	90
11	陈光	机电系	2班	72	82	80

图3-98　含有"或"条件的高级筛选结果

3.7.3　分类汇总

在实际工作中,人们常常需要把众多的数据分类汇总,使得这些数据能提供更加清晰的信息。例如,在电脑公司的销售表中,通常需要知道每种产品的销售数量和销售额;在公司每月发放工资时,需要知道各个部门的总工资额和平均工资情况等。Excel 提供了该项功能,可以自动对数据项进行分类汇总。

分类汇总和分级显示是 Excel 中密不可分的两个功能。在进行数据汇总的过程中,常常需要对工作表中的数据进行人工分级,这样就可以更好地将工作表中的明细数据显示出来。

分类汇总的方式有很多,有求和、计数、求平均值等,以及将分类汇总结果显示出来。需要指出的是,在分类汇总之前应先对数据清单排序。

【例3-39】　依据图3-81所示的"英语成绩表",统计每班三门课的平均成绩。

① 对分类汇总的字段进行排序:本例需求每班的平均成绩,因而分类汇总的字段是"班级",对图3-81所示的数据清单中的数据,按照班级升序(或降序)进行排序,使得同一班级的记录排在一起,结果如图3-99所示。

	A	B	C	D	E	F
1	英语成绩表					
2	姓名	系部	班级	听力	口语	作文
3	李小雨	机电系	1班	90	92	88
4	郭金花	文法系	1班	88	90	90
5	张华	计算机系	1班	72	76	81
6	朱珠	机电系	2班	90	82	69
7	李小海	文法系	2班	85	61	68
8	王玲	计算机系	2班	77	79	90
9	丁中华	计算机系	2班	84	72	78
10	陈光	机电系	2班	72	82	80
11	孙丽	艺术系	3班	70	68	66
12	徐仙	艺术系	3班	60	78	79
13	王小旭	艺术系	3班	89	78	80

图3-99　按照"班级"进行"升序"排序

② 单击数据清单中的任一单元格，在【数据】选项卡的【分级显示】组中，单击【分类汇总】按钮，打开【分类汇总】对话框，如图 3-100 所示。

③ 在【分类字段】下拉框中选择所需字段作为分类汇总的依据，分类字段必须此前已经排序，在此选择【班级】。

④ 在【汇总方式】下拉框中，选择所需的统计函数，有【求和】、【平均值】、【最大值】和【计数】等多种函数，在此选择【平均值】。

⑤ 在【选定汇总项】列表框中，选中需要对其汇总计算的字段前面的复选框，这里选择【口语】、【听力】和【作文】三个字段。

图 3-100 【分类汇总】对话框

⑥【替换当前分类汇总】复选框，表示按本次分类要求进行汇总；【每组数据分页】复选框，表示每一类分页显示；【汇总结果显示在数据下方】复选框，表示将分类汇总数放在本类的最后一行。

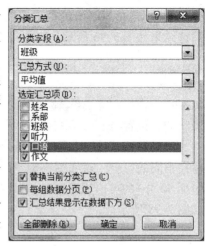

⑦ 单击【确定】按钮，即可得到分类汇总结果，调整【平均值】的有效位为 2 位，如图 3-101 所示。

	A	B	C	D	E	F
1			英语成绩表			
2	姓名	系部	班级	听力	口语	作文
3	李小雨	机电系	1班	90	92	88
4	郭金花	文法系	1班	88	90	90
5	张华	计算机系	1班	72	76	81
6			**1班 平均值**	83.33	86.00	86.33
7	朱珠	机电系	2班	90	82	69
8	李小海	文法系	2班	85	61	68
9	王玲	计算机系	2班	77	79	90
10	丁中华	计算机系	2班	84	72	78
11	陈光	机电系	2班	72	82	80
12			**2班 平均值**	81.60	75.20	77.00
13	孙丽	艺术系	3班	70	68	66
14	徐仙	艺术系	3班	60	78	79
15	王小旭	艺术系	3班	89	78	80
16			**3班 平均值**	73.00	74.67	75.00
17			**总计平均值**	79.73	78.00	79.00

图 3-101 分类汇总结果图

为了方便查看数据，可将分类汇总后暂时不需要使用的数据隐藏起来，以减小界面的占用空间，只需单击分类汇总工作表左边列表树中的按钮+即可。当需要查看隐藏的数据时，可再将其显示，此时只需单击分类汇总工作表左边列表树中的按钮-即可。

提示： 若要删除分类汇总，则可在【分类汇总】对话框中单击【全部删除】按钮即可。

3.7.4 数据透视表

数据透视表是一种对大量数据快速汇总、且建立交叉列表的交互式工作表，它集合了排序、筛选和分类汇总的功能，用于对已有的数据清单、表和数据库中的数据进行汇总和分析，使用户简便、快速地在数据清单中重新组织和统计数据。

1. 数据透视表的创建

【例 3-40】 图 3-102 所示是“小米手机 2012 年各地区销售表”中的局部数据，现需创建数据透视表,按日统计各地区的平均销售量,并且按【销售型号】分页。

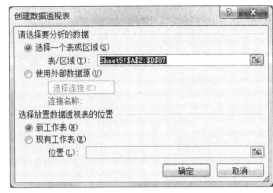

	A	B	C	D
1	小米手机2012年各地区销售表(单位:万台)			
2	日期	销售地区	销售型号	销售数量
3	2012-1-1	广州	xt-01	212
4	2012-1-1	南宁	xt-01	342
5	2012-1-1	上海	xt-02	123
6	2012-1-3	北京	xt-02	121
7	2012-1-3	广州	xt-02	345
8	2012-1-3	沈阳	xt-02	234
9	2012-1-5	杭州	xt-02	121
10	2012-1-5	成都	xt-01	213
11	2012-1-5	广州	xt-01	567
12	2012-1-5	上海	xt-01	123
13	2012-1-5	北京	xt-03	123
14	2012-2-12	南宁	xt-03	111
15	2012-2-12	成都	xt-02	234
16	2012-2-12	北京	xt-02	124

图 3-102　小米手机 2012 年各地区销售表　　　　图 3-103　【创建数据透视表】对话框

① 单击数据清单中的任一单元格,打开【插入】选项卡,在【表格】组中单击【数据透视表】按钮,在弹出的下拉列表中选择【数据透视表】选项,打开【创建数据透视表】对话框,如图 3-103 所示。

② 在【请选择要分析的数据】组中,选中【选择一个表或区域】单选按钮,然后单击【表/区域】后的图标,选定数据区域 A2:D87 单元格区域(表示"小米手机 2012 年各地区销售表"有 87 行);在【选择放置数据透视表的位置】选项区域中选中【新工作表】按钮,如图 3-103 所示。

③ 单击【确定】按钮,此时在工作簿中添加一个新工作表,同时插入数据透视表,并将新工作表命名为【数据透视表】,如图 3-104 所示。

④ 在创建的数据透视表中,右侧显示【数据透视表字段列表】窗口,将【日期】字段拖放到【行标签】区域中,【销售地区】拖放到【列标签】区域中,【销售数量】拖放到【数值】区域中,【销售型号】拖放到【报表筛选】区域中,得到按【销售型号】分页并且按日统计各地区总销售量的数据透视表,如图 3-105 所示。

图 3-104　创建数据透视表

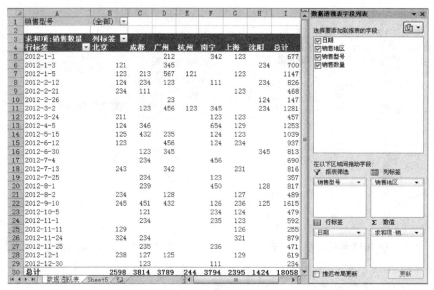

图 3-105 数据透视表

⑤ 要求透视表每页按日统计各地区的平均销售量,因此汇总方式应选择【平均值】,在此右击【求和项:销售数量】(A3 单元格),选择【值字段设置】菜单,弹出【值字段设置】对话框,如图 3-106 所示。

⑥ 在【值字段设置】对话框的【选择用于汇总所选字段数据的计算类型】区域选择【平均值】,即可得到按【销售型号】分页并且按日统计各地区平均销售量的数据透视表,并将【总计】字段(I4 单元格)改为【平均值】,如图 3-107 所示。

图 3-106 【值字段设置】对话框

行标签	北京	成都	广州	杭州	南宁	上海	沈阳	平均值
2012-1-1			212		342	123		226
2012-1-3		121		345			234	233
2012-1-5	123	213	567	121		123		229
2012-2-12	124	234	123		111		234	165
2012-2-21	234	111				123		156
2012-2-26			23				124	74
2012-3-2		123	456	123	345		234	256
2012-3-24	211				123	123		152
2012-4-5	124	346			654	129		313
2012-5-15	125	432	235		124	123		208
2012-6-12	123			456	124	234		234
2012-6-30		123	345				345	271
2012-7-4		234			456			345
2012-7-13	243		342			231		272
2012-7-25		234			123			179
2012-8-1		239			225		128	204
2012-8-2	234		128			127		163
2012-9-10	245	226	432		126	236	125	231
2012-10-5		121			234	124		160
2012-11-1		234			235	123		197
2012-11-11	129					126		128
2012-11-24	324	234				321		293
2012-11-25		235			236			236
2012-12-1	238	127	125			129		155
2012-12-30		123		111				117
平均值	186	212	291	122	237	160	203	212

图 3-107 更改【值汇总方式】的数据透视表

提示：在选择数据透视表位置时,若要将数据透视表放置在新工作表中,并以单元格 A1 为起始位置,单击【新工作表】;若要将数据透视表放置在现有工作表中,选择【现有工作表】,然后在【位置】框中指定放置数据透视表的单元格区域的第一个单元格。

【例3-41】 以图3-107 所示的数据透视表为基础,统计2012 年各地区四个季度每月的平均销售量,并对日期按照【季度】和【月】进行分组。

① 选中【日期】列,在【选项】选项卡的【分组】组中,单击【将所选内容分组】按钮,弹出【分组】对话框,如图3-108 所示。

图3-108 【分组】对话框

	A	B	C	D	E	F	G	H	I
1	销售型号	(全部)							
2									
3	平均值项:销售数量	列标签							
4	行标签	北京	成都	广州	杭州	南宁	上海	沈阳	平均值
5	⊟第一季								
6	1月	122	213	375	121	342	123	234	229
7	2月	179	173	73		111	123	179	144
8	3月	211	123	456	123	234	123	234	217
9	⊟第二季								
10	4月	124	346			654	129		313
11	5月	125	432	235		124	123		208
12	6月	123	123	401			234	345	250
13	⊟第三季								
14	7月	243	234	342		290	231		266
15	8月	234	239	128		225	127	128	187
16	9月	245	226	432		126	236	125	231
17	⊟第四季								
18	10月		121			234	124		160
19	11月	227	234			236	190		220
20	12月	238	125	125		111	129		142
21	平均值	186	212	291	122	237	160	203	212

图3-109 销售量分组统计透视表

② 在【分组】对话框中设置【起始于 2012/1/1】,【终止于 2012/12/31】,【步长】为【月】、【季度】,单击【确定】按钮,得到如图3-109 所示的销售量分组统计结果。

2. 数据透视表的样式设计

为了使数据透视表更加美观、流畅,可以设置其样式。

【例3-42】 设置如图3-109 所示的数据透视表的样式。

① 打开【数据透视表工具】→【设计】选项卡,在【数据透视表样式】组中选择一种样式(数据透视表样式深色6),如图3-110 所示。

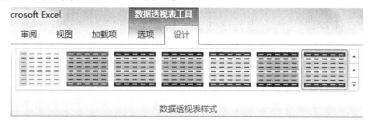

图3-110 【数据透视表样式】

② 此时即可显示套用的数据透视表样式,最终效果如图3-111 所示。

图 3-111　设置【数据透视表样式】最终效果图

3. 数据透视表的删除

具体操作步骤如下：

① 单击要删除的数据透视表的任意位置。

② 在【数据透视表工具】中选择【选项】选项卡，在【操作】组中单击【选择】按钮，在弹出的下拉列表中选择【整个数据透视表】。

③ 按【Delete】键，数据透视表被删除，但建立数据透视表的源数据不变，数据透视表所在的工作表也保留。

3.8　项目练习

3.8.1　学生成绩分析

【教学目的】

- 掌握 Excel 2010 启动和关闭的常见方法。
- 熟悉 Excel 2010 界面的组成，掌握菜单、工具栏和状态栏的作用。
- 掌握 Excel 2010 中表格的创建和基本的操作技术。
- 掌握对 Excel 2010 工作表进行格式设置的方法。
- 掌握利用 Excel 2010 函数进行简单数据统计计算，制作图表及图表的格式设置方法。

【项目准备】

将"素材\第 3 章"文件夹复制到本地盘中（如 D 盘）。此文件夹内无任何内容，素材均为自己创建。

【项目内容】

1. Excel 的启动，工作簿的创建和保存

新建 Excel 工作簿，并在相应单元格中录入数据；然后以"ex3-1.xls"为文件名，保存在"实验 3-1"文件夹中。具体操作步骤如下：

① 执行【开始】→【所有程序】→【Microsoft Office 2010】→【Microsoft Office Excel 2010】

菜单命令，启动 Excel 2010。

② 在 Sheet1 工作表中，按照图 3-112 录入数据。录入过程中不考虑其格式。

	A	B	C	D	E	F	G	H	I	J
1	基本情况表									
2	学号	姓名	性别	出生年月	籍贯	高数	英语	计算机	毛泽东思想概论	法律基础
3	101041051	张小同	男	1996/5/21	山东	85	80	95	95	88
4	301051052	陈俊航	男	1995/12/9	安徽	88	72	80	85	75
5	201041051	马霜霜	女	1995/7/29	江苏	94	86	92	95	83
6	301052051	王丹丹	女	1996/9/4	四川	78	63	78	75	70
7	401051051	李建国	男	1996/8/17	安徽	92	90	98	95	82
8	101051051	沈月	女	1995/12/29	江苏	88	82	78	90	85
9	201051052	刘华东	男	1996/10/5	江苏	70	65	74	80	75

图 3-112　数据录入

③ 复制 Sheet1 工作表并命名。

按下【Ctrl】的同时，在工作表名 Sheet1 处按下鼠标左键并拖动到 Sheet2 处松开，复制一张 Sheet1(2)工作表。

将 Sheet1 工作表命名为"学生基本情况表"。在 Sheet1 工作表的表名上双击鼠标左键（或在表名上点击右键，选择【重命名】命令），输入"学生基本情况表"，按回车键。

将 Sheet1(2)工作表命名为"学生成绩计算表"。在 Sheet1(2)工作表的表名上双击鼠标左键（或在表名上点击右键，选择【重命名】命令），输入"学生成绩计算表"，按回车键。

④ 进行首次存盘，执行【文件】→【保存】（或【另存为】）菜单命令，或单击快速访问工具栏上的【保存】按钮，在弹出的【另存为】对话框中，设置保存位置为"D:\实验\实验 3-1"文件夹，保存类型为"Microsoft Excel 工作簿(.xlsx)"，然后输入文件名"ex3-1"，不必输入文件扩展名".xlsx"，系统会自动添加扩展名，最后单击"保存"按钮。

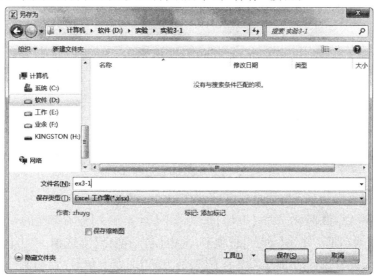

图 3-113　【另存为】对话框

2. 工作表的格式设置

按照图 3-114 的样式对工作表"学生基本情况表"进行格式设置。具体要求和步骤如下：

	A	B	C	D	E	F	G	H	I	J
1	基本情况表									
2	学号	姓名	性别	出生年月	籍贯	高数	英语	计算机	毛泽东思想概论	法律基础
3	101041051	张小同	男	1996年5月21日	山东	85	80	95	95	88
4	301051052	陈俊航	男	1995年12月9日	安徽	88	72	80	85	75
5	201041051	马霜霜	女	1995年7月29日	江苏	94	86	92	95	83
6	301052051	王丹丹	女	1996年9月4日	四川	78	63	78	75	70
7	401051051	李建国	男	1996年8月17日	安徽	92	90	98	95	82
8	101051051	沈月	女	1995年12月29日	江苏	88	82	78	90	85
9	201051052	刘华东	男	1996年10月5日	江苏	70	65	74	80	75

图 3-114　设置格式后的报表

（1）设置报表名称的格式

将"学生基本情况表"工作表的名称"基本情况表"设置为：黑体、加粗、20 号、红色，并要求跨列居中显示。

选中"学生基本情况表"工作表单元格区域 A1:J1，单击【开始】选项卡下【对齐方式】组中的【合并后居中】下拉箭头，在下拉列表中选择【合并后居中】命令，即可完成合并居中设置。

选中名称单元格，单击【开始】选项卡下【对齐方式】组中右下角的 ，弹出如图 3-115 所示的【设置单元格格式】对话框。单击【字体】选项卡，按图 3-115 所示进行相应的设置后，单击【确定】按钮。

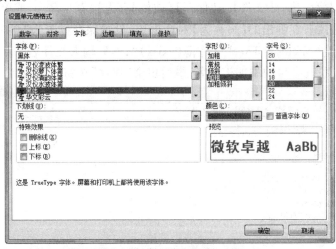

图 3-115　字体设置对话框

（2）设置报表标题单元格的自动换行

选中单元格 A2:J2 区域，单击【开始】选项卡下【对齐方式】组右下角的 按钮，弹出【设置单元格格式】对话框。单击【对齐】选项卡，选中【自动换行】复选框，单击【确定】按钮，如图 3-116 所示。或者执行【开始】选项卡下【对齐方式】组右上角的"自动换行"按钮，也可完成所选单元格的自动换行功能。

完成自动换行功能后，需要适当调整单元格的高度和宽度，才能观看自动换行效果。

图 3-116　设置单元格自动换行

(3) 设置表格边框格式

将表格的外边框设置为蓝色粗实线,内框线设置为黑色最细实线。

选中单元格区域 A1:J9,执行【开始】选项卡下【对齐方式】组右下角的按钮,弹出【设置单元格格式】对话框。单击【边框】选项卡(图 3-117),在【样式】中选择【粗实线】,单击【颜色】下拉箭头,选择蓝色,单击【外边框】按钮;再在【样式】中选择【细实线】,单击【颜色】下拉箭头,选择黑色,单击【内部】按钮。单击【确定】按钮,完成表格边框格式的设置。

图 3-117　设置表格边框格式对话框

(4) 设置日期和数值的格式

选中单元区域 D3:D9,单击【开始】选项卡下【对齐方式】组右下角的按钮,弹出【设置单元格格式】对话框。单击【数字】选项卡,在【分类】中选择【日期】,在【类型】中选择【2001年 3 月 14 日】,单击【确定】按钮,如图 3-118 所示。

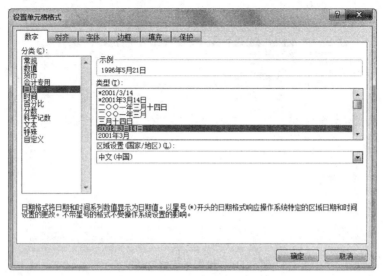

图 3-118 设置日期格式对话框

最终设置好的表格格式如图 3-114 所示。

3. 数据计算

在工作表"学生成绩计算表"中计算各学生的成绩总分和平均分,其中平均分数据格式为保留一位小数,具体操作步骤如下:

① 在 K2 单元格中输入"总分",选择 K3 单元格,单击【公式】选项卡下【函数库】组中的【自动求和】按钮的下拉箭头,单击【求和】命令。系统默认选中该同学的五门功课成绩,按回车键确认(如默认的不是所要求的数据源,需要重新选中所有的数据源)。

② 再次选中 K3 单元格,移动鼠标指针至单元格右下角,当鼠标指针呈细实心十字形时,按下鼠标左键,并向下拖动,直到 K9 单元格,松开鼠标,生成 K4 到 K9 单元格内相应数据。

③ 在 L2 单元格中输入"平均分",选择 L3 单元格,单击【公式】选项卡下【函数库】组中的【自动求和】按钮的下拉箭头,单击【平均值】命令。系统默认选中该同学的五门功课成绩和总分成绩,此时需要用鼠标选择五门功课成绩,不能包括总成绩,按回车键确认。

④ 选中 L3:L9 单元格区域,单击【开始】选项卡下【数字】组右下角下拉箭头,出现如图 3-119 所示的对话框,设置分类为【数值】,【小数位数】为1,单击【确定】按钮。

图 3-119 设置数值格式对话框

最终效果如图 3-120 所示。

基本情况表											
学号	姓名	性别	出生年月	籍贯	高数	英语	计算	毛泽	法律	总分	平均分
101041051	张小同	男	1996/5/21	山东	85	80	95	95	88	443	88.6
301051052	陈俊航	男	1995/12/9	安徽	88	72	80	85	75	400	80.0
201041051	马霜霜	女	1995/7/29	江苏	94	86	92	95	83	450	90.0
301052051	王丹丹	女	1996/9/4	四川	78	63	78	75	70	364	72.8
401051051	李建国	男	1996/8/17	安徽	92	90	98	95	82	457	91.4
101051051	沈月	女	1995/12/29	江苏	88	82	78	90	85	423	84.6
201051052	刘华东	男	1996/10/5	江苏	70	65	74	80	75	364	72.8

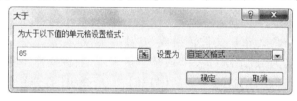

图 3-120　总分和平均分计算

4. 条件格式的设置

在工作表"学生成绩计算表"中，设置平均分大于 85 分的单元格为红色、加粗、倾斜格式。具体操作步骤如下：

① 选中 L3:L9 单元格区域，单击【开始】选项卡下【样式】组中的【条件格式】按钮，在下拉列表中选择"突出显示单元格规则"→"大于"命令，出现如图 3-121 所示的对话框.

② 在左侧文本框中输入 85，【设置为】选择【自定义格式】，出现单元格格式对话框，在其中设置红色、加粗、倾斜，并单击【确定】按钮。效果如图 3-122 所示。

图 3-121　条件格式设置对话框

平均分
88.6
80.0
90.0
72.8
91.4
84.6
72.8

图 3-122　效果对话框

5. 图表的制作

基于总成绩制作"各学生总成绩"簇状柱形图，如图 3-122 所示。

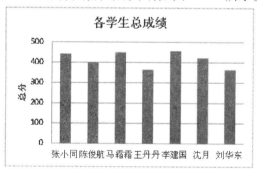

图 3-122　"各学生总成绩"簇状柱形图

具体操作步骤如下：

① 先选中 K3:K9 单元格区域，按下【Ctrl】键，再复选 B3:B9 单元格区域，单击【插入】选项卡下【图表】组中的【柱形图】按钮，在下拉列表中选择"簇状柱形图"。

② 选中生成的图表，会出现临时选项卡组合【图表工具】。

③ 选择【设计】选项卡下【图表布局】组中的【布局 6】，更改图表标题和纵轴文字内容，并删除图例"系列 1"。

④ 选择【设计】选项卡下【图表样式】组中的相应样式，如样式 4。

6. 保存文件

执行完上述操作后,执行【文件】选项卡下的【保存】命令,或单击快速访问工具栏中的【保存】按钮。

3.8.2 数据管理与分析

【教学目的】

- 掌握在 Excel 中打开".dbf"文件的方法。
- 掌握数据排序的使用方法。
- 掌握数据筛选的使用方法。
- 掌握数据分类汇总的基本方法。
- 掌握数据透视表的制作方法。

【项目准备】

将"素材\第 3 章"文件夹复制到本地盘中(如 D 盘)。

【项目内容】

1. 将.dbf 文件转换成.xlsx 文件

将"D:\实验\实验 3-2\ex3-2.dbf"文件转换成为"D:\实验\实验 3-2\ex3-2.xlsx"工作簿文件;复制并将工作表改名为"成绩统计表""成绩分析表"。具体操作步骤如下:

① 启动 Excel 2010,执行【文件】选项卡下的【打开】命令,弹出【打开】对话框,首先确定文件位置,再在"文件类型"列表框中选择"dBase 文件(*.dbf)"或"所有文件",最后在文件列表中选择"ex3-2.dbf"文件,单击"打开"按钮。

② 执行【文件】选项卡下的【另存为】命令,弹出【另存为】对话框,设置保存位置为"D:\实验\实验 3-2"和文件名为"ex3-2",在"保存类型"列表框中选择"Excel 工作簿(*.xlsx)",单击"保存"按钮。

③ 按住【Ctrl】键的同时,在工作表"ex3-2"标签处按住鼠标左键向右拖动,复制生成新工作表"ex3-2 (2)",再复制一张工作表"ex3-2 (3)"。在工作表名称上单击鼠标右键,分别将工作表"ex3-2"、"ex3-2 (2)"与"ex3-2 (3)"重命名为"成绩计算表"、"成绩分析表"与"分类汇总表"。

④ 单击快速访问工具栏上的【保存】按钮,保存"ex3-2.xlsx",继续后面的操作。

2. 利用公式计算 H 列"均分"的 70%

在"成绩计算表"中,将 H 列的成绩分别乘以 I2 单元格的 0.7,结果放在 J 列相应单元格内。具体操作步骤如下:

① 在工作表"成绩计算表"中的 I1 和 I2 单元格中分别输入"所占比例"和"0.7",在 J1 单元格中输入"实际成绩",选中 J2 单元格,输入" = H2 * $I $2",按回车键确认。输入的公式中 $I $2 表示绝对地址 I2,在公式复制时该单元格地址保持不变。

② 用 J2 单元格的填充柄(+)填充单元格 J3 ~ J395。逐个查看 J3 ~ J394 单元格,注意"编辑栏"中的公式,体会在 J2 单元格中输入公式时,采用相对引用 H2 和绝对引用 I2 的好处。J 列中无论哪个单元格的公式,都是计算相对于它左边的单元格和 I2 单元格之积,最终

结果如图 3-123 所示。

成绩	所占比例	实际成绩
68	0.7	47.6
90		63
81		56.7
85		59.5
84		58.8
86		60.2
82		57.4
87		60.9
90		63
77		53.9
83		58.1
89		62.3
33		23.1
86		60.2
86		60.2
85		59.5

图 3-123　均分的计算结果

③ 单击快速访问工具栏上的【保存】按钮，保存“ex3-2. xlsx”，继续后面的操作。

3. 对数据进行排序

根据“成绩分析表”中的“成绩”列从高到低进行排列，如果“实际成绩”相同，再根据“出生日期”的高低排序，并在“名次”栏给前 20 名同学编排名次。具体操作步骤如下：

① 选择工作表“成绩分析表”，选定数据清单中的任一单元格，执行【数据】选项卡下【排序和筛选】组中的【排序】按钮，弹出如图 3-124 所示的“排序”对话框。

② 在【主要关键字】列表框中选择【成绩】，【次序】选择【降序】。再单击【添加条件】按钮，出现次要关键字行。在【次要关键字】列表框中选择【出生日期】，【次序】选择【升序】，单击【确定】按钮。此时【成绩统计表】中的数据将先按照总评成绩从高到低顺序排列，在实际成绩相同的情况下，再按照出生日期从低到高排列。

③ 给前 20 名同学编排名次。在工作表“成绩分析表”I1 单元格中输入“名次”，I2 和 I3 单元格中分别输入 1 和 2。用鼠标选中 I2 和 I3 两个连续单元格，利用 I3 单元格右下角的填充柄（+）填充单元格 I4 ~ I21，这样 1 ~ 20 的名次已经编排好。

④ 单击快速访问工具栏上的【保存】按钮，保存“ex3-2. xlsx”，继续后面的操作。

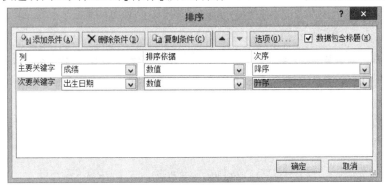

图 3-124　【排序】对话框

4. 数据筛选

在“成绩分析表”中，将“籍贯”为非江苏籍同时“成绩”大于 90 分的学生筛选出来。具体操作步骤如下：

① 选择工作表“成绩分析表”，选定数据清单中的任一单元格，执行【数据】选项卡下【排序和筛选】组中的【筛选】按钮，此时数据清单各列标题右侧都将出现自动筛选下拉箭头，如图 3-125 所示。

	A	B	C	D	E	F	G	H	I
1	学号	姓名	性	出生日期	籍贯	院系	专业代码	成绩	名次
2	090010142	徐婷	女	1991/11/5	江苏	001	00103	97	1
3	090010139	司康	男	1991/1/27	江苏	001	00102	96	2
4	090070406	曾艺广	男	1991/11/3	江苏	007	00701	96	3
5	090010137	苏静	女	1991/1/31	江苏	001	00102	95	4
6	090080540	陶志勇	男	1991/6/7	江苏	008	00803	95	5
7	090080539	王洁	女	1991/6/16	江苏	008	00803	95	6
8	090060325	孙燕娟	女	1991/2/10	江苏	006	00602	94	7
9	090080511	刘亮亮	男	1991/9/16	江苏	008	00801	94	8

图 3-125　自动筛选

② 设置筛选条件。单击【籍贯】右边的筛选下拉箭头，在图 3-126 所示的【筛选方式】菜单中，去掉【江苏】前的复选框，单击【确定】按钮。

图 3-126　筛选条件设置菜单　　　　　图 3-127　"总分"的筛选条件设置对话框

③ 在【成绩】列筛选出大于 90 分的条件。单击【籍贯】右边的筛选下拉箭头，在图 3-126 所示的【筛选方式】菜单中，单击【文本筛选】子菜单中的【大于或等于】命令，出现如图 3-127 所示的对话框。在【大于或等于】列表框的右侧输入条件 90 后，单击【确定】按钮。最终筛选结果如图 3-128 所示。

	A	B	C	D	E	F	G	H	I
1	学号	姓名	性	出生日期	籍贯	院系	专业代码	成绩	名次
13	090080524	张晓晖	女	1991/11/21	北京	008	00802	94	12
17	090060327	沈玲	女	1991/1/14	山东	006	00602	92	16
21	090060316	刘国强	男	1991/9/13	山东	006	00602	92	20
31	090010135	骆军华	男	1991/9/28	山东	001	00102	91	
35	090010145	蔡敏梅	女	1991/2/11	上海	001	00103	90	
37	090070408	陈霞	女	1991/2/21	北京	007	00701	90	
38	090060321	郑宇洋	男	1991/3/7	北京	006	00602	90	
39	090050252	周佳	女	1991/3/14	山东	005	00502	90	

图 3-128　筛选结果

④ 单击快速访问工具栏上的【保存】按钮，保存"ex3-2.xlsx"，继续后面的操作。

5．分类汇总

在工作表"分类汇总表"中，先按照"院系代码"对数据排序，然后分类汇总各院系学生成绩的平均分。分类汇总结果如图 3-129 所示。具体操作步骤如下：

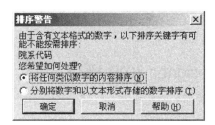

图 3-129　分类汇总结果

① 按"院系代码"对数据排序。选定工作表"分类汇总表"数据清单中的任一单元格,单击【数据】选项卡下【排序和筛选】组中的【排序】按钮,打开【排序】对话框,在【主要关键字】列表框中选择"院系代码",【次序】选择【升序】,单击【确定】按钮。因为排序数据清单中包含有文本格式的数字,故出现如图 3-130 所示的警告对话框。选中【将任何类似数字的内容排序】单选按钮,单击【确定】按钮。

图 3-130　【排序警告】对话框　　图 3-131　【分类汇总】对话框

② 单击【数据】选项卡下【分级显示】组中的【分类汇总】按钮,弹出如图 3-131 所示的【分类汇总】对话框,在【分类字段】列表框中选择【院系代码】,在【汇总方式】列表框中选择【平均值】,在【选定汇总项】列表框中选择【成绩】,单击【确定】按钮。

③ 在"分类汇总表"中,单击前面的"＋"号,可以将该项数据清单展开,同时"＋"号变成"－"号。点击"－"号,可以将数据项折叠起来变成"＋"号。将数据项折叠后的分类汇总最终结果如图 3-129 所示。

④ 单击快速访问工具栏上的【保存】按钮,保存"ex3-2.xlsx"文件。

第 4 章 网站制作软件 SharePoint Designer 2010

　　Internet 所提供的各种服务中,万维网(Word Wide Web,WWW)是目前最流行的信息查询服务网。由于 WWW 的普及性以及高度灵活性,使得任何个人和单位都可以在 Internet 上创建自己的 Web 网站和网页,以便发布信息。这样,其他用户通过 Internet 浏览器可以很方便地访问这些信息。因此,创建网站、制作网页已成为一项引人注目的技术。

　　SharePoint Designer 是微软用以取代 FrontPage 的网站制作软件。与以往的软件相比,SharePoint Designer 2010 具有全新的视频预览功能、更好的备份与恢复功能、有效的系统健康检测功能、简化的编辑格式、卓越的图表功能、精确的搜索功能……它是目前最为流行的网站制作软件之一,无论是在外观还是在操作方面都和 Office 2010 的其他软件十分相似,因而可以方便地在网页中插入图表、图像等内容。

4.1 SharePoint Designer 2010 概述

4.1.1 SharePoint Designer 的启动

　　SharePoint Designer 的启动和退出与 Office 系列中的其他应用程序相同。运行 SharePoint Designer 后首先看到的是【打开 SharePoint 网站】、【新建 SharePoint 网站】和【网站模版】窗口。其界面如图 4-1 所示。

第 4 章 网站制作软件 SharePoint Designer 2010

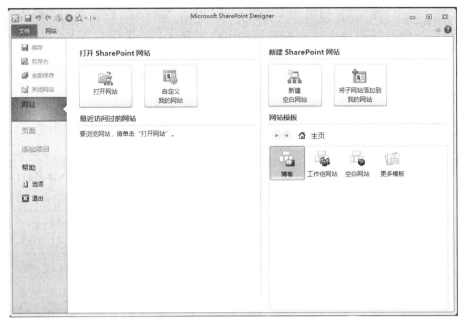

图 4-1　SharePoint Designer 的启动界面

4.1.2　网站的创建与管理

1．网站与模板

网站是一组相关网页的集合。即经过组织规划的若干网页彼此相连，使得 Internet 的用户都能浏览，这样一个完整的结构就称为"网站"。网站是由一些网页、图片等组成的，而主页是网站的第一页，所以进行网页制作一定要在网站中进行。

与 Word 中提供模板相类似，为了帮助用户创建具有专业化外观、设计完善的网页，SharePoint Designer 提供了多种网站模板。用户可以利用系统提供的网站模板来创建网站的框架。

2．创建网站

具体操作步骤如下：

① 单击【新建 SharePoint 网站】下的【新建空白网站】，打开如图 4-2 所示的【新建空白网站】对话框。

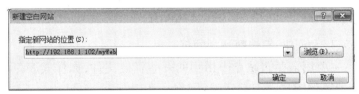

图 4-2　【新建空白网站】对话框

② 由于 SharePoint 网站需要直接建立在 SharePoint 服务器之上，所以在对话框中需要指定网站的网络路径和名称，因而在对话框的【指定新网站的位置】项中，输入新网站所对应的网络路径与名称，如 http://192.168.1.102/myWeb。

③ 单击【确定】按钮后，弹出如4-3所示的【Windows 安全】对话框，用户输入连接服务器的用户名和密码。

④ 单击【确定】按钮，程序会自动在 SharePoint 服务器上创建网站。

3．管理网站

创建好新网站后，系统进入 SharePoint Designer 2010 的主界面，如图4-4所示。

图4-3　【Windows 安全】对话框

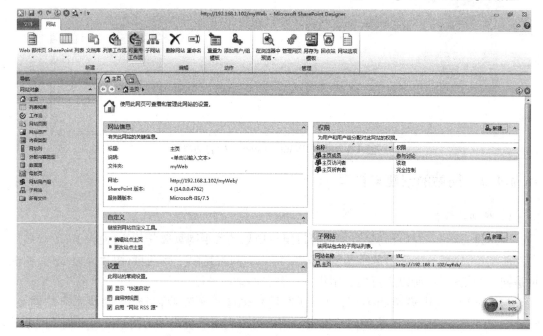

图4-4　SharePoint Designer 2010 的主界面

在界面左侧的导航栏中有13种不同的网站对象可供选择，以便对网站元素进行各种操作。

- 主页：选择这个对象可以查看和管理网站的设置。
- 列表和库：可以创建和查看网站中的各种电子表格和文档。
- 工作流：用来自动完成网站的审批、收集反馈和收集签名的工作流程以及创建新的网站工作流。
- 网站页面：显示、创建、编辑网站的网页。
- 网站资产：主要用来存储站点中用到的一些资源文件，如样式表、JavaScript、Xml 文件，甚至是页面上所需的图片。
- 内容类型：显示网站的内部业务数据。
- 网站列：网站列是可以添加到 SharePoint 项目中的一种最基本元素。网站栏表示数据的类型，如电话号码、注释等。
- 外部内容类型：可以连接到外部业务数据源并将这些数据源与 SharePoint 网站和支持的客户端应用程序集成。

- 数据源：显示网站所用数据的来源。
- 母版页：显示、创建、编辑网站的母版页。
- 网站用户组：对网站所有用户的权限进行管理。
- 子网站：让用户可以在现有的网站里面再创建一个网站，并对其进行管理。
- 所有文件：显示并管理网站的所有文件。

4．网站的打开与关闭

（1）打开网站

在需要对网站中的网页文件进行编辑、修改时，首先应采用如下方法打开网站：

① 依次单击【文件】→【网站】，在【打开 SharePoint 网站】中单击【打开网站】按钮，弹出【打开网站】对话框。

② 在对话框中选择要打开的网站所在的文件夹，单击【打开】按钮。

（2）保存网站

网站以网页为单位进行保存，单击标题栏中的【保存】按钮就可以保存，或者选择【文件】→【保存】命令。

（3）网站重命名

网站的名称最好能和网站的大致内容相符合。

如果在开始创建网站时没有为网站起一个好名字，可以通过【导航】→【主页】，然后单击【网站】选项卡中的【重命名】按钮；也可直接在【主页】的设置页面中，单击【网站信息】→【标题】来修改。

（4）删除网站

对于一些已经过时的、不再需要的网站，可以删除，以便为计算机的硬盘、Web 服务器腾出空间。方法是：单击【导航】→【主页】，单击【网站】选项卡中的【删除网站】按钮，在跳出的警告对话框中选择【是】即可。

网站一旦被删除就无法恢复。因此，是否要删除网站，一定要谨慎行事。

（5）关闭网站

如果要关闭网站，可以单击【文件】选项卡中的【关闭网站】按钮来关闭它。

4.1.3 页面视图

在页面视图中不仅可以进行网页的设计、编辑，还可以编写 HTML 代码。在 SharePoint Designer 2010 中有 4 种不同的页面视图：设计视图、拆分视图、代码视图、缩放内容视图。用户可以根据具体需要查看和处理网页，从 4 种不同类型的页面视图中进行选择。在网页编辑状态下，单击【视图】选项卡，即可在【页面视图】选项中选择所需视图。

1．设计视图

用于设计和编辑网页，在此视图模式下允许用户查看文档在最终产品中的显示形式，并可直接在该视图中编辑文本、图形和其他元素。

2．代码视图

在此视图模式下，用户可以直接查看、编写和编辑 HTML 代码。通过 SharePoint Designer 的优化代码功能，可以创建"清洁"的 HTML，删除不需要的代码。

3．拆分视图

可以使用拆分屏幕格式来审阅和编辑网页内容，在此视图模式下可以同时访问代码视图和设计视图。

4．缩放内容视图

可以缩放到所选内容的占位符或数据视图，以便在网页上仅显示其内容。

页面视图真正实现了"所见即所得"的功能，在这里用户可以加入各种网页元素，如文本、图像、表格等，在页面视图内可以很快地将它们显示出来，不仅可以看到设计中的网页，在选择代码视图后还可以查看、编写 HTML 代码。

4.1.4 网页的基本操作

在 SharePoint Designer 中可以创建多种网页，有 Web 部件页、ASPX、HTML、JavaScript等，不同的网页类型所用的编辑语言不同，本书介绍最基本的 HTML 网页。

1．建立新网页

新建网页默认文件名为"无标题_n.htm"，其中"n"是个数字。

单击【导航】→【所有文件】→【文件】按钮，在下拉菜单中选择【HTML】，就会在【所有文件】的显示页面中出现一个名为"无标题_1.html"的文件。

2．打开网页

对于已存在的网页要进行编辑、修改，需要首先打开该网页所在的网站，然后才能打开该网页。

（1）打开网站

选择【文件】→【网站】命令，在【打开 SharePoint 网站】下单击【打开网站】按钮，弹出【打开网站】对话框，在其中选择用户所需的网站。

（2）修改网页

① 单击【导航】→【所有文件】，在【所有文件】的显示页面中找到所需要的网页。

② 单击网页，就会打开网页编辑窗口，此时可以对网页进行编辑、修改。

3．保存网页

在 SharePoint Designer 中保存网页的方法与 Office 系列其他软件的方法基本相同。

单击【文件】选项卡中的【保存】或【另存为】命令，弹出【另存为】对话框，在【文件名】框中输入文件名，保存网页。

如果网页中含有图片，在保存网页时将弹出【保存嵌入式文件】对话框，用于指定图片保存的位置和文件名。

4．设置主页

主页是指一个网站的入口网页，即打开网站后看到的第一个页面，大多数作为首页的文件名是 index、default、main 或 portal 加上扩展名。

在 SharePoint Designer 中设置主页十分简单，在【所有文件】的显示页面中选中需要设置成主页的网页，单击鼠标右键，在弹出的快捷菜单中选择【设置为主页】命令即可。

4.2 网页设计基础

4.2.1 网页的基本元素

用 SharePoint Designer 制作网页虽然与用 Word 处理文档非常相似,但网页的要求、制作与 Word 文档的编辑仍存在一定的差别。下面通过一个网页实例(图 4-5)来了解构成网页的基本元素与功能。

图 4-5 网页实例

在图 4-5 中可以看到构成网页的基本元素主要有:文字、图片、超链接、水平线、表格、表单以及各种动态元素等。通过对这些元素的有机组合,就构成了包含各种信息的网页。

1. 文字

它是网页中最常用的元素,包括标题、正文等。标题及正文中的文字通常有相应的字体、字号和字体颜色等格式的设置。

2. 表格

通常用来显示分类数据,排版时为了更好地定位也可以使用表格,使用时常常涉及表格标题、表格内容、表格边框、字体、字号、表格的行高和列宽等表格元素设置。

3. 图片

网页中经常含有大量的图片,它们可以给人以生动直观的视觉印象。适当运用图片可以美化网页,但同时也会影响网页的浏览速度,因为相同版面图片的数据量通常远多于文字的数据量。

4. 水平线

在网页中为分隔不同区域而添加的水平线段。

5. 超链接

超链接可以是文字或图片,使用户可以进行选择性浏览。

6. 框架

框架网页是一种特别的网页,它可将浏览器窗口分为若干个框架,每一个框架则可显示一种不同网页。

7. 动态元素

动态元素包括 gif 动画、广告横幅、滚动字幕、网站计数器、悬停按钮、影视段落、音响效果、视频动画等。

4.2.2 网页设计操作

网页设计包括文本编辑、插入对象和设置网页属性等内容。

按照建立新网页的方法,首先要进入空白网页,如图4-6所示。

图4-6 简单网页实例

1. 文本编辑

网页中的文本编辑操作与 Word 的编辑操作类似。

① 在设计视图下,在主编辑窗口中输入有关文字。

② 文本修饰。网页文本修饰包括网页标题和网页中字体的大小、颜色、各种效果及段落样式的设置等。文本修饰操作的基本方法是:先选中要修饰的文字,然后直接使用【开始】选项卡中的对应按钮完成。

SharePoint Designer 可以使用本地计算机上安装的所有字体,但建议用户最好使用比较常见的字体。如果使用了某种特殊字体,而浏览者的计算机上没有安装这种字体,那么使用这种字体的文本将不能正常显示。在一般情况下,浏览器将使用默认字体来代替这种字体。

SharePoint Designer 为用户提供了 6 级不同大小的标题,每级标题的字体大小都不同,使用不同的标题级别可以区分各个主题间的层次关系。

文本的"字号"以像素为单位来度量。SharePoint Designer 2010 提供了 7 种不同的字体大小供用户选择,从"xx-small"号至"xx-large"号逐渐增大,默认是"medium"号字。

SharePoint Designer 提供了 100 多种颜色用于文本色彩控制。在设置网页中的文本颜色时,应尽量保持整个网页色彩的协调,使网页保持统一的外观,若使用太多的颜色,则会使整个网页显得凌乱。

2. 在网页中插入特殊对象

网页中需要的一些特殊网页元素一般无法用键盘输入。对于这些特殊对象,可通过【插入】选项卡中的相应按钮来完成。

（1）符号

利用【符号】按钮,可打开【符号】下拉列表。在这个下拉列表中,有一些常见的符号,如果需要插入更多的符号,可单击【其他符号】选项,打开【符号】对话框,里面除了有英文大小写字母、数字等键盘上能找到的符号外,还有许多无法直接从键盘上输入的特殊符号,如拉丁语及其他符号。

（2）水平线

在网页的适当位置上插入水平线可以分隔网页上的内容。例如,在标题和内容之间使用水平线可以使标题一目了然。

在网页中插入水平线的方法是:将光标移至要插入水平线的位置,单击【HTML】按钮,打开下拉列表,选择【标记】→【水平线】,则在指定位置上出现一条水平线。右击该水平线,在快捷菜单中选择【水平线属性】命令,打开【水平线属性】对话框,即可对水平线进行编辑。设置水平线的高度与宽度时既可以通过选择【窗口宽度百分比】来设定线的相对宽度,也可以通过选择【像素】来设定线的绝对宽度。

3. 设置网页属性

网页属性包括网页的"标题""位置""背景""页边距""语言"等重要信息。这里仅介绍如何设置网页的标题、背景等。

（1）设置网页的标题

① 在【样式】选项卡中选择【属性】→【页】按钮,打开【网页属性】对话框,如图 4-7 所示,对话框中有【常规】、【格式】、【高级】、【自定义】和【语言】五个选项卡。

② 单击【常规】选项卡,在【标题】文本框中输入网页的标题,该标题将显示在浏览器的标题栏中。

图 4-7 【网页属性】对话框

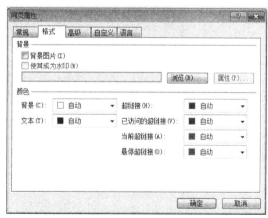
图 4-8 设置网页背景

（2）设置网页背景

背景就是网页的底色,它可以起到美化网页和衬托网页内容的作用。背景可以是一种颜色,也可以是一张图片。

① 在【网页属性】对话框中单击【格式】选项卡,如图 4-8 所示。

② 在【颜色】框中单击【背景】下拉列表框,在弹出的颜色选单中选择合适的颜色;还可

以单击颜色选单中的【其他颜色】选项,在弹出的调色板中配置自己满意的颜色。

③ 如果使用图片作为网页的背景,则在图4-8中选中【背景图片】复选框,再单击【浏览】按钮,弹出【选择背景图片】对话框,选择所需要的图片文件即可。

(3) 为网页设置背景音乐

除了可设置网页的标题和背景外,还可以为所建网页设置背景音乐或声音,以此大大增加所建网页的魅力。该项设置也是在【网页属性】对话框中进行的。

打开【网页属性】对话框中的【常规】选项卡,如图4-7所示,在对话框的中下部有【背景音乐】栏,在【位置】框中输入选定的声音文件所在的路径和文件名。也可单击右侧的【浏览】按钮,在弹出的对话框中选择声音文件所在的路径和文件名。

4.2.3 在网页中使用图像

除了文字之外,网页中使用得最多的元素就是图像,恰当地使用图像可以提高网站的访问度。但图片不能使用过多,否则会影响网页在浏览器内显示的速度。目前在WWW页面上使用最多的图片格式是GIF格式和JPEG格式,它们是HTML规范中要求的标准图片文件格式,同时也是WWW浏览器支持的标准图片文件格式。SharePoint Designer 提供了对GIF、JPEG和PNG图片格式的全面支持,为了给设计者提供最大的方便,它还间接地支持BMP和WMF等多种格式的图片文件。当网页上放置了这些格式的图片文件后,在保存时 SharePoint Designer 会自动进行图片格式的转换。

1. 网页中图片的插入

① 将光标定位到要插入图片的位置上,单击【插入】选项卡,选择【图片】→【图片】按钮,打开如图4-9所示的【图片】对话框。

图4-9 【图片】对话框

② 选择需要插入的图片文件,单击【插入】按钮,出现【辅助功能属性】对话框,如图4-10所示,在【替代文本】文本框中可以输入文字,这些文字会在图片无法显示时出现在网页上。

图 4-10 【辅助功能属性】对话框

图 4-11 【图片属性】对话框

2．图片属性的设置

在网页中插入图片后，可以对图片的类型等属性进行修改。具体操作步骤如下：

① 用鼠标单击网页内某一图片，就会在工具栏上多出一个【图片工具格式】选项卡，在【图片工具格式】选项卡中选择【图片】→【属性】，弹出如图 4-11 所示的【图片属性】对话框。

② 选择【外观】选项卡，可以设置图片的大小、对齐方式、图片边框等。在【边框粗细】栏中输入一个不为 0 的值，就可以为图片添加边框，这个数字即为边框的宽度。在一般情况下，这个数值应尽量控制在 2 以内。

3．图片的编辑处理

在 SharePoint Designer 中，当用户选定一张图片后，单击【图片工具格式】选项卡，就会出现如图 4-12 所示的格式工具栏，通过工具栏上的按钮可对图片进行一些简单的编辑操作，如图像剪裁、旋转、调整黑白对比度和亮度、图片淡化等操作。

图 4-12 格式工具栏

4．图像的保存

网页中插入的图片都以独立文件保存。单击【文件】菜单中的【保存】按钮，在保存了页面文件后，将弹出【保存嵌入式文件】对话框，指定图片保存的位置和文件名。

4.2.4 表格处理

表格避开了网页的限制，把文本、数据和图像精确、有效地联系在一起。表格由标题、表头、数据和单元格组成，表头用于标注表格的行和列，数据指表格所包含的记录内容，单元格为表格中独立的方块，包含了数据或表头，如图 4-13 所示。可以在表格的单元格内安排文字、图像和其他网页内容。

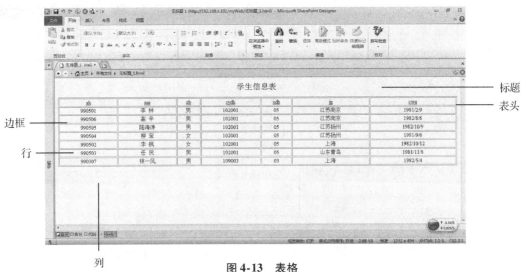

图 4-13　表格

1. 建立表格

具体操作步骤如下：

① 将光标移到要使用表格的位置上，单击【插入】选项卡下的【表格】→【表格】按钮，在出现的下拉列表中选择【插入表格】，就会弹出【插入表格】对话框。

② 在该对话框中设定行数和列数，即可插入一个表格。

③ 如果要给表格添加标题，可以单击表格任意位置，弹出【表格工具布局】选项卡，在其中选择【行和列】→【插入标题】即可。

表格建好后，就可以向各单元格中输入数据了。

2. 选定表格对象

（1）选定一个单元格

单击单元格，单击【表格工具布局】选项卡下的【选择】→【选择单元格】。

（2）选定行

单击左边界线（也可单击【表格工具布局】选项卡下的【选择】→【选择行】）。

（3）选定列

单击上边界线（也可单击【表格工具布局】选项卡下的【选择】→【选择列】）。

（4）选定块

按下鼠标左键在单元格上拖动。

3. 格式化表格

具体操作步骤如下：

① 选定表格或单元格，执行【表格工具布局】选项卡中的【表】→【属性】→【表格】或【单元格】，打开对应的对话框，如图 4-14 所示。

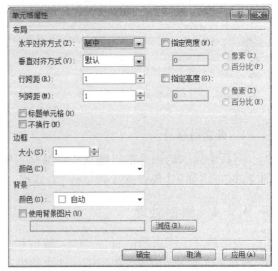

图 4-14　【单元格属性】对话框

② 按所显示的属性设置水平对齐方式、垂直对齐方式、边框、背景、大小等。

在表格中插入或删除行、列、单元格,合并与拆分单元格等操作都可通过【表格工具布局】选项卡中对应的按钮来完成。

4.3 超链接的使用

一个网站通常要包含许多网页,网页之间的跳转是通过超链接实现的。超链接是从一个网页指向另一个网页的链接关系,也可以是同一网页不同位置间的链接关系。链接的目标通常是一个网页或者同一网页的不同位置,也可以是一幅图片、一个电子邮件地址、一个文件或者一个程序。

4.3.1 超链接

通过超链接源可以访问超链接目标。超链接目标可以是同一网页的其他内容、同一网站的其他网页或另一网站。通过超链接可以使一个页面与另一个页面相互链接,而浏览者可以不必知道这些页面的具体存放位置。

超链接有以下三种类型:
- 内部超链接:指同一个网站内部不同页面之间相互联系的超链接。
- 外部超链接:把网站中的一个页面与网站外的某个页面相联系的超链接。
- 书签超链接:指同一网页的不同位置的超链接。当某一网页的页面内容较多时,在网页中设置一些书签,即给网页中的某些内容加标记,通过超链接跳转到相关的内容。

4.3.2 超链接的建立

1. 创建超链接

具体操作步骤如下:
① 选定作为超链接源的文字或图像。
② 单击【插入】选项卡,选择【链接】→【超链接】按钮,打开如图 4-15 所示的【插入超链接】对话框。
③ 在【插入超链接】对话框中选定要链接的目标,单击【确定】按钮。

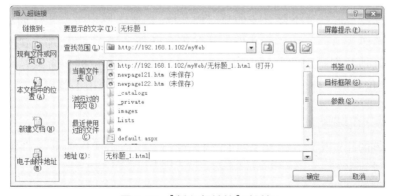

图 4-15 【插入超链接】对话框

超链接的目标可以是:

- 当前网站的网页：从当前打开的网站中选择一个网页作为目标。
- 本机磁盘中的一个文件：从本地磁盘中指定一个文件作为目标。
- 万维网上的某一个网页：从 WWW 上查找一个网页作为目标。
- 指定一个电子邮件地址作为目标。
- 创建一个新的网页：创建一个新的网页作为目标。

2．编辑超链接

超链接源的编辑修改方法与建立超链接的方法类似。如果要删除超链接，只要单击【编辑超链接】对话框中的【删除链接】按钮即可。

3．创建 E-mail 超链接

当发布者把网站发布到 Internet 上后，希望浏览者在欣赏到网站内的网页后能与发布者联系，就感兴趣的话题进行讨论，为此可以在网页的底部创建一个与电子邮件保持联系的超链接，浏览者可以通过电子邮件联系。具体操作步骤如下：

① 在网页内选择指向电子邮件的超链接源。

② 单击【插入】选项卡，选择【链接】→【超链接】按钮，弹出【插入超链接】对话框。

③ 单击对话框左侧的【电子邮件地址】按钮，在【电子邮件地址】文本框中输入完整的电子邮件地址，单击【确定】按钮即可。

4．在图像上创建热点

热点是图像上具有超链接的区域，使用图像热点可以使一幅图像与多个链接目标保持联系。图像上不同的区域都可以指向不同的链接目标。下面以几何热点为例进行介绍。

几何热点的形状可以是矩形、圆形或多边形，热点的位置可自行确定。几何热点的设置方法如下：

① 选定图片，单击如图 4-12 所示的【图片工具格式】选项卡下的【作用点】按钮，选择下拉菜单中的【多边形作用点】、【长方形作用点】或【圆形作用点】。

② 在图片上画出热点区域，如一个圆、矩形或多边形。

③ 在弹出的【插入超链接】对话框内设定链接目标。

④ 单击【确定】按钮。

5．书签链接

当一个网页文件长达几个屏幕才能显示完毕时，浏览者要想直接找到网页中的某个专题方面的内容就不大方便。如果给文件中的各个专题部分加上书签，那么浏览者只需单击书签就可以快速地找到指定的专题内容。书签是网页中被标记的位置或被标记的选中文本，是网页内部位置的一种标识，可以作为超链接的目的端。使用书签可以把不同指定位置连接起来。

在网页中使用书签的操作分为两步：第一步是在某位置上定义一个书签；第二步是定义一个链接到书签的超链接。在定义书签时，可以使用文本或图像作为书签的载体，也可以在网页的空白处设置书签。

（1）创建书签

具体操作步骤如下：

① 将光标定位在想要插入书签的位置。

② 单击【插入】选项卡下的【书签】按钮，弹出【书签】对话框。

③ 在【书签名称】文本框中输入书签的名称，如"Label1"，这个名为 Label1 的书签名就代表所选定的位置。

（2）建立指向书签的超链接

具体操作步骤如下：

① 在当前网页内选择准备与书签保持链接的文本或图像。

② 点击【插入】选项卡下的【链接】→【超链接】按钮，弹出如图 4-15 所示的【插入超链接】对话框。

③ 单击左侧的【本文档中的位置】按钮，在右侧弹出的【请选择文档中的位置】列表框中选择作为链接目标的书签。

4.4 网页内容的丰富与修饰

前边介绍了网页的基本操作与编辑方法，它们是设计网页的基础。但是要设计出具有专业效果的网页，还需要进一步丰富和修饰网页。

4.4.1 框架的创建及应用

框架网页是一种特殊的 HTML 网页。它将浏览器窗口拆分为既相互独立、又保持联系的多个框架，每个框架都与一个网页相对应。浏览者可以在指定的框架内打开链接目标，而包含链接源的网页仍然出现在浏览器窗口内。框架的出现是网页设计史上巨大的进步，它使浏览器的窗口可以同时包含几个窗口。

1．建立框架页

具体操作步骤如下：

① 选择【插入】选项卡，单击【控件】→【HTML】按钮，在出现的下拉菜单中选择【嵌入式框架】，会在页面弹出如图 4-16 所示的嵌入式框架。

图 4-16　嵌入式框架

② 单击框架中的【设置初始网页】按钮,可以用一个已有的网页作为嵌入式框架的内容,也可通过单击【新建网页】按钮,重新建立一个新网页;还可以在一个网页中插入多个嵌入式框架,对其大小、位置进行调整,如图 4-17 所示。

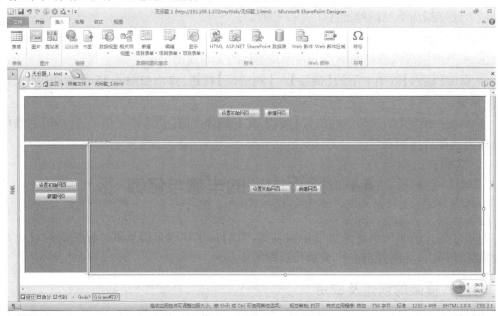

图 4-17 多个嵌入式框架

2. 设置框架的属性

框架具有许多属性,包括框架的宽度、高度、名称、边距、背景、线宽等。

设置框架属性的具体操作步骤如下:

① 选定框架对象。

② 单击鼠标右键,在弹出的快捷菜单中选择【嵌入式框架属性】命令,打开【嵌入式框架属性】对话框,如图 4-18 所示。

③ 按所需显示的属性设置即可。

3. 保存框架

在多框架网页中,每个框架都将单独形成一个文件,此外,整个网页也构成一个文件,含有 n 个框架的网页将产生 n+1 个文件。要保存框架,方法如下:

① 单击【文件】选项卡下的【保存】命令。

② 会出现 n+1 次【另存为】对话框,【另存为】对话框预览区将指示当前所保存的框架对象。

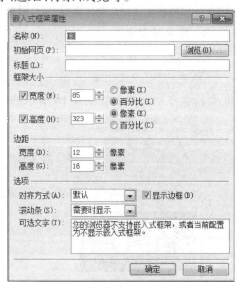

图 4-18 【嵌入式框架属性】对话框

4.4.2 表单处理

表单在网页中的主要功能是采集和交流数据,它体现了网页的信息交互特征。网站访问者用输入文本的方式填写表单,并提交网站加以处理。SharePoint Designer 中表单元素有单行文本框、滚动文本框、下拉框、文件上传框、复选框、单选框、按钮、图片和标签等,如图 4-19 所示。

图 4-19 一个表单

1. 建立表单

在网页上建立表单的操作步骤如下:

① 单击【插入】选项卡下的【控件】→【HTML】选项,打开下拉菜单,在【表单控件】项中选择所需的表单元素。

② 调整表单元素的位置。

③ 双击表单元素对象,打开该表单元素的属性对话框,设置属性值,如表单元素的对象名、文本宽度、初始值等。

【例 4-1】 建立如图 4-19 所示的网页实例,说明有关表单的操作方法。

① 建立表单。单击【插入】选项卡下的【HTML】→【表单】,创建表单区域。

② 在表单内输入特长调查表,如姓名、学历、性别、男、女、特长、文艺、体育、书画、备注等文字,并进行格式化。

③ 建立文本框和文本区。

a. 执行【插入】选项卡下的【HTML】→【输入(文本)】命令,将文本框移动到"姓名"的右侧位置。

b. 双击文本框对象,打开如图 4-20 所示的【文本框属性】对话框,设置文本框属性(文本区的建立与文本框类似)。

④ 建立下拉框。

a. 执行【插入】选项卡下的【HTML】→【下拉框】命令,将下拉框移动到学历的右侧位置。

b. 双击下拉框对象,打开如图 4-21 所示的【下拉框属性】对话框,单击【添加】按钮,输入学历值作为下拉框的内容。

图 4-20 【文本框属性】对话框　　图 4-21 【下拉框属性】对话框

⑤ 建立选项按钮与复选框。

a. 单击【插入】选项卡下的【HTML】→【输入(单选按钮)】两次,并将两个选项按钮移动到性别的右侧。

b. 双击选项按钮，打开如图 4-22 所示的【选项按钮属性】对话框，由于两个选项按钮要互相约束，故属性对话框内的组名需指定相同的名称，如"R1"（在同一组的单选按钮中，只允许其中一个单选框的初始值设置为已选中）。

复选框的建立与选项按钮类似。

⑥ 建立命令按钮。

图 4-22 【选项按钮属性】对话框

表单中提供了 4 种按钮：【输入（提交）】和【按钮（重置）】按钮是系统按钮，【输入（提交）】按钮是把信息传送出去，【按钮（重置）】按钮用于清除表单内已填写的数据；第 3 种按钮是【输入（按钮）】，需要人工设置其动作；第 4 种【高级按钮】是可以包含 HTML 内容的按钮。建立命令按钮的具体操作步骤如下：

a. 执行【插入】选项卡下的【HTML】→【输入（按钮）】命令两次，并将两个按钮移动到指定位置。

b. 双击命令按钮，打开如图 4-23 所示的【按钮属性】对话框，选定按钮类型，如【提交】。

图 4-23 【按钮属性】对话框　　图 4-24 【表单属性】对话框

2．设置整个表单的属性

在表单中单击鼠标右键，选择【表单属性】命令，打开【表单属性】对话框，如图 4-24 所示。

【存储结果的位置】用于处理用户填写的表单内容。

选择【发送到】选项，用户填写的表单内容将被存放到一个指定的文本文件中。

如果在【电子邮件地址】栏中给出发送的 E-mail 地址，填写的表单信息将被发送到 E-mail 指定的地址。

如果选择【发送给其他人】选项，所填写的表单信息将被发送到服务器端相应的后台处理程序进行处理。

单击【表单属性】对话框中的【选项】按钮，打开如图 4-25 所示的【自定义表单处理程序的选项】对话框。该对话框的作用是设置将表单结果发送到服务器端的后

图 4-25 【自定义表单处理程序的选项】对话框

台方式和编码类型，根据结果发送对象的不同，出现的选项也不同，用户可以根据需要做出

多种不同的选择。

4.5 网页的测试与发布

4.5.1 测试网页

创建网页的工作完成后,网站已接近建成,但是,在正式发布之前,还需要对所制作的网页进行严格的测试和验证。只有经过严格测试和反复修正的网页才能接受用户审视,才能有用户愿意访问该网站。

除了要确保网页中所有的文本和图像都正确以外,还应严格检查、测试网站能否正常工作。检查测试的主要方法之一是检查其内部和外部的链接,确保目标文件存在。因为编辑过程中有的目标文件可能被删除,导致链接被破坏。

测试采用浏览器进行,这是唯一能够完全检查文本、声音和图像是否正确,链接能否正确引导到目标网页的方法。不同的浏览器以不同的方式显示网页,因此最好使用多种最流行的浏览器对网站进行测试,不能只用一种浏览器,否则有些错误可能检查不出来。

4.5.2 将网站发布到互联网上

完成上述网站的设计、制作、超链接以及进行各项测试后,接下来是将其发布到 Internet 上,让不同的用户进行访问。

由于使用了 SharePoint 平台,网页的制作保存和网页的发布是同时进行的,所以当网页保存好后,就可以直接在网上进行访问。

第 5 章 演示文稿软件 PowerPoint 2010

PowerPoint 2010 简称 PPT 2010,是 Office 2010 的重要组成部分,它是 Microsoft 公司在 Windows 平台下开发的、专门用于设计制作广告宣传、产品演示、教师授课电子版幻灯片等演示文稿的应用软件,制作的演示文稿可以通过计算机屏幕或者投影机播放。

PowerPoint 2010 是目前最为流行的幻灯片演示软件,用它创建出的文稿可完美地集文字、图形、图像、声音以及视频剪辑等多媒体元素于一体。

PowerPoint 2010 的缺省文件扩展名是.pptx。

5.1 简 介

利用 PowerPoint 制作的文档称为演示文稿,演示文稿中的每一页称为幻灯片,每张幻灯片都是演示文稿中既相互独立又相互联系的成员。

5.1.1 PowerPoint 的启动与退出

1. PowerPoint 2010 的启动

单击任务栏左侧的【开始】按钮,依次选择【所有程序】→【Microsoft Office】→【Microsoft PowerPoint 2010】,即可启动 PowerPoint 2010。

2. PowerPoint 2010 的退出

退出 PowerPoint 2010 常用的有如下几种方法:

方法一:单击 PowerPoint 窗口右上角的【关闭】按钮 ⊠。
方法二:双击窗口左上侧的【控制菜单】图标 ▣。
方法三:按【Alt】+【F4】组合键。
方法四:单击【文件】选项卡下的【退出】按钮。

5.1.2 PowerPoint 的工作界面

启动 PowerPoint 2010 应用程序以后,可以看到如图 5-1 所示的 PowerPoint 2010 工作界面。

第 5 章 演示文稿软件 PowerPoint 2010

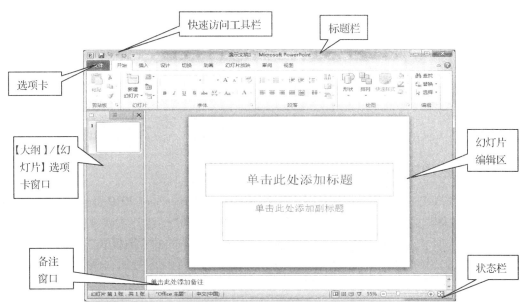

图 5-1　PowerPoint 2010 的工作界面

1．快速访问工具栏

快速访问工具栏中除了【控制菜单】图标以外，还放置了用户经常使用的操作按键，默认状态下有【保存】、【撤销】和【重复】键。左上侧第 5 个图标是【自定义快速访问工具栏】，单击下拉箭头，可以由用户自己设定工具栏按钮，如图 5-2 所示，用户可以从中选取需要的选项。

2．标题栏

快速访问工具栏右侧中间是标题栏，显示当前文档的名称（演示文稿 1）和软件名称（Microsoft PowerPoint），启动 PowerPoint 2010 以后，默认文件名称即为演示文稿 1。

标题栏右侧是【最小化】、【最大化】/【还原】、【关闭】按钮。

图 5-2　自定义快速访问工具栏

3．功能区选项卡

包括了 PowerPoint 2010 中进行常规操作的九个功能区选项：【文件】、【开始】、【插入】、【设计】、【切换】、【动画】、【幻灯片放映】、【审阅】和【视图】。

4．幻灯片编辑区

编辑幻灯片的工作区，对幻灯片中文字、图片、表格、SmartArt 图形、图表、视频、音频、超链接和动画等对象的编辑操作均在此完成。

5．备注窗口

记录演讲者讲演时所需的一些提示重点，用来编辑幻灯片的一些备注文本。

6.【大纲】/【幻灯片】选项卡窗口

在本区中,通过【大纲】/【幻灯片】选项卡可以快速查看整个演示文稿中的任意一张幻灯片。其右侧也有【关闭】按钮,单击该按钮,则可以将【大纲】/【幻灯片】选项卡窗口和备注窗口全部隐藏起来,凸显幻灯片编辑区的内容。

7.状态栏

此处显示出当前文档相应的某些状态要素。

5.1.3 视图模式

视图是 PowerPoint 文档在计算机屏幕上的显示方式,PowerPoint 2010 提供了 5 种视图模式,即"普通视图"、"幻灯片浏览"、"备注页"、"阅读视图"和"幻灯片放映视图"。用户可以单击【视图】选项卡,在【演示文稿视图】选项组中选择切换不同的视图模式。

PowerPoint 2010 工作界面的状态栏如图 5-3 所示,有 4 个视图按钮,分别为【普通视图】按钮、【幻灯片浏览】按钮、【阅读视图】按钮和【幻灯片放映】按钮。单击状态栏中某个视图按钮,也可切换到相应的视图方式。

图 5-3 视图按钮

1.普通视图

普通视图由三块不同的区域构成,它们是【大纲】/【幻灯片】选项卡窗口、幻灯片编辑区以及为每张幻灯片添加备注内容的备注窗口,这是幻灯片默认的显示方式,如图 5-4 所示。普通视图主要用于对单张幻灯片进行处理。

图 5-4 普通视图

(1)【大纲】/【幻灯片】选项卡窗口

按幻灯片编号顺序和幻灯片层次关系,【大纲】选项卡窗口中显示演示文稿中全部幻灯片的编号、图标、标题和主要文本信息;【幻灯片】选项卡窗口中只显示演示文稿中全部幻灯片的缩略图。

(2)幻灯片编辑区

幻灯片编辑区占据整个屏幕的绝大部分空间,能够显示整张幻灯片的外观,可以对幻灯片进行全方位的编辑。例如,添加、编辑各种对象,设置对象的动作、动画等。

(3)备注窗口

用户可以在此窗口中输入一些文本作为讲演时的备忘记录。

打开普通视图有两种方法:单击屏幕上视图按钮中的【普通视图】按钮;选择【视图】选项卡中的【普通视图】选项。

2. 幻灯片浏览视图

幻灯片浏览视图中所有幻灯片都以缩略图形式排列显示在如图 5-5 所示的屏幕上。利用幻灯片浏览视图,可以用来预览演示文稿的整体,用户不能编辑单张幻灯片中的具体内容。

打开幻灯片浏览视图有两种方法:单击屏幕上视图按钮中的【幻灯片浏览视图】按钮;选择【视图】选项卡下【演示文稿视图】组中的【幻灯片浏览】选项。

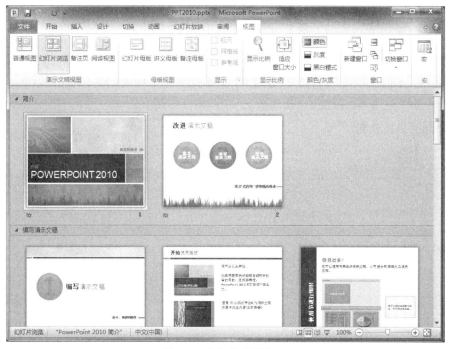

图 5-5　幻灯片浏览视图

3. 备注页

备注页供演讲者使用,它的上方是幻灯片缩略图,下方记录演讲者讲演时所需的一些提示重点,放映时备注内容不出现在屏幕上,如图 5-6 所示。

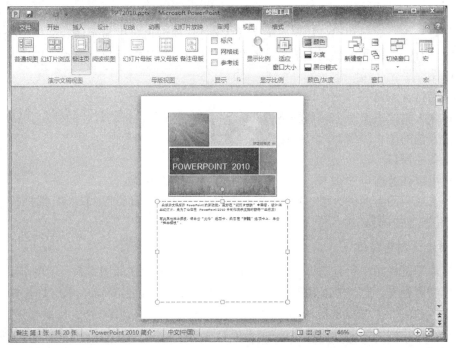

图 5-6　备注页视图

打开备注页的方法：选择【视图】选项卡下【演示文稿视图】组中的【备注页】选项。

4．阅读视图

阅读视图是指把演示文稿作为适应窗口大小的幻灯片放映查看。用户如想在一个设有简单控件以方便审阅的窗口中查看演示文稿，但不想使用全屏的幻灯片放映视图，就可以在自己的计算机上使用阅读视图，且在页面上单击，即可翻到下一页。

5．幻灯片放映视图

幻灯片放映是用户制作演示文稿的最终目的，通过幻灯片放映视图，可以预览演示文稿的工作状况，从中可以体验到演示文稿中的动画和声音效果，还能观察到切换的效果。

打开幻灯片放映视图有三种方法：单击屏幕上视图按钮中的【幻灯片放映】按钮；选择【幻灯片放映】选项卡下的【从头开始】或【从当前位置开始】按钮；按【F5】键直接放映。

5.1.4　演示文稿的创建方式

演示文稿由一系列幻灯片所组成，每张幻灯片都可以有其独立的标题、文字说明、数字、图表、图像以及多媒体组件等元素，用户可以通过幻灯片的各种切换和动画效果向观众演示成果、表达观点及传达信息。

创建演示文稿的基本操作步骤如下：

单击 PowerPoint 2010 的【文件】选项卡下的【新建】按钮，显示【可用的模板和主题】任务窗口，其中有【空白演示文稿】、【最近打开的模板】、【样本模板】、【主题】、【我的模板】和【根据现有内容新建】六种创建演示文稿的选项，由于制作演示文稿时要用到模板素材，所以，PowerPoint 中预安装了一些模板，用户也可以从 Office.com 网站上下载更多模板，如图 5-7 所示。

第 5 章　演示文稿软件 PowerPoint 2010

图 5-7　【可用的模板和主题】任务窗口

1．创建空白演示文稿

具体操作步骤如下：

① 操作计算机得到如图 5-7 所示的【可用的模板和主题】任务窗口。

② 如图 5-8 所示，在【可用的模板和主题】任务窗中选中【空白演示文稿】选项，然后单击【创建】按钮，即可新建一份空白的演示文稿。

图 5-8　新建"空白演示文稿"

195

提示： 启动 PowerPoint 2010 后，系统将自动新建一个默认文件名为"演示文稿1"的空白演示文稿。

2．根据模板创建演示文稿

操作步骤如下：

① 操作计算机得到如图 5-7 所示的【可用的模板和主题】任务窗口。

② 如图 5-9 所示，用户可以从【Office.com 模板】列表下查看模板类别（图表、日历和设计幻灯片等），在其中选择所需要的模板并下载，即可使用该模板创建新的演示文稿。

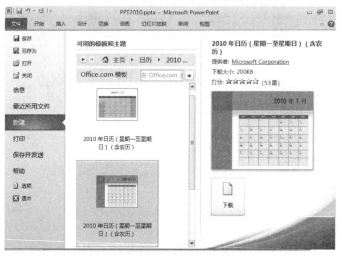

图 5-9　根据模板新建演示文稿

提示： 若要返回上一屏幕，重新搜索所需模板，可以使用位于屏幕顶部的按钮（图 5-9），来返回上一屏幕或第一个屏幕，然后重新搜索。

5.2　幻灯片的操作

5.2.1　幻灯片的基本操作

幻灯片的基本操作包括选择、插入、移动、复制、隐藏和删除等操作。

1．幻灯片的选择

在 PPT 中，可以一次选中一张幻灯片，也可以同时选中多张幻灯片，然后对选中的幻灯片进行操作。

（1）选择单张幻灯片

无论是在普通视图的【大纲】或【幻灯片】选项卡中，还是在幻灯片浏览视图中，单击需要选中的幻灯片即可。

（2）选择编号连续的多张幻灯片

单击起始编号的幻灯片，按住【Shift】键，再单击最后编号的幻灯片，此时将有多张幻灯片同时被选中。使用【Ctrl】+【A】组合键,会选中所有的幻灯片。

（3）选择编号不相连的多张幻灯片

按住【Ctrl】键,依次单击需要选择的每张幻灯片,此时被单击的多张幻灯片同时被选中；按住【Ctrl】键,再次单击已被选中的幻灯片,则取消选择该幻灯片。

2．幻灯片的插入

默认情况下,启动 PowerPoint 时,系统新建一份空白演示文稿,并新建一张幻灯片。在普通视图、幻灯片浏览视图和备注页视图下均可进行幻灯片插入操作。

通过下面三种方法,用户可以在当前演示文稿中添加新的幻灯片：

方法一：命令法。执行【开始】选项卡下【幻灯片】组中的【新建幻灯片】命令,在下拉菜单中选择一种幻灯片版式(图 5-10),系统就会在当前幻灯片之后插入一张新的空白幻灯片。

如果希望复制当前幻灯片,也可以单击【开始】选项卡下【幻灯片】组中的【新建幻灯片】命令,在如图 5-10 的下拉菜单中选择【复制所选幻灯片】选项。

方法二：【Enter】键法。在普通视图下,将鼠标定位于左侧的【大纲】/【幻灯片】选项卡窗口中,然后按【Enter】键,同样可以快速插入一张新的空白幻灯片。

图 5-10 【新建幻灯片】下拉菜单

方法三：快捷键法。按【Ctrl】+【M】组合键,也可快速添加一张空白幻灯片。

3．幻灯片的移动

具体操作步骤如下：

① 选择一张或多张幻灯片。

② 单击【开始】选项卡下【剪贴板】组中的【剪切】(或按组合键【Ctrl】+【X】)和【粘贴】(或按组合键【Ctrl】+【V】)按钮,即可实现幻灯片的移动。

在幻灯片浏览视图和普通视图中的【大纲】/【幻灯片】选项卡窗口中也可以通过鼠标左键拖动的方式实现幻灯片的移动。

4．幻灯片的复制

PPT 支持以幻灯片为对象的复制操作,可以将整张幻灯片及其内容进行复制。

具体操作步骤如下：

① 选择一张或多张幻灯片。

② 单击【开始】选项卡下【剪贴板】组中的【复制】(或按组合键【Ctrl】+【C】)和【粘贴】(或按组合键【Ctrl】+【V】)按钮,即可实现幻灯片的复制。

在幻灯片浏览视图和普通视图中的【大纲】/【幻灯片】选项卡窗口中也可以通过按住【Ctrl】键、并用鼠标左键拖动的方式实现幻灯片的复制。

5．幻灯片的隐藏

具体操作步骤如下：

① 在普通视图的【大纲】/【幻灯片】选项卡窗口中选取一张或多张幻灯片。

② 右击鼠标,在弹出的快捷菜单中选择【隐藏幻灯片】选项,或执行【幻灯片放映】选项卡下的【隐藏幻灯片】即可。

被隐藏的幻灯片在普通视图和幻灯片浏览视图下仍可以看到其缩略图,但是在幻灯片放映时将不会播放被隐藏的幻灯片。再一次选择【隐藏幻灯片】命令,即可取消隐藏效果。

6．幻灯片的删除

删除多余的幻灯片是快速地清除演示文稿中大量冗余信息的有效方法。

具体操作步骤如下：

① 选中要删除的一张或多张幻灯片。

② 按【Delete】键,剩下的幻灯片会自动重新编号。

除上述操作外,还可以在幻灯片浏览视图和普通视图中的【大纲】/【幻灯片】选项卡窗口中,右击要删除的幻灯片,从弹出的快捷菜单中选择【删除幻灯片】命令。

5.2.2 PowerPoint 2010 的【节】功能

PowerPoint 2010 新增加了【节】(section)的功能,用户可以实现对演示文稿中的幻灯片进行类似于文件夹式的分组管理。

① 选中需要【节】管理的幻灯片。

② 打开【开始】选项卡下的【幻灯片】选项组,单击【节】,如图 5-11 所示,在其下拉菜单中可执行【新增节】、【重命名节】、【删除所有节】等操作。

若用户执行【节】下拉菜单中的【全部折叠】,则当前的演示文稿被分节,每个节都有相应的不同数量的幻灯片,如图 5-12 所示。

演示文稿分节之后有助于规划文稿结构,编辑和维护起来也能大大节省时间。

当用户需要打印演示文稿中某一个节的所有幻灯片时,可选择【文件】选项卡下的【打印】命令,设置需要打印的节,就可以方便地、有选择地打印分好的节。

图 5-11　【节】下拉菜单　　　图 5-12　【节】的【全部折叠】效果

5.2.3 各种对象的插入

新建幻灯片并选择了其版式后,新生成的幻灯片中就会含有不同对象的占位符(即预先为插入某具体对象而预留的区域),也可以通过【插入】选项卡,向幻灯片中添加其他需要的各种对象。

在演示文稿中可以插入文字、图片、SmartArt 图形、图表、影音文件等,用来制作图文并茂的幻灯片。

1. 插入文本框

通常情况下,在演示文稿的幻灯片中添加文本字符时,需要通过文本框来实现。PowerPoint 提供了水平和垂直两种不同的文本框,分别表示文本框中的文字以水平或垂直的方式排列。

(1) 将文本添加到幻灯片中

① 单击【插入】选项卡下的【文本框】按钮,在其下拉列表中选择【横排文本框】或【垂直文本】,此时鼠标变成"十"字状。

② 按住左键在幻灯片编辑区中拖拉一下,即可插入一个文本框,然后将文本输入到相应的文本框中。

(2) 设置字体、字号、字形、字体颜色和效果等基本属性

① 选择需要设置的文本。

② 单击【开始】选项卡,即可在【字体】选项组中对字体、字号、字形、字体颜色和效果等进行设置。

提示:若用户有更高的文字格式要求,还可以单击【字体】选项组右下角图标,在弹出的如图 5-13 所示的【字体】对话框中进行格式设置。

图 5-13 【字体】选项组和【字体】对话框

2. 插入图片

在制作演示文稿的过程中,可以使用 PowerPoint 2010 提供的剪贴画来丰富幻灯片的版面效果,此外,在演示文稿中还可以插入本地磁盘或网络上的图片、艺术字等,更生动、形象地阐述其主题。

在插入图片时,应充分考虑幻灯片的主题,使图片和主题和谐一致。

① 单击【插入】选项卡下的【图片】,打开【插入图片】对话框。

② 定位到图片所在的文件夹,选中相应的图片文件,然后按下【插入】按钮,将图片插入到幻灯片中。

③ 用拖拉的方法调整好图片的大小,并将其定位在幻灯片的合适位置上。

提示:在定位图片位置时,按住【Ctrl】键,再按动方向键,可以实现图片的微量移动,达到精确定位图片的目的。

图片插入以后,需要对图片进行编辑。选中图片,功能区就会显示【图片工具格式】选项卡。PowerPoint 2010 提供了很多图像处理软件,如图 5-14 所示,很多图像效果可以在 PowerPoint 中完成,包括:裁切图片、删除背景、更改亮度与清晰度、更改色彩、设置艺术效果等。

图 5-14 【图片工具格式】选项卡

3. 插入图表和表格

(1) 插入图表

用图表展示数据,往往能更直观地体现演讲者的思想,会使得数据更具有表现力。

① 选定要插入图表的区域。

② 单击【插入】选项卡下【插图】组中的【图表】,弹出如图 5-15 所示的【插入图表】对话框,选择所需的图表类型(本例为【柱形图】),单击【确定】按钮,则出现如图 5-16 所示两个纵向平铺的应用窗口:左边窗口显示的是 PowerPoint 2010 图表样式;右边是 Excel 2010 窗口,可对图表显示的数据进行编辑。

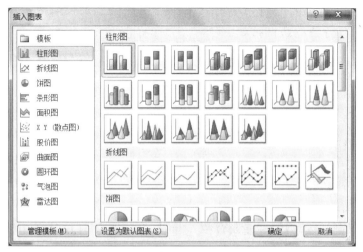

图 5-15 【插入图表】对话框

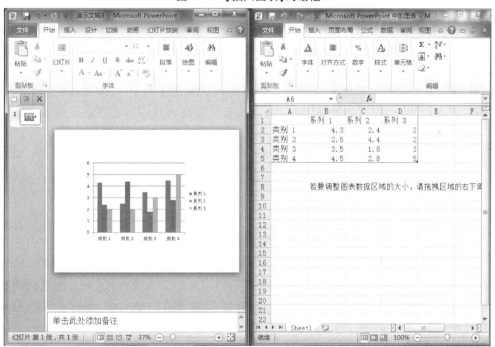

图 5-16 图表在幻灯片中的显示及其对应的数据编辑

③ 将 Excel 2010 中的数据区编辑完成以后,关闭 Excel 窗口,则在文稿中就创建完成了数据所对应的图表。

(2) 插入表格

与页面文字相比较,表格采用行列化的形式,更能体现内容的对应性及内在的联系,表格结构更适合表现比较性、逻辑性、抽象性强的内容。

要插入表格,具体操作步骤如下:

① 将光标定位到相应的幻灯片中。

② 单击【插入】选项卡下的【表格】,弹出如图 5-17 所示的【表格】下拉菜单,利用列数、行数的微调按钮,调节要插入表格的列数、行数,单击【确定】按钮,就可以在当前幻灯片中插入所需要的表格。

4．插入影音文件

（1）插入声音文件

PowerPoint 2010 提供了在幻灯片放映时播放音乐、声音和影片的功能,

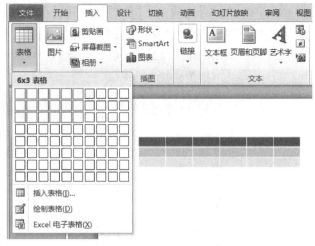

图 5-17　【表格】下拉菜单

在幻灯片中可以插入.wav、.mid、.rmi 和.aif 等声音文件。插入声音有三种途径:"文件中的音频"剪辑、"剪贴画音频"剪辑、"录制音频"。同时,在放映幻灯片时也可以同步地播放 CD 音乐,以增强幻灯片的演示效果。

插入影音文件的具体操作步骤如下:

① 选中要编辑的幻灯片。

② 单击【插入】选项卡下的【音频】,在下拉菜单中选择【文件中的音频】,打开【插入音频】对话框,在资源管理器中选中要插入的声音文件,单击【确定】按钮。

③ 此时,系统会弹出如图 5-18 所示的提示框,在【音频工具】→【播放】选项卡下,将声音播放设置为【自动】,或者在鼠标【单击时】播放,设置完成后即可将声音文件插入幻灯片中,这时幻灯片中会显示一个小喇叭符号。

图 5-18　音频文件自动播放的设置

（2）插入视频文件

在幻灯片中可放映影片片段。影片剪辑有三种:【文件中的视频】、【来自网站的视频】、【剪贴画视频】。PowerPoint 2010 所支持的影片文件格式有.avi、.asf、.wmx、.swf、.mov 和.mp4 等。

插入影片剪辑的步骤与添加声音非常相似,两者的主要区别在于影片不仅能够包含声音的效果,而且能够看到活动的影像。

5．插入 SmartArt 图形

形象化表达是 PowerPoint 的一大特色,对于一些抽象的概念可以使用 SmartArt 图示来表达,更有助于读者理解和记住信息。在 PowerPoint 2010 中内置了丰富的 SmartArt 图示库,供用户进行选择。

插入 SmartArt 图形的具体操作步骤如下：

① 选中要编辑的幻灯片。

② 单击【插入】选项卡下【插图】组中的【SmartArt】，打开如图 5-19 所示的【选择 Smart-Art 图形】对话框，用户可以从中选择一种类型，如【流程】、【层次结构】或【关系】，每种类型包含几种不同布局，用户做出选择后单击【确定】按钮。

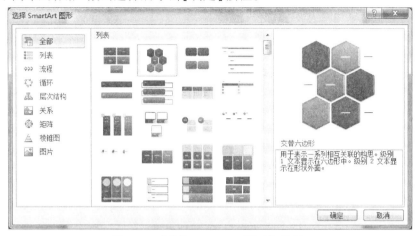

图 5-19 【选择 SmartArt 图形】对话框

SmartArt 图形是信息和观点的视觉表示形式。用户可以通过从多种不同布局选择创建 SmartArt 图形，从而快速、轻松、有效地传达信息。

5.3 演示文稿的外观设置

在创建演示文稿的过程中，用户可以设置其外观，使演示文稿中的幻灯片具有统一的背景、配色和风格等外观效果。设置演示文稿的外观主要有背景、主题设计、母版和版式等方法。

5.3.1 幻灯片的背景

幻灯片背景既可以是单色块，也可以是渐变过渡色、线条、暗纹、简单图案或图片，应根据演示文稿的内容和主题选定背景。

设置幻灯片的背景的具体操作步骤如下：

① 打开要编辑的演示文稿。

② 单击【设计】选项卡下【背景】选项组右下角的按钮，打开如图 5-20 所示的【设置背景格式】对话框，【填充】选项卡

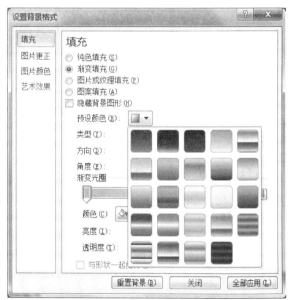

图 5-20 【设置背景格式】对话框

下有多种填充方式:【纯色填充】、【渐变填充】、【图片或纹理填充】、【图案填充】等。如果选择【渐变填充】按钮,则可以看到在 PowerPoint 2010 中预先设置有一些渐变颜色的背景,用户可以从中选择一种填充效果;在其他填充方式下用户均可选择自己所需要的背景效果。

③ 单击【全部应用】按钮,则会将选择结果应用到所有幻灯片中。

5.3.2 幻灯片版式的设计

PowerPoint 2010 启动后,会自动建立一个空演示文稿,默认情况下,第 1 张幻灯片是标题幻灯片版式。

① 单击【开始】选项卡下【幻灯片】组中的【版式】图形按钮,弹出如图 5-21 所示下拉菜单。

图 5-21 【幻灯片版式】下拉菜单

② 单击其中的任一版式缩略图,该版式即可应用到当前所选幻灯片。

用户可以通过设置幻灯片版式选择幻灯片里的标题、文本及图片等对象的布局。幻灯片上的标题、文本、图形等对象在幻灯片上所占的位置称为占位符,它表现为一个虚框,框内往往有"单击此处添加标题"之类的提示语,一旦鼠标单击之后,提示语会自动消失。占位符一般由幻灯片版式决定,单击它即可选定,双击它时可以插入相应的对象。

5.3.3 母版的设置

母版用于设置演示文稿中幻灯片的预设格式,它规定了每张幻灯片中文字的位置和大小、项目符号的样式、背景图案等,使演示文稿的风格更加统一。如果修改了母版的样式,将会影响所有基于该母版的演示文稿的幻灯片样式。

母版分为三类:幻灯片母版、讲义母版、备注母版。每个相应的幻灯片视图都有与其相对应的母版,要切换到母版,只需选择【视图】选项卡下的【母版视图】,再根据需要选择与视图相对应的母版。

1. 幻灯片母版

母版中最常用的是幻灯片母版,它决定了除标题幻灯片以外所有幻灯片的格式。

① 单击【视图】选项卡下【母版视图】组中的【幻灯片母版】,打开如图 5-22 所示的【幻灯片母版】窗口,它有五个"占位符",分别是【单击此处编辑母版标题样式】、【单击此处编辑母版文本样式】、【日期】、【页脚】和【数字】,用于确定幻灯片母版的版式。

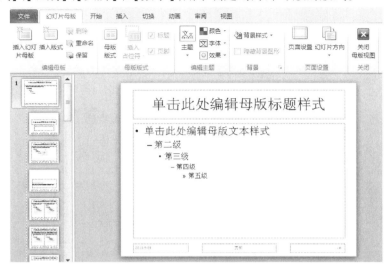

图 5-22 【幻灯片母版】窗口

② 在幻灯片母版中选择对应的占位符,设置字符格式、段落格式等。

修改母版中某一对象格式,则除标题幻灯片以外,所有幻灯片对应对象的格式将随之变动。如果在母版中插入某一对象,则能使得每张幻灯片都出现该对象。

2. 讲义母版

按照讲义母版设置的是讲义的格式,打印演示文稿时,可以选择以讲义方式打印,每个页面可以包含一、二、三、四、六或九张幻灯片,该讲义可供听众在以后的会议中使用。

① 单击【视图】选项卡下【母版视图】组中的【讲义母版】,打开如图 5-23 所示的【讲义母版】窗口,有四个"占位符",分别是【页眉】、【日期】、【页脚】和【页码】。

图 5-23 【讲义母版】窗口

② 分别确定占位符中的内容即可。

3．备注母版

备注窗口是供演讲者备注使用的空间,备注母版是供用户设置备注幻灯片的格式。【备注母版】窗口如图5-24所示。

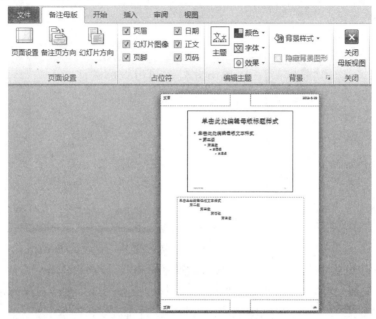

图5-24 【备注母版】窗口

不管是何种幻灯片,若对幻灯片母版做了修改,则以后使用该母版的幻灯片也会随之变化。

单击【视图】选项卡下【母版视图】组中的【幻灯片母版】/【讲义母版】/【备注母版】,即可进入母版编辑状态,对母版进行修改。

然而,并非所有幻灯片在每个细节上都必须与母版保持一致,此时,用户只需将当前幻灯片置为要修改的幻灯片,然后单击【设计】选项卡下【背景】组中的【背景样式】下拉按钮,用户就可以选择与母版不同的背景格式了。

5.3.4 幻灯片主题的设计

幻灯片主题设计是指将某个设计模板应用于当前演示文稿,使得当前演示文稿呈现出指定主题的外观。

主题(即设计模板)包含预定义的格式(幻灯片样式)和配色方案,可将其应用到任意演示文稿,以创建独特的外观;用户也可任意修改现有模板,以适应自己独特的需要;用户还可用已创建的演示文稿,建立新的模板。

① 在【设计】选项卡下【主题】选项组右侧,单击【所有主题】下拉菜单,如图5-25所示,其中,【此演示文稿】列表中的内容是当前正在应用的主题,【内置】列表中的内容是系统提供的所有主题。

② 在对话框中选择合适的主题缩略图,单击该图,则整个演示文稿中的幻灯片都变为同一模板的格式;也可选定主题,右键单击,在弹出的快捷菜单中选择【应用于选定幻灯片】

第 5 章 演示文稿软件 PowerPoint 2010

命令(图 5-25),则在当前幻灯片中应用该主题。

图 5-25 【所有主题】下拉菜单

5.3.5 配色方案的设置

配色方案是幻灯片的背景、文本等色彩的预设组合方案,用户通过设置配色方案可以快速地调整幻灯片的明暗和色彩组合。

① 单击【设计】选项卡下的【主题】选项组,单击【颜色】下拉按钮,弹出如图 5-26 所示的【颜色】下拉菜单。

② 在下拉菜单中选择所需的配色方案,即可应用于所有的幻灯片。

用户还可以用如下方法自定义颜色设置:

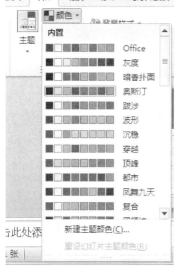

图 5-26 【颜色】下拉菜单

图 5-27 【新建主题颜色】对话框

① 单击【颜色】下拉菜单窗口最下方的【新建主题颜色】,打开如图 5-27 所示的【新建主题颜色】对话框,在其中进行修改。主题颜色的配色方案由多种对象的颜色组成,如背景、强

调文字颜色、超链接等,用户也可以自己定义对象,并对其设置主题颜色。

② 设置完成【新建主题颜色】对话框中内容以后单击【保存】按钮,则方案中的每种颜色都会自动应用于幻灯片上的不同组件。

5.4 动画的设置

幻灯片放映之前,还可以为其设计出特殊的视听和动画效果。图表、图片、文本框、文本等都可以设置动画效果,从而起到突出主题、丰富版面的作用,又大大提高了演示文稿的趣味性。为幻灯片中的文本或对象添加动画效果可以使用【动画】选项卡进行设置。

5.4.1 自定义动画

选中【动画】选项卡,可以对幻灯片中各种对象设置不同的动画效果。自定义动画的前提是必须选择对象,使用户针对某一文本或图片对象单独设置动画风格,用户通过设置自定义动画可以很方便地设置幻灯片标题和正文的动画风格。

① 在普通视图下,选定要设置动画的幻灯片。

② 在幻灯片编辑区选定要动态显示的对象,则此时对象四周出现虚线框占位符,单击如图5-28所示的【动画】选项卡下的【动画】选项组,在其中选择一种动画效果,单击动画效果右边的下拉箭头,弹出如图5-29所示的下拉菜单,显示了所有的动画效果选项。

图5-28 【动画】选项卡

图5-29 选择动画效果

③ 在图5-29中为对象设置了【进入】时的【飞入】效果,此时对象旁边会出现一个数字小图标;可在【动画】选项卡中对设置了动画的对象做进一步设置操作,如图5-30所示,如【开始】、【持续时间】等选项,调整所选对象的动画顺序及参数;还可以单击【动画】选项组右下角按钮,打开如图5-31所示的对话框,设置动画声音、动画方向等。

图5-30 动画的具体设置

图5-31 【飞入】对话框

图5-32 【动画窗格】界面

④ 对每一个需要动态显示的对象重复步骤②~步骤③,直到设置完所有的项目。

⑤ 单击【动画】选项卡最左边的【预览】按钮,可在原视图中播放预览该对象自定义的动画。

如果要对当前幻灯片中所有设置了动画的对象做统一管理,可以单击【动画】选项卡中的【动画窗格】选项,在弹出的【动画窗格】界面中动画效果按播放的顺序从上到下排列编号,在幻灯片上设置动画效果的项目也会出现与列表中相对应的序号标记。要改变动画顺序,可在【动画窗格】界面的动画列表中选择要移动的项目,并将其拖到列表中所需的位置。

在【动画窗格】界面中选中某一个动画项目,如图5-32所示,也可以单击右侧的下拉箭头,从弹出的下拉菜单中对该动画进行详细设置。

提示:在PowerPoint 2010中提供了【动画刷】功能,【动画刷】与Microsoft Offices组件中Word的【格式刷】功能类似,用它可以轻松快速地复制动画效果:选中已设置了动画效果的对象A,单击【动画刷】,然后再选中对象B,就可以设置对象B具有与对象A相同的动画效果。

5.4.2 建立超链接

超链接是实现从一个演示文稿或文件快速跳转到其他演示文稿或文件的捷径。在文稿演示过程中,鼠标指向链接标志时,指针会变成"小手"状,单击可跳转到文档或打开链接的网页,一张幻灯片中可以设置多个链接点。

用户可以在演示文稿中添加超链接,并可以利用它跳转到不同的位置,如本演示文稿中的其他幻灯片、其他演示文稿中的幻灯片、Word 文档、Excel 电子表格、电子邮件地址等,从而使幻灯片获得的信息量更加丰富。

① 选定用作超链接标志的文本、图形等对象。

② 单击【插入】选项卡下【链接】组中的【超链接】按钮,打开如图 5-33 所示的【插入超链接】对话框。

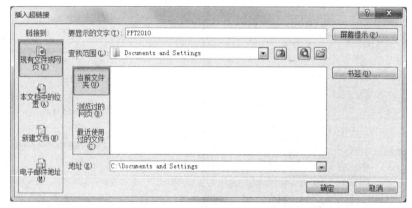

图 5-33 【插入超链接】对话框

③ 在该对话框中的【链接到】区域选择链接指向的类型:【现有文件或网页】、【本文档中的位置】、【新建文档】、【电子邮件地址】。选择【现有文件或网页】,在【查找范围】、【地址】等选项中做出选择,选定后单击【确定】按钮,便建立了超链接。

若要编辑或删除超链接,可在普通视图中,右键单击用作超链接的对象,在快捷菜单中单击【编辑超链接】或【取消超链接】选项。

5.4.3 动作设置

放映演示文稿时,演讲者操作幻灯片上的对象去完成下一步的某项即定的功能,称这项即定功能为该对象的动作。

对象的动作设置提供了在幻灯片放映中人机交互的一个途径,使演讲者可以根据自己的需要选择幻灯片的演示顺序和展示演示内容,可以在众多的幻灯片中实现快速跳转,还可以实现与 Internet 的超链接,甚至可以应用动作设置启动某一个应用程序或宏。

1. 动作设置

① 选定要设置动作的对象。

② 单击【插入】选项卡下【链接】组中的【动作】选项,打开如图 5-34 所示的【动作设置】对话框,它有【单击鼠标】、【鼠标移过】两个选项卡:

- 在【单击鼠标】选项卡中选中【超链接到】单选按钮,在下拉列表中选择超链接的对象;若选中【运行程序】单选按钮,输入要运行的应用程序的路径和程序名,则放映幻灯片时单击对象,会自动运行所选择的应用程序;若选中【运行宏】或【对象动作】、【播放声音】、【单击时突出显示】等选项,进行相应设置后,单击【确定】按钮。
- 单击【鼠标移过】选项卡,可用其设置鼠标移过对象时发生的动作,设置方法与上述相同。

图 5-34 【动作设置】对话框

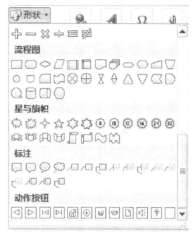

图 5-35 【动作按钮】选项

2．动作按钮

单击【插入】选项卡下【插图】组中的【形状】按钮,在下拉菜单最底层有【动作按钮】系列,用户可以对一些按钮进行动作设置。【动作按钮】是 PPT 提供的带有预设动作的按钮对象,包括【自定义按钮】、【第一张】、【帮助】、【信息】、【后退(或下一项)】、【前进(或前一项)】、【开始】、【结束】、【上一张】、【文档】、【声音和影片】等,如图 5-35 所示。

通过动作设置,可使演讲者根据自己的需要随时切换到某一张幻灯片、其他演示文稿、应用程序或网页。

5.5 幻灯片的播放

5.5.1 幻灯片的切换

幻灯片切换效果是指演示文稿放映时幻灯片之间衔接的特殊形式,用于增强演示文稿的动态视觉感受。可设置幻灯片切换时的切换效果、切换速度、切换方式、切换声音等。

提示： 一张幻灯片只能使用一种切换效果。

① 在幻灯片浏览视图或普通视图中,选择一张或多张幻灯片。
② 单击【切换】选项卡,单击【切换到此幻灯片】选项组中的动画效果右侧下拉箭头,在

弹出的下拉菜单中显示了所有的幻灯片切换效果,用户可以从中进行选择,如图 5-36 所示。

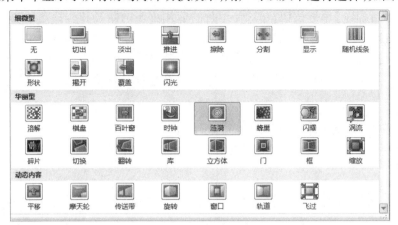

图 5-36 【切换】选项卡中的动画效果

③ 如图 5-37 所示,在【计时】选项组中的【换片方式】区,若选择【单击鼠标时】复选框,则用鼠标单击幻灯片可切换到下一张幻灯片;若选择【设置自动换片时间】复选框,则幻灯片按设定时间自动切换至下一张幻灯片;若两者同时选择,则先到为先。

图 5-37 【切换】选项卡

④ 如图 5-37 所示,在【声音】列表框中选择幻灯片切换时所需声音:若要求在幻灯片演示过程中始终留有声音,则选择【播放下一段声音之前一直循环】;在【持续时间】区中可以设置幻灯片切换速度。

⑤ 若要将切换效果应用到选定的幻灯片,单击【计时】选项组中的【全部应用】按钮。

5.5.2 排练计时

为了在放映演示文稿前安排好各张幻灯片的播放时间,以便自动定时切换幻灯片,可在编辑时设置好排练计时。

① 单击【幻灯片放映】选项卡下的【排练计时】按钮,进入"排练计时"状态,此时,单张幻灯片放映所耗用的时间和演示文稿放映所耗用的总时间显示在【录制】对话框中,如图 5-38 所示。

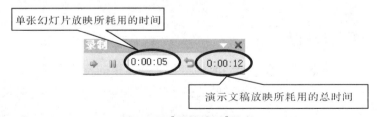

图 5-38 【排练计时】状态

② 手动完整地放映一遍演示文稿,并利用【录制】对话框中的【暂停】和【重复】等按钮控制排练计时过程,以获得最佳的播放时间。

③ 播放结束后,在弹出的如图 5-39 所示【Microsoft PowerPoint】询问对话框中,单击【是】按钮以保留新的排练时间,或者单击【否】按钮放弃新的排练时间。

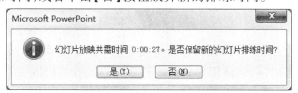

图 5-39 【保留排练时间】对话框

5.5.3 放映方式的放置

不同的用户在不同的环境需要不同的放映方式,可以单击【幻灯片放映】选项卡下的【设置幻灯片放映】按钮,打开【设置放映方式】对话框,对对话框中的【放映类型】、【放映幻灯片】、【换片方式】、【放映选项】、【绘图笔颜色】、【激光笔颜色】和【多监视器】等参数进行设置,如图 5-40 所示。

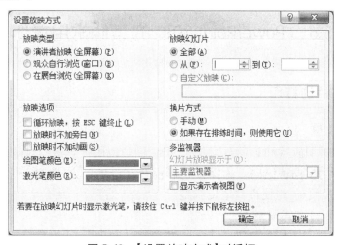

图 5-40 【设置放映方式】对话框

1. 放映类型

- 【演讲者放映(全屏幕)】:通常由演讲者播放演示文稿,演示文稿全屏幕显示;演讲者对演示文稿有完全的控制权,可采用自动或人工方式进行放映;演讲者在播放演示文稿时,可随时将演示文稿暂停、添加会议细节或即席反应。
- 【观众自行浏览(窗口)】:一般用于小规模的演示,如用户个人通过公司的网络浏览。选择此种方式播放演示文稿,幻灯片出现在电脑屏幕窗口内,并提供命令在放映时移动、编辑、复制、打印幻灯片。
- 【在展台浏览(全屏幕)】:指自动运行演示文稿。它不需要专人来控制幻灯片播放,自动运行演示文稿结束时,或者某张人工操作的幻灯片已经闲置 5 分钟以上时,演示文稿会自动重放。选定此项后,【循环放映,按 ESC 键终止】会自动被选中。

用户除了可以利用【设置放映方式】对话框设置放映方式以外,还可以进行一些其他设置。

2．放映幻灯片

提供了三种播放方式：【全部】幻灯片、指定范围的幻灯片、【自定义放映】幻灯片。

3．换片方式

- 【手动】选项：在幻灯片放映时，必须有人为的干预才能切换幻灯片。
- 【如果存在排练时间，则使用它】选项：设置了自动换页时间，幻灯片在播放时便能自动切换。其中，手动优先级高于自动换页方式。

4．放映选项

- 【循环放映，按 ESC 键终止】复选框：在最后一张幻灯片放映结束后，会自动返回到第一张幻灯片重新放映。
- 【放映时不加旁白】复选框：幻灯片放映时不播放任何旁白。
- 【放映时不加动画】复选框：在播放幻灯片时，设定的动画效果不播放，但动画效果设置依然存在。一旦取消选中【放映时不加动画】，则动画效果又会播放。

5.6 PowerPoint 2010 的其他常用操作

5.6.1 幻灯片的打印

1．打印透明胶片

可以打印黑白透明胶片和彩色透明胶片，可以创建使用投影机幻灯片的演示文稿，而且可以将幻灯片设计为横向或纵向。为保证色彩配置在以黑白方式打印时仍然很漂亮，可以以【灰度/黑白】方式预览，以便进行适度调整。

（1）【灰度/黑白】方式调整

单击【视图】选项卡下【颜色/灰度】选项组，选择【灰度】或【黑白模式】按钮，便可在幻灯片窗口中以灰度方式或黑白方式预览将要打印的幻灯片。

（2）打印黑白透明胶片

① 打开打印机，装上至少带有六张胶片的纸盒。

② 切换到普通视图，选定第 1 张幻灯片。

③ 单击【设计】选项卡下的【页面设置】按钮，打开如图 5-41 所示的【页面设置】对话框，可设置【幻灯片大小】、【幻灯片编号起始值】、【幻灯片】的【纵向】或【横向】（默认）、【备注、讲义和大纲】的【纵向】（默认）或【横向】。

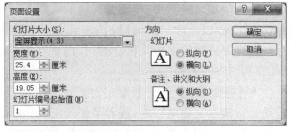

图 5-41 【页面设置】对话框

④ 在【页面设置】对话框中，单击【幻灯片大小】下拉列表框右侧的箭头，选择【35mm 幻灯片】，然后单击【确定】按钮，则幻灯片图像将填充到胶片页面上。

⑤ 单击【文件】选项卡下的【打印】命令，打开【打印】对话框，如图 5-42 所示。

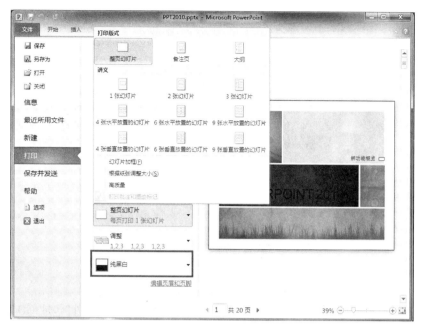

图 5-42 【打印】对话框

⑥ 在【颜色】下拉列表框中选择【纯黑白】选项(如果打印机能够处理灰色阴影,选择【灰度】选项),单击【确定】按钮。

2．纸张打印输出

单击【文件】选项卡下的【打印】命令,打开【打印】对话框,单击【整页幻灯片】右侧下拉箭头,在其下拉列表中有【整页幻灯片】、【备注页】、【大纲】和【讲义】4 项,如图 5-42 所示。讲义是指在一页纸上打印 1 张、2 张、3 张、6 张或 9 张幻灯片的缩略图,并有垂直放置和水平放置两类可选。

PowerPoint 2010 还可以为观众打印演讲者备注,只需要在图 5-42 下拉列表框中,选择【备注页】即可。此外,打印演示文稿时,选择【大纲】,就可以只打印大纲(包括幻灯片标题和主要观点)。

◆ 5.6.2 演示文稿的打包

将演示文稿打包并刻录成 CD,是 PowerPoint 2010 的重要功能之一。在 CD 刻录机迅速普及的背景下,PowerPoint 推出了演示文稿的打包和刻录功能,通过该功能,用户可以将演示文稿、播放器以及相关的配置文件刻录到 CD 光盘中,并制作成专门的演示文件光盘,甚至可以选择是否让光盘具备自动播放功能。

① 打开要打包的演示文稿。

② 单击【文件】选项卡下的【保存并发送】命令,选择【将演示文稿打包成 CD】,如图 5-43 所示,弹出界面右侧【将演示文稿打包成 CD】对话框。

图 5-43 【保存并发送】界面

③ 单击该对话框中的【打包成 CD】按钮,弹出如图 5-44 所示的【打包成 CD】对话框,默认情况下包含链接文件和 PPT 播放器。

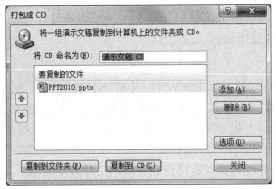

图 5-44 【打包成 CD】对话框

④ 在【将 CD 命名为】框中可更改默认的 CD 命名;单击【复制到文件夹】按钮,可打开【复制到文件夹】对话框,命名文件夹的名称和存放位置;单击【复制到 CD】按钮,若计算机上装有刻录机,则会把所有文件刻录到 CD 上;单击【选项】按钮,可进一步设置字体、密码等内容。

提示:如果想要在未安装 PowerPoint 2010 应用程序的计算机上播放演示文稿,则可将演示文稿另存为扩展名为 .ppsx 的 PowerPoint 放映文件即可。

5.7 项目练习

5.7.1 演示文稿的制作与编辑

【教学目的】
- 掌握 Powerpoint 2010 运行方式和制作的基本知识。
- 熟悉 Powerpoint 2010 的工作界面。
- 掌握在幻灯片中插入图片、日期等对象的方法。
- 掌握幻灯片背景的设置方法。
- 掌握幻灯片页眉/页脚的设置方法。

【项目准备】

将"素材\第五章\实验5-1"复制到本地盘中(比如桌面)。

【项目内容】

1．创建第1张幻灯片

① 用鼠标依次单击【开始】→【所有程序】→【Microsoft Office】→【Microsoft PowerPoint 2010】，默认出现如图5-45所示的界面。

图 5-45　PowerPoint 2010 启动界面

② 界面默认会新建一个空白演示文稿,并且第1张幻灯片版式为"标题幻灯片",正是我们需要的版式。

③ 在标题处输入"历史人物介绍",在副标题处输入"影响中国的十大历史人物",如图5-46所示。

图 5-46　第1张幻灯片内容

2．创建第2张幻灯片

① 在 PowerPoint 2010 界面上单击【开始】选项卡下的【新建幻灯片】按钮旁边的倒三角

形,弹出下拉选项,如图 5-47 所示。

图 5-47　新建幻灯片版式选项

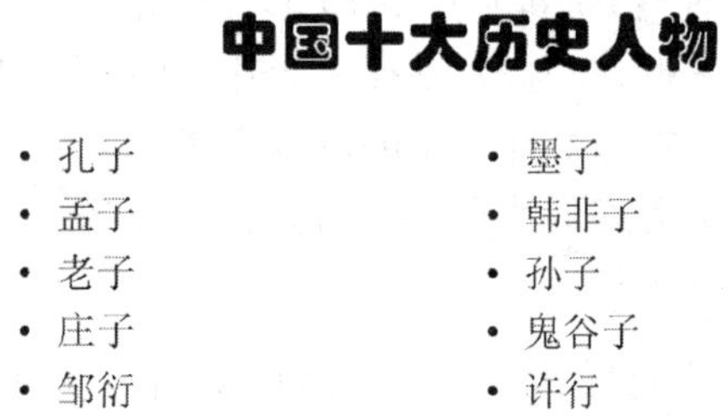

中国十大历史人物

- 孔子
- 孟子
- 老子
- 庄子
- 邹衍

- 墨子
- 韩非子
- 孙子
- 鬼谷子
- 许行

图 5-48　第 2 张幻灯片(两栏文本版式)内容

② 选择【两栏内容】版式幻灯片,分别输入相应内容,如图 5-48 所示。

3．创建第 3 张幻灯片

① 创建一张新幻灯片,如图 5-47 所示,选择【仅标题】版式。

② 在标题处添加内容"孔子"。

③ 单击【插入】选项卡下的【图片】,弹出如图 5-49 所示的对话框,在素材中找到图片"孔子.jpg",单击【确定】按钮,插入图片之后,调整图片的大小及位置。

图 5-49　【插入图片】对话框

④ 单击【插入】选项卡下的【文本框】,选择【垂直文本框】,如图 5-50 所示。

图 5-50　文本框插入

⑤ 在插入的文本框中输入"素材\实验 5-1\孔子.txt"文件的内容,调整文本框的位置及文本框内文字的字体及字号,如图 5-51 所示。

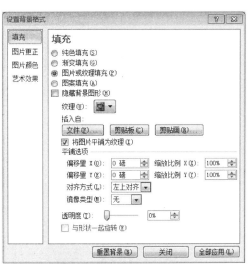

图 5-51　第 3 张幻灯片(文字和图像混排内容)　　　图 5-52　背景格式设置

4．制作第 4 到第 13 张幻灯片

制作第 4 到第 12 张幻灯片,幻灯片版式和内容可以参看"实验 5-1\样例.pptx",素材也可以在本文件夹中找到。

5．设置所有幻灯片的背景

① 单击【设计】选项卡下【背景】按钮旁边的小箭头,弹出如图 5-52 所示的对话框,选择【填充】→【图片或纹理填充】。

② 单击图 5-52 所示对话框中的【文件】按钮,会弹出寻找文件对话框,在素材中找到"背景图片.jpg"文件,单击【确定】按钮,回到图 5-52 所示对话框,单击【全部应用】按钮,则所有幻灯片背景会变成如图 5-53 所示样式。

图 5-53　背景图片设置后效果

6．设置超链接

放映中若要根据需要放映对应的幻灯片,就需要设置相应的超链接。

① 把第 2 张幻灯片调整为当前编辑的幻灯片,选中内容"孔子",单击【插入】选项卡下的【超链接】,弹出【插入超链接】对话框,如图 5-54 所示。

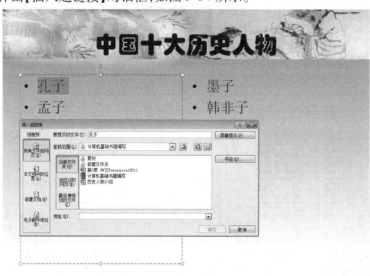

图 5-54　超链接设置对话框

② 单击【书签】按钮,弹出如图 5-55 所示的对话框。

③ 选择书签"孔子",单击【确定】按钮,回到图 5-54 所示对话框,再次单击【确定】按钮,即完成第 2 张内容为"孔子"的超链接的设置。

④ 重复上面的步骤,完成剩下所有内容的超链接设置。

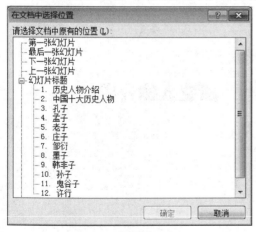

图 5-55　超链接到书签

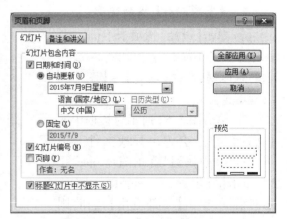

图 5-56　页眉和页脚设置

7．设置页眉和页脚

① 单击【插入】选项卡下的【页眉和页脚】按钮,弹出如图 5-56 所示的对话框。

② 按照图 5-56 所示在需要的选项上打钩,选中【自动更新】单选按钮,在其栏下选择日

期和时间的格式,单击【全部应用】按钮,幻灯片的页眉和页脚效果如图5-57所示。

图5-57　设置好页眉和页脚后的效果

8．保存结果

幻灯片初步制作好后,以"历史人物介绍.pptx"为文件名保存。

5.7.2　演示文稿的个性化制作

【教学目的】

- 掌握复制、删除、交换幻灯片位置的方法。
- 掌握幻灯片母版的设置方法。
- 掌握幻灯片主题的简单设置方法。
- 掌握幻灯片自定义动画的设置方法。
- 掌握幻灯片放映的切换方式和放映的高级技巧。

【项目准备】

将"素材\第五章\实验5-2"复制到本地盘中(比如桌面)。

【项目内容】

打开"素材\第五章\实验5-2/历史人物介绍.pptx"。

1．幻灯片的复制

把当前幻灯片切换到第2张幻灯片,单击【开始】选项卡下的【复制】按钮,切换当前编辑的幻灯片为第3张幻灯片,再单击【开始】选项卡下的【粘贴】按钮,此时,第3张幻灯片下面复制并插入了一张和第2张幻灯片一样的幻灯片,如图5-58所示。

2．幻灯片的删除

把当前编辑幻灯片切换到第2张,单击鼠标右键,弹出如图5-59所示的快捷菜单,单击【删除幻灯片】选项,即会删除第2张幻灯片。

图 5-58 复制幻灯片

图 5-59 幻灯片的删除

3．交换幻灯片的位置

在【幻灯片大纲】窗口中，选中前面被复制的第 2 张幻灯片，左键单击此幻灯片不放，上下移动鼠标的位置，当鼠标移动到第 1 张和第 2 张幻灯片之间，松开鼠标左键，则完成了第 2 张幻灯片和第 3 张幻灯片的交换。

4．幻灯片母版的设置

① 单击【视图】选项卡下的【幻灯片母版】按钮，界面切换到母版编辑状态，如图 5-60 所示。

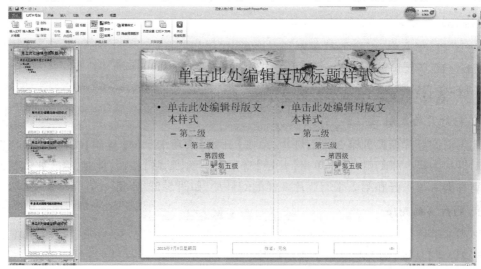

图 5-60 幻灯片母版编辑

② 在【幻灯片】窗口中,选择【标题幻灯片】版式,选中"单击此处编辑母版标题样式"内容,单击鼠标右键,弹出如图 5-61 所示的快捷菜单。

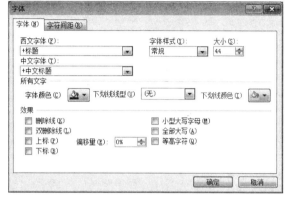

图 5-61　单击右键弹出快捷菜单　　　　　图 5-62　【字体】对话框

③ 选择【字体】选项,弹出【字体】对话框,如图 5-62 所示。

④ 设置中文字体为"华文琥珀",字号为 48,字体颜色为"红色"。

⑤ 在【幻灯片】窗口中,选择【两栏内容】版式,按照上面的步骤,改动标题中文字体为"华文隶书",其他为默认值。

⑥ 在【幻灯片】窗口中,选择【仅标题】版式,按照上面的步骤,改动标题中文字体为"华文隶书",其他为默认值。

⑦ 单击【幻灯片母版】选项卡下的【关闭母版视图】,回到幻灯片编辑状态下,仔细观察标题幻灯片格式的改变、其他幻灯片标题的改变。

5．主题的设置

① 应用主题,可以统一定义幻灯片中占位符位置、文字字体字号、背景颜色和文字颜色等各种配色效果。单击【设计】功能选项卡,在主题栏中可以选择需要的主题,如图 5-63 所示。

图 5-63　系统自带主题

② 若不选择系统自带主题,可以选择【新建主题颜色…】(图 5-64),并为新建主题设置相应配色方案和字体。

③ 弹出如图 5-65 所示的对话框,对超链接的颜色设置为"红色",给本次定义的主题颜色取名,然后单击【保存】按钮。

④ 本 ppt 的超链接的颜色会改变为红色,以后编辑别的 ppt 时,也可以应用此主题的颜色。

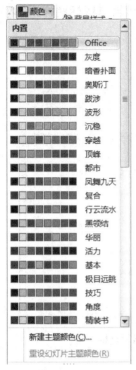

图 5-64　主题颜色　　图 5-65　设置新建主题颜色　　图 5-66　新建主题字体的设置

⑤ 接下来配置新建主题字体效果,单击【字体】旁边的倒三角形,弹出如图 5-66 所示的下拉列表,选择某一种字体即可。

6．为幻灯片对象添加动画效果

幻灯片中每一个文本框、每一张图片都可以看成是一个对象。可以为每一个对象添加演示的动画效果。

① 切换当前编辑的幻灯片为第 1 张幻灯片,单击"标题文本框",单击【动画】选项卡,如图 5-67 所示。

② 选择【浮入】效果,以"单击"开始,其他效果默认,设置完毕可以看到"标题文本框"在编辑状态下左上角标识了一个"1"字,表明这个对象的出现次序是第一个。

③ 其他幻灯片的对象设置参考以上步骤(参看样例,每一张幻灯片中的对象都设置了自定义动画)。

图 5-67　幻灯片自定义动画设置

7．幻灯片切换方式的设置

① 选择需要进行切换方式的幻灯片为当前编辑幻灯片,单击【切换】选项卡,如图 5-68 所示。

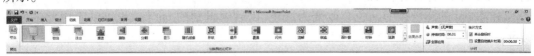

图 5-68　幻灯片切换设置

② 选择需要的幻灯片切换效果,设置声音、切换方式及持续时间等参数。

③ 如果所有的幻灯片都用这种切换效果,可以单击【全部应用】按钮;否则,重复以上两个步骤,分别对各张幻灯片单独进行设置。

8．设置返回动作按钮

① 选择最后一张幻灯片为当前编辑幻灯片,单击【插入】选项卡下的【形状】,在动作按钮部分,选择动作按钮"第一张",如图5-69所示。

② 在最后一张幻灯片位置画出动作按钮,此时会自动弹出对话框,如图5-70所示。

③ 在超链接设置中,设置超链接为"第一张"幻灯片,在幻灯片放映到最后一张,若单击此动作按钮,则返回到第一张从头开始播放。

图 5-69　动作按钮设置

图 5-70　"第一张"动作按钮超链接设置

9．幻灯片自定义放映

很多时候,放映中并不想完全按照演示文稿制作的顺序进行,希望有自定义的一套放映顺序,这个时候就可以借助幻灯片自定义放映来实现。

① 单击【幻灯片放映】选项卡下的【自定义幻灯片放映】按钮,在下拉列表中选择【自定义放映】,弹出【自定义放映】对话框,如图5-71所示。

图 5-71 【自定义放映】对话框

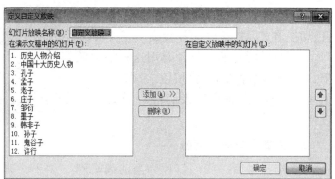

图 5-72 【定义自定义放映】对话框

② 单击【新建】按钮,进入如图 5-72 所示的对话框。

③ 在图 5-72 所示对话框中,选中第 1 张想播放的幻灯片,单击【添加】按钮,然后依次加入后面的幻灯片,从而自定义出一个新的放映顺序。

④ 给此次自定义的幻灯片播放顺序取名,完成之后,单击【确定】按钮。如果在放映时候,单击【幻灯片放映】选项卡下的【自定义幻灯片放映】按钮,会弹出前面新建的播放顺序的名字,选中即可按照新的播放顺序播放演示文稿。

10. 幻灯片放映方式的设置

如果有需要,可以对幻灯片的放映做一些设置,单击【幻灯片放映】选项卡下的【设置幻灯片放映】按钮,弹出如图 5-73 所示的对话框,选择【循环放映,按 ESC 键终止】,其他的按照系统默认设置。

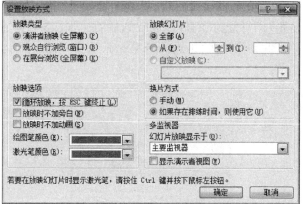

图 5-73 幻灯片放映设置

11. 保存结果

单击【文件】选项卡下的【另存为】命令,在适当位置保存文件为"历史人物介绍(个性化).pptx"。

第 6 章 数据库应用软件 Access 2010

人们常常把目前所处的时代称为大数据时代,在经济、管理、产业、服务、图书资料等各个领域中的几乎每个单位,都有大量的信息数据需要采集、处理、传输与存储,这就日益突显出数据库的重要性。

数据库技术产生于 20 世纪 60 年代中期,经过几十年的发展,已从最简单的数据管理方式发展到现在各种先进的数据库系统。Access 2010 除了保持以前版本的操作简单、功能强大等优点以外,还新增加了社区功能、集中化录入平台、数据库扩展到 Web、使用拖放功能把导航添加到数据库等引人注目的功能,人们使用 Access 2010 会感觉更加轻松、快速、智能化与方便。

Access 2010 的默认文件扩展名是.accdb。

6.1 基本术语

1. 有关数据库的基本术语

(1) 数据与数据处理

数据(Data)是存储在某种媒体上能够识别的数据符号。它包括描述事物特性的数据内容和存储在某种媒体上的数据形式。

(2) 数据库

数据库(Database,DB)是指按照一定的数据模型,有规则地存储在一起的相关信息的数据集合。简而言之,数据库就是数据的仓库,它不仅包括描述事物的数据本身,还包括数据之间的关系。

(3) 数据库系统

数据库系统(Database System,DBS)是指由数据库及其管理软件组成的系统,它是一个可运行的存储、维护和应用相关数据的系统,是存储介质、处理对象和管理系统的集合体。

(4) 数据库管理系统

数据库管理系统(Database Management System,DBMS)是建立、维护和使用数据库,对数据库进行统一管理和控制,以保证数据库的安全性和完整性的软件系统。用户必须通过 DBMS 访问数据库中的数据,数据库管理员也必须通过 DBMS 进行数据库的管理与维护。

(5) 关系数据库

关系数据库是指一类装载着数据的表的集合,这些表中的数据能以许多不同的方式被存取或重新召集而不需要重新组织数据库表。自 20 世纪 80 年代以来,几乎所有的数据库系统都是关系数据库,如 Microsoft SQL Sever、Visual FoxPro、Oracle 等都采用关系模型。

Microsoft Access 是一种典型的关系数据库。

2．DBMS 的有关术语

(1) 表、字段与记录

如前所述,关系数据库是指一类装载着数据的表的集合。这里首先介绍表的基本概念。

在 Access 中,表将数据组织成"列"(称为字段)和"行"(称为记录)的形式。每一列的名字(字段名)是唯一的,每一列中的内容有相同的属性和数据类型。

在创建表之前,先要对表结构进行设计,即根据数据的取值情况确定每个字段的名称和数据类型。字段名一般以字符开头,后面可跟字符和数字等允许的符号,最多可包含 64 个字符。同一个表中不能有相同的字段名。字段数据类型定义了用户可以输入到字段中的值的类型,如表 6-1 所示。

表 6-1　Access 的数据类型及用法

数据类型	用　　法
文本	用于存放文本或者文本与数字的组合,最多含 255 个字符,默认大小为 50。这种类型中的数字不能进行数学计算
数字	用于存放可进行数学计算的数字数据,可以有小数位和正负号
日期/时间	用于存放表示日期和时间的数据,允许进行少量的日期和时间运算
备注	用于存放超长文本或文本与数字的组合,最多含 65535 个字符
货币	用于存放表示货币的数据,可进行数学计算,可以有小数位和正负号
自动编号	向表中添加一条新记录时,由 Access 指定一个唯一的顺序号(每次加 1)或随机数
是/否	又称逻辑型数据,只有两种可能的取值:"是"或"否"、"真"或"假"
OLE 对象	用于其他 Windows 应用程序中对象的链接与嵌入,最大 1GB
超链接	用于保存超链接的有效地址
查阅向导	用于创建一个字段,该字段允许从其他的表、列表框或组合框中选择字段类型

(2) 字段属性

每个字段都有自己的属性,字段属性是一组特征,可以附加控制数据在字段中的存储、输入或显示方式。系统提供了如表 6-2 所示的 13 种属性供选择使用。

表 6-2　Access 的字段属性及功能

属性选项	功　　能
字段大小	可以设置文本、数字、货币和自动编号字段数据的范围,可设置的最大字符数为 255
格式	控制显示和打印数据,可选择预定义格式或输入自定义格式

续表

属性选项	功　　能
小数位数	指定数字、货币字段数据的小数位数,默认值是"自动",范围是 0~15
输入法模式	确定光标移至该字段时,准备设置的输入法模式,有三个选项:随意、开启、关闭
输入掩码	用户在输入数据时可以看到这个掩码,提示用户知道如何输入数据,对文本、数字、日期/时间和货币类型字段有效
标题	在各种视图中,可以通过对象的标题向用户提供帮助信息
默认值	指定数据的默认值,自动编号和 OLE 数据类型没有此项属性
有效性规则	一个表达式。用户输入的数据必须满足此表达式,当光标离开此字段时,系统会自动检测数据是否满足有效性规则
有效性文本	当输入的数据不符合有效性规则时显示的提示信息
必填字段	该属性决定字段中是否允许出现 Null 值
允许空字符串	指定该字段是否允许零长度字符串
索引	决定是否建立索引的属性,有三个选项:"没有"、"有,允许重复"和"有,不允许重复"
Unicode 压缩	指示是否允许对该字段进行 Unicode 压缩

(3) 主键(主关键字)

主键是表中用于唯一标识每条记录的主索引。主键不是必需的,但主键能将表与其他表中的相同字段相关联,只有定义了主键,才能建立表与表之间的关系,同时也方便对表进行排序或索引操作。主键不允许为 Null(空值),并且必须始终具有唯一索引。如果表中某个字段没有重复的内容,就可用作该表的主键。

(4) 视图

① 设计视图:用于设计表的字段和字段的属性,如数据类型、长度、默认值等参数。

② 数据表视图:用于编辑和显示当前数据库中的数据。用户在录入、修改、删除数据时,大部分操作在数据表视图中进行。

6.2　Access 数据库与数据表操作

Access 2010 的工作界面由标题栏、功能区选项卡、快速访问工具栏、功能区、导航窗格等组成,其基本结构如图 6-1 所示。

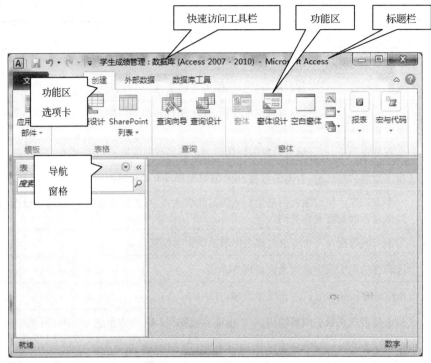

图 6-1　Access 2010 的工作界面

下面以"学生成绩管理"数据库为例,通过对 Access 数据库和表、查询、窗体和报表的创建,初步掌握 Access 数据库管理软件的简单使用。

在"学生成绩管理"数据库中,包括表 6-3 所示的"学生基本情况表"和表 6-4 所示的"学生成绩登记表"。

表 6-3　学生基本情况表

学号	姓名	性别	出生日期	籍贯
900101	周丽萍	女	1995/8/7	浙江宁波
900102	王英	女	1995/8/10	江苏苏州
900103	陈子雅	男	1994/12/25	湖南长沙
900104	周文洁	女	1994/11/19	广西桂林
900105	成立	男	1994/12/30	江苏无锡
900106	陈晖	男	1994/10/7	江苏无锡
900107	王玉芳	女	1994/11/20	江苏扬州
900108	邵艳	女	1995/9/2	江苏盐城
900109	殷岳峰	男	1995/8/30	四川成都
900110	张友琴	女	1995/5/9	山东青岛

第 6 章 数据库应用软件 Access 2010

表 6-4 学生成绩登记表

学号	高等数学	大学英语	计算机基础
900101	78	71	90
900102	98	85	98
900103	70	61	80
900104	69	65	78
900105	60	49	60
900106	77	78	80
900107	48	62	60
900108	56	48	58
900109	66	68	78
900110	95	88	95

6.2.1 新数据库的创建

单击【开始】按钮，依次选择【所有程序】→【Microsoft Office】→【Microsoft Access 2010】，弹出如图 6-2 所示的【文件】选项卡工作界面。

图 6-2 【空数据库】创建窗口

例如，若要创建一个文件名为"学生成绩管理"的空数据库，具体操作步骤如下：

① 单击图 6-2 左侧选项【新建】。

② 在【可用模板】栏中选择【空数据库】，同时将右下角【文件名】框中的默认文件名改成"学生成绩管理"，然后单击右侧的文件夹图标选择保存路径。

③ 单击右下角的【创建】按钮，就完成了一个数据库文件的创建。

Access 2010 中可以使用的数据库文件格式有 Access 2000、Access 2002-2003、Access 2007-2010，前两者的数据库扩展名为".mdb"，后者的扩展名为".accdb"。不同的数据库文件格式可以通过单击【文件】菜单下的【选项】，在弹出的如图 6-3 所示的【Access 选项】对话框中进行设置。Access 2000、Access 2002-2003 格式可以转换成 Access 2007-2010 格式。

图 6-3 【Access 选项】对话框

6.2.2 表的创建与操作

数据库建立好以后，就需要向空数据库添加各种对象，首先要添加的对象是表。表是 Access 数据库的基础、信息的载体。其他对象，如查询、窗体和报表等，是将表中的信息以各种形式表现出来，以方便用户使用。

创建表的方法共有 5 种：使用设计器创建表、使用向导创建表、通过输入数据创建表、导入表和链接表。

1. 使用设计器创建表

使用设计器创建表，即使用"设计视图"创建表，创建的只是表的结构，用户可按照自己的需求设计和修改表的结构和属性。记录则需要用"数据表视图"输入。

例如，在"学生成绩管理"数据库中，利用表设计器，创建学生基本信息表。具体操作步骤如下：

① 单击 Access 工作界面【文件】→【打开】按钮，把"学生成绩管理"数据库调入如图 6-4 所示的对话框中。

② 选中"学生成绩管理"，单击【打开】按钮，再选择【创建】选项卡，出现如图 6-5 所示的界面。

图 6-4 【打开】对话框

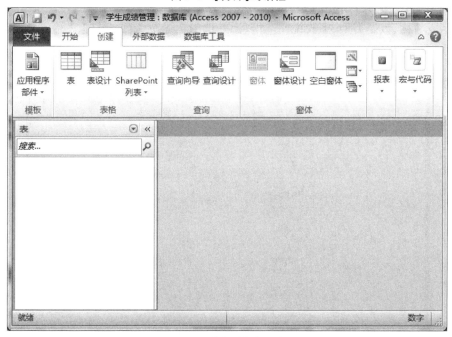

图 6-5 【创建】选项卡

③ 单击【表格】组中的【表设计】按钮,弹出如图 6-6 所示的【表格工具设计】界面。

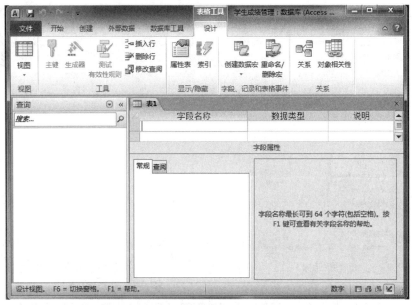

图 6-6 【表格工具设计】界面

④ 在【表格工具设计】界面中，根据学生信息情况表，输入学号、姓名、性别、出生年月、籍贯等字段名称、数据类型、字段说明等信息，并选中学号所在行，单击【表格工具设计】选项卡下的【工具】组中的【主键】按钮 设置主键，如图 6-7 所示，单击快速访问工具栏中的【保存】按钮，按照提示输入表的名称，保存表的结构。

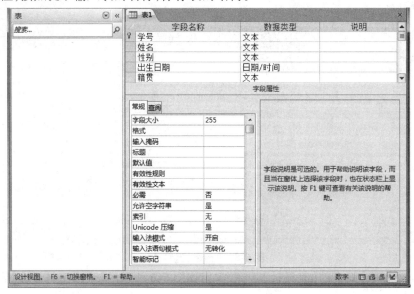

图 6-7 【表格工具设计】窗口

⑤ 单击【视图】按钮，在下拉列表中选择【数据表视图】，如图 6-8 所示，切换到【数据表视图】，逐条输入记录，最后关闭表窗口。完成后的数据库窗口如图 6-9 所示。

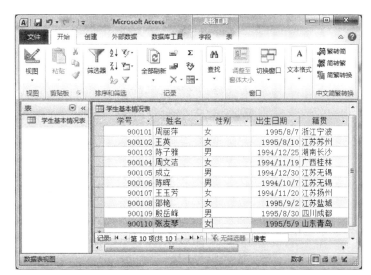

图6-8 【视图】选择窗口

图6-9 学生基本情况表

2．导入或链接数据创建表

对于外部文件,如 Excel、FoxPro、dBase 等文件,Access 可以通过导入和链接外部文件来创建表。

例如,将"学生成绩管理.xlsx"中的"成绩登记表"工作表(图6-10)导入"学生成绩管理"数据库中,并命名为"成绩登记表"。

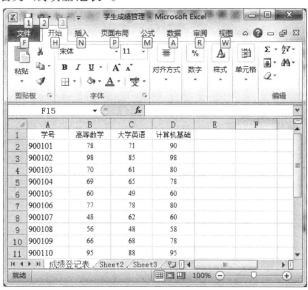

图6-10 成绩登记表

① 单击【外部数据】选项卡下的【导入并链接】组中的【Excel】按钮,如图6-11所示,弹出如图6-12所示的【获取外部数据-Excel 电子表格】对话框,通过【浏览】按钮,选择"学生成绩管理.xlsx"。

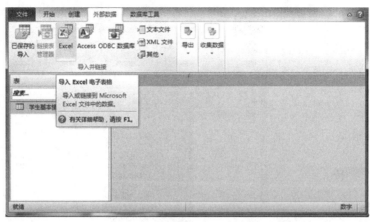

图 6-11 【外部数据】选项卡下的【导入并链接】组

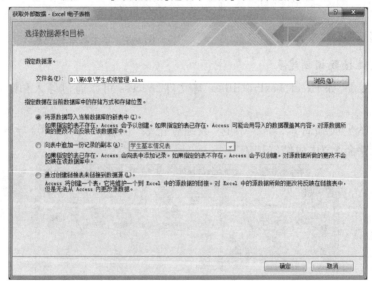

图 6-12 【获取外部数据-Excel 电子表格】对话框

② 单击【确定】按钮,出现如图 6-13 所示的【导入数据表向导】对话框(一)。

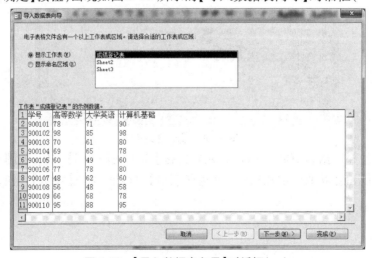

图 6-13 【导入数据表向导】对话框(一)

③ 按向导提示一步一步完成表的导入,如图6-14～图6-17所示,完成导入后的数据库窗口如图6-18所示。

图6-14 【导入数据表向导】对话框(二)　　图6-15 【导入数据表向导】对话框(三)

图6-16 【导入数据表向导】对话框(四)　　图6-17 【导入数据表向导】对话框(五)

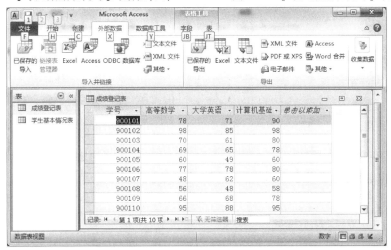

图6-18 完成导入后的数据库窗口

6.2.3 数据排序与筛选

1. 记录的排序

对上述"成绩登记表"按"计算机基础"字段的值按从高到低的顺序排序。

① 在数据表视图中,打开"成绩登记表"工作表,单击"计算机基础"列选择区,如

图6-19所示。

图6-19 选中"计算机基础"列　　　图6-20 降序排列后的表

② 单击鼠标右键,在弹出的快捷菜单中选择【降序】 命令,则数据表中的数据按降序方式排列,如图6-20所示。

2．记录的筛选

在"学生基本情况表"中,查找籍贯字段值中含有"江苏"的所有记录。具体操作步骤如下:

① 打开"学生基本情况表",选定"籍贯"字段,单击该字段的下拉按钮"▼",弹出该字段的下拉列表,单击表中【文本筛选器】的下拉按钮,弹出如图6-21所示的【文本筛选器】下拉列表。

图6-21 【文本筛选器】下拉列表　　　图6-22 【自定义筛选】对话框

② 在表中选择【开头是】,弹出如图6-22所示的【自定义筛选】对话框,输入"江苏",单击【确定】按钮,结果如图6-23所示,籍贯字段中含有"江苏"的记录均被筛选出来。

图6-23 筛选后结果

6.2.4 表之间的关系操作

1. 建立关系

通过"学号"字段,在"学生基本情况表"和"成绩登记表"之间建立一对一的关系。具体操作步骤如下:

① 单击如图 6-18 所示的【表格工具】→【表】选项卡下的【关系】,弹出【显示表】对话框,否则单击工具栏上的【显示表】按钮可调出它。

② 单击【表】选项卡,选择"学生基本情况表"后,单击【添加】按钮,再选择"成绩登记表",单击【添加】按钮,然后单击【关闭】按钮,关闭【显示表】对话框。在【关系】窗口中就显示出要建立关系的两个表。

③ 在"学生基本情况表"中单击"学号"字段,并将其拖放到"成绩登记表"中的"学号"字段上,弹出【编辑关系】对话框;单击【创建】按钮,在【关系】窗口中的这两个表之间就出现了一条一对一的关系连线。

④ 单击【关系】窗口右上方的【关闭】按钮,表之间的关系保存在数据库中。

2. 修改表之间的关系

(1) 删除表之间的关系

删除关系的操作也在【关系】窗口中进行。如果【关系】窗口未曾关闭,准备删除的关系还在其中显示,仅需单击关系连线,使之变粗,然后按【Delete】键,即可删除该关系。

(2) 更改关联字段

更改关联字段的操作在【编辑关系】对话框中进行。在【关系】窗口中双击关系连线,弹出【编辑关系】对话框,分别单击两个关联表的下拉列表框的下拉箭头,从弹出的下拉列表中选定新的关联字段,然后单击【确定】按钮,即完成关联字段的更改。

6.3 Access 的查询

查询用以从数据库中获取指定的信息,并以表的形式在数据表视图中显示有关记录。Access 的查询可以对一个数据库中的一个或多个表中存储的数据信息进行查找、统计、计算、排序等操作。

设计查询有多种方法,用户可以通过查询设计器或查询设计向导设计查询。

6.3.1 查询设计器及其使用

例如,创建一个名为"高等数学及格"的选择查询,将"成绩登记表"中高等数学成绩高于等于 60 分的记录选择出来,查询包括"学号""高等数学""大学英语""计算机基础"等字段,并按高等数学成绩降序排列。具体操作步骤如下:

① 在如图 6-24 所示的【创建】选项卡中,选择【查询设计】,弹出如图 6-25 所示的【显示表】对话框。

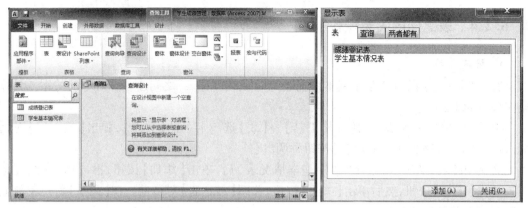

图 6-24　查询设计器创建查询　　　　　图 6-25　【显示表】对话框

② 单击【表】选项卡,双击"成绩登记表",把"成绩登记表"选入查询设计器的显示区后,关闭【显示表】对话框。

③ 此时,【创建】窗口的下方可以看到查询设计区的网格,由【字段】、【表】、【排序】、【显示】、【条件】和【或】6 行组成,分别双击"学号""高等数学""大学英语""计算机基础"等字段名,将它们添加到查询设计区的网格中。

④ 将光标定位在"高等数学"的【条件】框内,输入" >=60",再将光标定位在排序的框内,单击出现的下拉箭头,在出现的下拉列表框中选择【降序】,如图 6-26 所示。

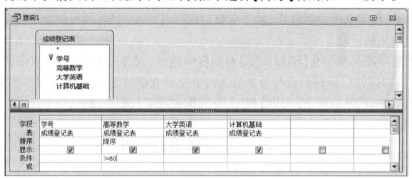

图 6-26　查询设置

⑤ 单击左上角的【保存】按钮,保存对查询设计的更改,在出现的【另存为】对话框中输入"高等数学及格",然后单击【确定】按钮,查询"高等数学及格"即被添加到数据库窗口中。

⑥ 双击"高等数学及格",显示查询结果集,如图 6-27 所示。

图 6-27　【查询】对话框

6.3.2 查询条件设置

1. 简单条件表达式

以上述数据库中的"学生基本情况表"和"成绩登记表"为例,可以设置如表6-5所示的条件查询。

表6-5 简单条件表达式表

字段名	条件表达式	含 义	说 明
性别	"女"	查询性别为"女"的记录	女值应使用双引号""括起来
大学英语	85	查询英语为85分的记录	等效为 =85
出生日期	#1995-5-9#	查询1995年5月9日出生者的记录	日期型数据用#括起来

2. 含运算符的条件表达式

运算符有比较运算符、字符串运算符和逻辑运算符,如表6-6~表6-8所示。

表6-6 比较运算符

运算符	含 义
<	小于
<=	小于等于
<>	不等于
>	大于
>=	大于等于
Between and	用于指定一个范围,主要用于数字型、货币型和日期型字段

表6-7 字符串运算符

运算符	字段名	条件表达式	含 义
Like	籍贯	Like"江苏"	查询籍贯中含"江苏"的记录
In	姓名	In("王英","邵艳")	查询姓名字段只能为"王英"或"邵艳"的记录

表6-8 逻辑运算符

运算符	字段名	条件表达式	含 义
AND(与)	高等数学	>=80 AND <=90	查询高等数学成绩在80~90之间的记录
OR(或)	大学英语	<70 OR >90	查询大学英语成绩在70以下或90以上的记录

6.4 项目练习

6.4.1 Access 2010 数据库中数据表的建立与维护

【教学目的】

- 掌握 Access 2010 中创建数据库文件的方法。
- 掌握 Access 2010 中创建数据表的方法。
- 掌握利用数据表视图输入表记录的方法。
- 掌握利用数据表视图更新表记录的方法。
- 掌握利用数据表视图删除表记录的方法。

【项目准备】

启动 Access 2010。

【项目内容】

(1) 在 Access 2010 中直接建立一个名为"学生成绩管理"的数据库

① 单击【开始】按钮,依次选择【所有程序】→【Microsoft Office】→【Microsoft Access 2010】,弹出【文件】选项卡工作界面。

② 将右下角【文件名】框中的默认文件名改成"学生成绩管理",然后单击右侧的文件夹图标选择保存路径,如图 6-28 所示。

③ 单击右下角的【创建】按钮,弹出新建的数据库窗口,就完成了一个数据库文件的创建。

图 6-28 【文件】选项卡工作界面

(2)在数据库"学生成绩管理"中使用表设计器新建"学生"表

① 选择【创建】选项卡,出现如图6-29所示界面。单击【表格】组中的【表设计】按钮,弹出【表格工具设计】界面,如图6-30所示。

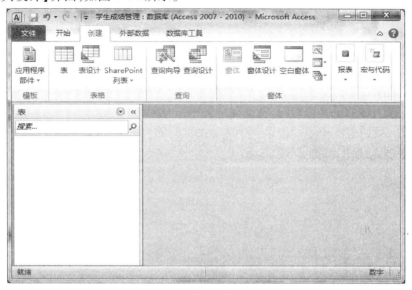

图6-29 【创建】选项卡

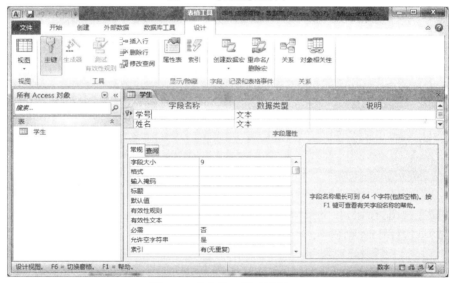

图6-30 【表格工具设计】界面

② 输入所有字段,选择其数据类型,并输入其字段大小,参见表6-9。

表6-9 学生表的数据结构

序号	字段名称	数据类型(长度)	主外键说明
1	学号	文本(9)	主键
2	姓名	文本(20)	
3	性别	文本(2)	
4	出生日期	日期/时间	

续表

序号	字段名称	数据类型(长度)	主外键说明
5	籍贯	文本(50)	
6	院系代码	文本(3)	
7	专业代码	文本(5)	

③ 选择"学号"字段行,执行【主键】命令,将"学号"字段设置为主键字段(主键即主关键字,对一个表来说不是必需的,但一般都指定一个主键。主键可以由一个或多个字段构成,不同的记录主键的值不可相同,从而保证表中记录的唯一性)。

④ 执行【文件】选项卡下的【保存】命令,在打开的【另存为】对话框中输入新表名称为"学生",新表保存成功,如图6-31所示。

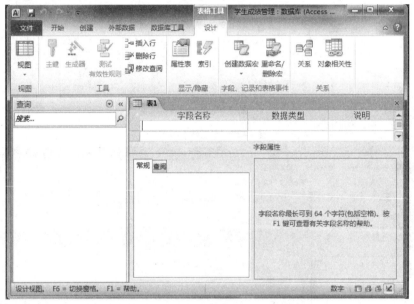

图6-31 Access数据库主窗口

(3) 在"学生"表中,利用数据表视图输入、修改、删除学生表记录

① 单击【视图】按钮,在下拉列表中选择【数据表试图】,打开"学生"表的数据表视图(图6-32),首次打开时无任何记录。

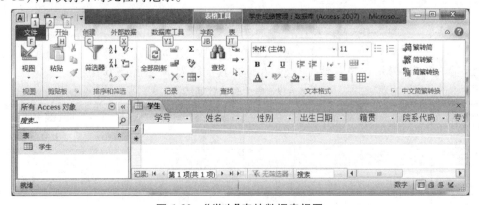

图6-32 "学生"表的数据表视图

② 在"学生"表的数据表视图中可一行一行地输入内容,参见表 6-10。

表 6-10 "学生"表的数据内容

序号	学号	姓名	性别	出生日期	籍贯	院系代码	专业代码
1	900010113	谢京平	男	1991-10-18	山东	001	00101
2	900010132	陆锦花	女	1991-5-29	江苏	001	00102
3	900020215	蒋立昀	男	1991-6-19	江苏	002	00201
4	900020216	王海云	男	1991-6-14	江苏	002	00202
5	900030101	孙珊珊	女	1991-2-6	江苏	003	00301

(4) 在数据库"学生成绩管理"中新建"院系"表

① 以同样的方法创建"院系"表,输入所有字段,选择其数据类型,并输入其字段大小,参见表 6-11。将"院系代码"字段设置为主键字段。

表 6-11 "院系"表的数据结构

序号	字段名称	数据类型(长度)	主外键说明
1	院系代码	文本(3)	主键
2	院系名称	文本(20)	

② 单击【视图】按钮,在下拉列表中选择【数据表视图】,在"院系"表的数据表视图中一行一行地输入记录内容,如图 6-33 所示。

图 6-33 "院系"表的数据表视图

(5) 在数据库"学生成绩管理"中使用表向导新建"成绩"表

① 以同样的方法创建"成绩"表,输入所有字段,选择其数据类型,并输入其字段大小,参见表 6-12。将"学号"字段设置为主键字段。

表 6-12 "成绩"表的数据结构

序号	字段名称	数据类型(长度)	主外键说明
1	学号	文本(3)	主键
2	选择	数字(小数,8,2)	

续表

序号	字段名称	数据类型(长度)	主外键说明
3	word	数字(小数,8,2)	
4	excel	数字(双精度型)	
5	ppt	数字(双精度型)	
6	access	数字(双精度型)	
7	成绩	数字(双精度型)	

② 单击【视图】按钮,在下拉列表中选择【数据表视图】,在"成绩"表的数据表视图中一行一行地输入记录内容,如图6-34 所示。

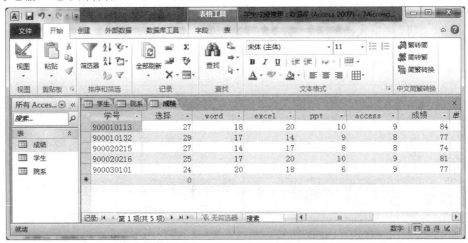

图 6-34　"成绩"表的数据表视图

(6) 保存数据库"学生成绩管理"

① 在操作 Access 的过程中,只需按照题目要求逐一保存表、查询、窗体、报表、页、宏、模块等对象即可,这些保存均为永久保存,对整个数据库无须进行额外的保存操作。

② 在"学生""院系""成绩"三张表保存好以后,直接关闭数据库即可。

6.4.2　Access 数据库中查询的创建与使用

【教学目的】

- 掌握利用查询设计器创建简单查询的方法。
- 掌握利用查询设计器创建汇总查询的方法。
- 掌握设计视图和数据表视图的切换方法。
- 掌握创建汇总查询时对相关字段名进行重命名的方法。

【项目准备】

将"素材\第6章\实验6-2"文件夹复制到本地盘中(如 D 盘)。

【项目内容】

(1) 打开素材文件夹中名为"test.mdb"的数据库,数据库包括"院系""学生""成绩"表,表的所有字段均用汉字来命名以表示其意义

① 打开素材文件夹,双击打开名为"test.mdb"的数据库文件,弹出"test.mdb"数据库窗口,如图6-35所示。

② 在数据库窗口中,左侧列表默认选中"对象"栏中的"表",右侧默认显示数据库中已有的数据表:"成绩""学生""院系"三张表,双击相关表的表名可以查看相关表的内容,如图6-36所示。

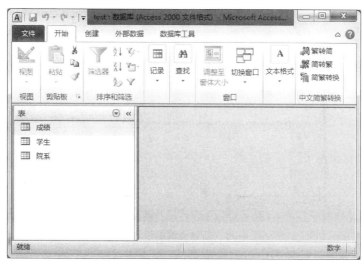

图 6-35　数据库窗口

图 6-36　"成绩"表的内容

（2）基于"学生"表,查询所有女生的名单,要求输出学号、姓名,查询保存为"CX1"

① 选择【创建】选项卡,单击【查询】组中的【查询设计】按钮,弹出【查询设计】界面。

② 在【显示表】对话框中选择【表】选项卡,选中列表中的"学生",单击【添加】按钮(图6-37),单击【关闭】按钮,弹出新建查询的设计视图,如图6-38所示。

图 6-37　【显示表】对话框

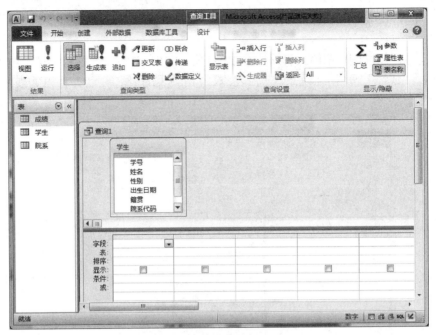

图 6-38　新建查询的设计视图

③ 在新建查询的设计视图中按照输出要求,在下方的字段行中依次添加两个字段"学号"和"姓名",然后根据查询要求再添加一个字段"性别",在"性别"列下方的"条件"行中输入条件"="女""。由于最终查询只要输出前两个字段,因此可以把"性别"列第四行"显示"部分的"√"去除,如图 6-39 所示。

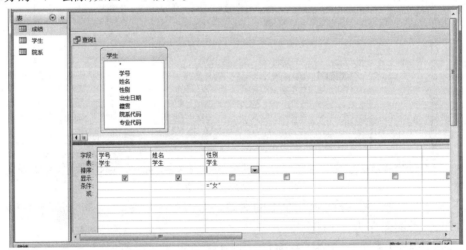

图 6-39　新建查询设计视图对话框

④ 单击 Access 窗口工具栏中的【运行】按钮,查看新建查询的数据表视图。

⑤ 执行【文件】选项卡下的【保存】命令,输入要保存的查询名称为"CX1"。

(3) 基于"学生"表,查询所有籍贯不为"山东"的学生名单,要求输出学号、姓名,查询保存为"CX2"

① 选择【创建】选项卡,单击【查询】组中的【查询设计】按钮,弹出【查询设计】界面。

② 在【显示表】对话框中选择【表】选项卡,选中列表中的"学生",单击【添加】按钮,单

击【关闭】按钮,弹出新建查询的设计视图。

③ 在新建查询的设计视图中按照输出要求,在下方的字段行中依次添加两个字段"学号"和"姓名",然后根据查询要求再添加一个字段"籍贯",在"籍贯"列下方的"条件"行中输入条件"＜＞"山东""。由于最终查询只要输出前两个字段,因此可以把"籍贯"列第四行"显示"部分的"√"去除,如图6-40所示。

图6-40 新建查询设计视图对话框

④ 单击Access窗口工具栏中的【运行】按钮,查看新建查询的数据表视图。

⑤ 执行【文件】选项卡下的【保存】命令,输入要保存的查询名称为"CX2"。

(4) 基于"学生""成绩"表,查询所有成绩优秀("成绩"大于等于85分且"选择"大于等于35分)的学生名单,要求输出学号、姓名、成绩,查询保存为"CX4"

① 选择【创建】选项卡,单击【查询】组中的【查询设计】按钮,弹出【查询设计】界面。

② 在【显示表】对话框中选择【表】选项卡,分别选中列表中的"学生""成绩",单击【添加】按钮,单击【关闭】按钮,弹出新建查询的设计视图。

③ 在新建查询的设计视图中首先连接"学生"表和"成绩"表的同名字段"学号",按照输出要求,在下方的字段行中依次添加三个字段"学号""姓名""成绩",然后根据查询要求再添加一个字段"选择"。在"成绩"列下方的"条件"行中输入条件"＞＝85",在"选择"列下方的"条件"行中输入条件"＞＝35",由于最终查询只要输出前三个字段,因此可以把"选择"列第四行"显示"部分的"√"去除,如图6-41所示。

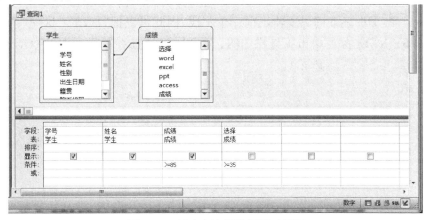

图6-41 新建查询设计视图对话框

④ 单击 Access 窗口工具栏中的【运行】按钮，查看新建查询的数据表视图，如图 6-42 所示。

学号	姓名	成绩
090010146	赵林莉	88
090040122	肖寒	94
090050213	黄星星	91
090050227	张春丽	92
090050228	杨云	90
090050230	刘芳	89
090050236	曹光雪	94
090050238	王桥	92
090050240	郭迪	93
090050245	王倩	92
090050251	孙汉林	96
090050252	周佳	94
090050253	梁彬	90
090060306	王秀娟	87
090060309	马兰	91

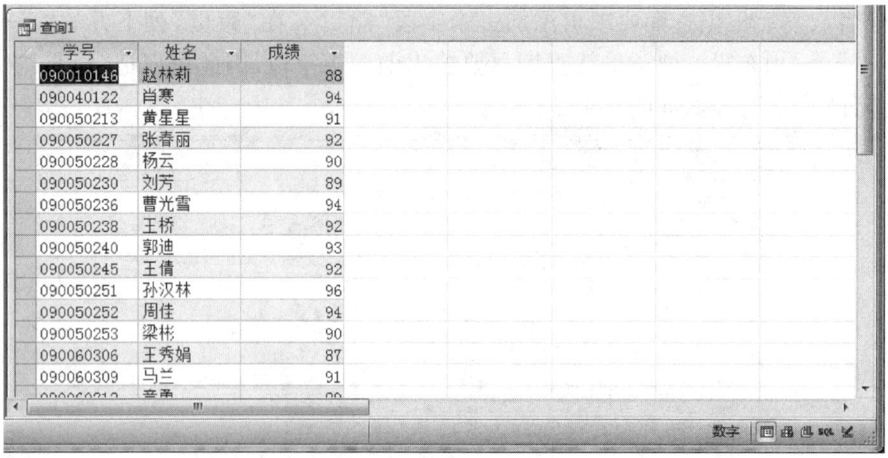

图 6-42　新建查询的数据表视图

⑤ 执行【文件】选项卡下的【保存】命令，输入要保存的查询名称为“CX3”。

（5）基于“院系”“学生”“成绩”表，查询各院系男女学生成绩合格（“成绩”大于等于 60 分且“选择”大于等于 24 分）的人数，要求输出院系名称、性别、人数，查询保存为“CX5”

① 选择【创建】选项卡，单击【查询】组中的【查询设计】按钮，弹出【查询设计】界面。

② 在【显示表】对话框中选择【表】选项卡，分别选中列表中的“成绩”“学生”“院系”，单击【添加】按钮，单击【关闭】按钮，弹出新建查询的设计视图。

③ 在新建查询的设计视图中首先连接“院系”“学生”“成绩”三张表的同名字段。注意，连接数据表的同名字段时是将三张表连接成一排，而不是连接成一个环路。

④ 在新建查询的设计视图中按照输出要求，在下方的字段行中依次添加三个字段“院系名称”“性别”“学号”（“人数”实质上是对“学号”字段做“计数”运算），然后根据查询要求再添加两个字段“成绩”和“选择”。

⑤ 单击工具栏上的 Σ 按钮，在新建查询的设计视图下方第三行处会插入一个新行名为“总计”，设置“院系名称”“性别”两个字段的总计方式为“Group By”，“学号”字段的总计方式为“计数”，“成绩”和“选择”两个字段的总计方式为“Where”。在“成绩”列下方的“条件”行中输入条件“>=60”，在“选择”列下方的“条件”行中输入条件“>=24”，如图 6-43所示。由于最终查询只要输出前三个字段，因此可以把“成绩”“选择”两列第五行“显示”部分的“√”去除。单击工具栏中的【运行】按钮，查看新建查询的数据表视图，如图 6-44 所示。

第6章 数据库应用软件 Access 2010

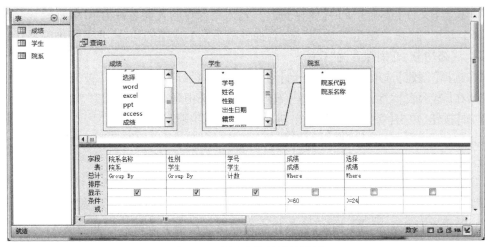

图 6-43 新建查询的设计视图

图 6-44 新建查询的数据表视图

⑥ 若要修改新建查询的数据表视图第三列的标题为"人数",首先单击【视图】按钮,切换回新建查询的设计视图,如图 6-45 所示,在第三列"学号"的"字段"行内容之前加上"人数:"(此处为英文状态下的冒号)。单击查看新建查询的数据表视图。

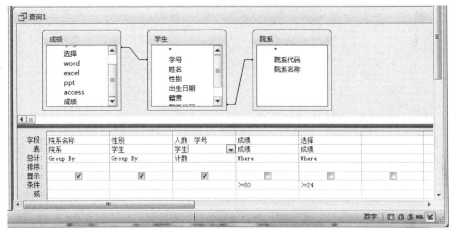

图 6-45 新建查询的设计视图

251

⑦ 执行【文件】选项卡下的【保存】命令，输入要保存的查询名称为“CX4”。

（6）基于“院系”“学生”“成绩”表，查询各院系学生成绩的均分，要求输出院系代码、院系名称、成绩均分，查询保存为“CX6”

① 选择【创建】选项卡，单击【查询】组中的【查询设计】按钮，弹出【查询设计】界面。

② 在【显示表】对话框中选择【表】选项卡，分别选中列表中的“成绩”“学生”“院系”，单击【添加】按钮，单击【关闭】按钮，弹出新建查询的设计视图。

③ 在新建查询的设计视图中首先连接“院系”“学生”“成绩”三张表的同名字段，将三张表连接成一排。

④ 在新建查询的设计视图中按照输出要求，在下方的字段行中依次添加三个字段“院系代码”“院系名称”“成绩”（“成绩均分”的统计实质上是对“成绩”字段做“平均值”运算）。

⑤ 单击工具栏上的 Σ 按钮，在新建查询的设计视图下方第三行处会插入一个新行名为“总计”，设置“院系代码”“院系名称”两个字段的总计方式为“Group By”，“成绩”字段的总计方式为“平均值”（图 6-46）。单击工具栏中的【运行】按钮，查看新建查询的数据表视图，如图 6-47 所示。

图 6-46　新建查询的设计视图

院系代码	院系名称	成绩之平均值
001	文学院	76.2857142857143
002	外文院	65.4571428571429
003	数科院	54.0769230769231
004	物科院	74.7692307692308
005	生科院	82.7777777777778
006	地科院	70.1470588235294
007	化科院	62.1785714285714
008	法学院	82.6326530612245
009	公管院	67.6086956521739
010	体科院	74.25

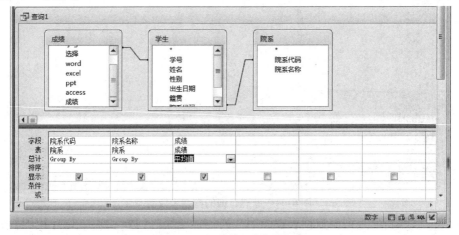

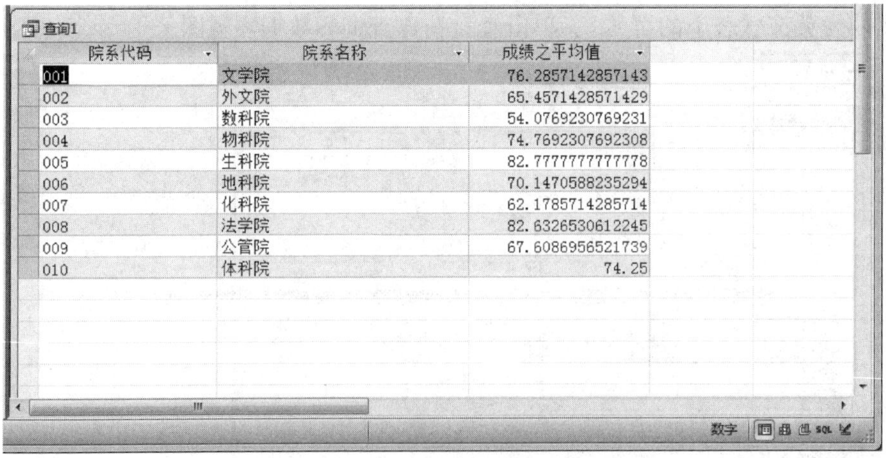

图 6-47　新建查询的数据表视图

⑥ 若要修改新建查询的数据表视图第三列的标题为"平均成绩",首先单击【视图】按钮,切换回新建查询的设计视图,如图6-48所示,在第三列"成绩"的"字段"行内容之前加上"平均成绩:"(此处为英文状态下的冒号)。单击【视图】按钮,查看新建查询的数据表视图。

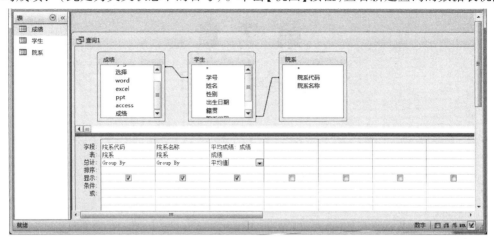

图6-48 新建查询的设计视图

⑦ 执行"文件"选项卡下的"保存"命令,输入要保存的查询名称为"CX5"。

(7) 保存数据库"test.mdb"

① 在操作Access的过程中,只需按照题目要求逐一保存表、查询、窗体、报表、页、宏、模块等对象即可,这些保存均为永久保存,对整个数据库无须进行额外的保存操作。

② 在"CX1"~"CX5"全部保存好以后,直接关闭数据库即可。

第 7 章 综合练习

7.1 项目练习一

【教学目的】
- 掌握文本文件与 Word 文档数据互换的方法。
- 掌握利用 Word 编辑文稿的常用技巧。
- 掌握利用 Excel 进行数据分析、制作图表的一般方法。
- 掌握利用 PowerPoint 制作幻灯片的方法。

【项目准备】

将"素材\第 7 章"文件夹复制到本地盘中(如 D 盘)。

【项目内容】

项目练习一以 Word 2010、Excel 2010、PowerPoint 2010 为工具,通过"编辑文稿"、"电子表格"和"演示文稿"操作的详细讲解,介绍了 Word 2010、Excel 2010、PowerPoint 2010 的操作过程,旨在提高学生对 Office 2010 软件的综合应用水平。

7.1.1 编辑文稿操作

调入"项目练习一"文件夹中的 ED1.RTF 文件,参考图 7-1,按下列要求进行操作。

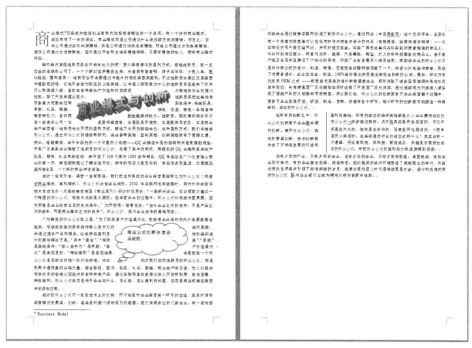

图 7-1　项目练习一效果图

1. 将页面设置为上、下、左、右页边距均为 2 厘米,装订线位于左侧,装订线 0.5 厘米,每页 45 行,每行 42 个字符(宋体,5 号,下同)。具体操作步骤如下:

① 单击【页面布局】选项卡下【页面设置】功能组右下角的小箭头,打开"页面设置"对话框,在【页边距】选项卡中按要求设置,如图 7-2 所示。

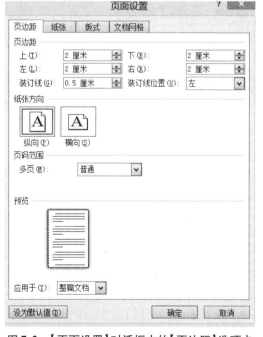

图 7-2　【页面设置】对话框中的【页边距】选项卡

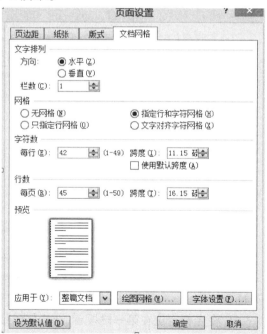

图 7-3　【页面设置】对话框中的【文档网格】选项卡

② 选择【文档网格】选项卡,选中【指定行和字符网格】单选按钮,按要求设置,如图 7-3

所示,单击【确定】按钮完成,单击 图标保存文档。

2. 参考样张,在适当位置插入艺术字"商业模式与创新",要求采用第五行第四列样式,艺术字字体为隶书、36号、加粗,环绕方式为紧密型。具体操作步骤如下:

① 选择【插入】选项卡下的【艺术字】命令,采用第五行第四列样式,单击【确定】按钮。在弹出的对话框中按图7-4所示设置,单击【确定】按钮完成。

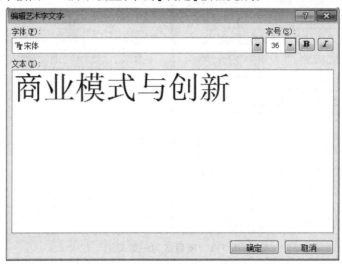

图7-4 【编辑艺术字文字】对话框

② 在弹出的艺术字【商业模式与创新】上右击,选择【设置艺术字格式】命令,在【版式】选项卡中按图7-5所示设置,单击【确定】按钮完成。

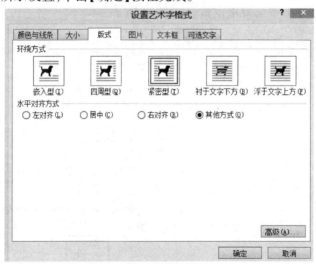

图7-5 【设置艺术字格式】对话框

3. 设置正文第一段首字下沉3行,首字为蓝色,其余段落首行缩进2字符。具体操作步骤如下:

① 将光标定位在第一段段首,选择【插入】选项卡下的【首字下沉】命令,在弹出的对话框中按图7-6所示设置,单击【确定】按钮。选中首字,单击鼠标右键,在弹出的快捷菜单中选择【字体】命令,打开【字体】对话框设置其颜色。

② 选择正文其余段落,单击鼠标右键,在弹出的快捷菜单中选择【段落】命令,打开【段落】对话框,在【缩进和间距】选项卡中按要求设置,如图 7-7 所示,单击【确定】按钮完成。单击 图标保存文档。

图 7-6 【首字下沉】对话框

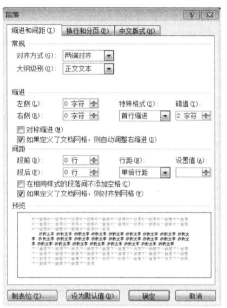

图 7-7 【段落】对话框

4. 将正文中所有的【商业公式】设置为红色、加着重号。具体操作步骤如下:

① 选中所有正文文字,选择【开始】选项卡下的【替换】命令,弹出【查找和替换】对话框,选择【替换】选项卡,在【查找内容】和【替换为】框中分别输入【商业模式】,单击【更多】按钮,打开高级设置面板,选中【替换为】中的文字,单击【格式】→【字体】按钮,按要求设置格式,单击【确定】按钮,如图 7-8 所示。

图 7-8 【查找和替换】对话框

② 单击【全部替换】按钮,在弹出的如图 7-9 所示对话框中单击【否】按钮完成。

图7-9 【Microsoft Word】对话框

5. 将正文倒数第二段分为偏左两栏,加分隔线。具体操作步骤如下:

选择【页面布局】选项卡下的【分栏】命令,选择【更多分栏】,打开【分栏】对话框,如图7-10所示,按要求设置单击【确定】按钮完成。

6. 参考样张,在适当位置插入【云形标注】自选图形,设置其环绕方式为紧密型,填充黄色,并在其中添加文字"商业公式创新决定企业成败"。具体操作步骤如下:

① 选择【插入】选项卡下【形状】组中的【标注】命令,弹出下拉列表,如图7-11所示,选择【云形标注】。按住鼠标左键绘制适当大小标注,输入文字。

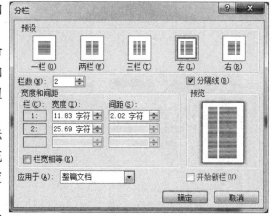

图7-10 【分栏】对话框

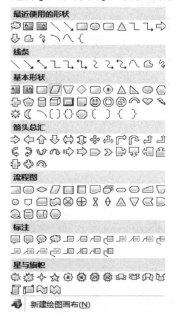

图7-11 【自选图形】对话框

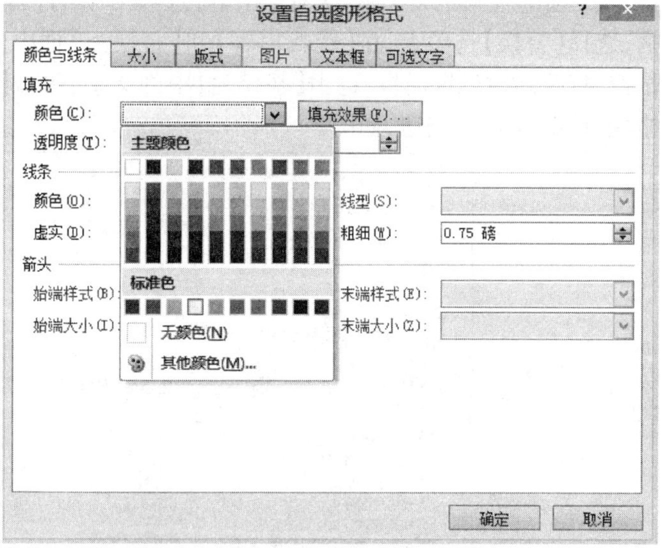

图7-12 【设置自选图形格式】对话框

② 在自选图形边沿右击,在弹出的快捷菜单中选择【设置自选图形格式】命令,打开【设置自选图形格式】对话框,如图7-12所示,在【颜色与线条】选项卡中设置填充色,在【版式】选项卡中设置环绕方式,单击【确定】按钮完成。

7. 在正文第一段首个"商业模式"后插入脚注,编号格式为【①,②,③…】,注释内容为"Business Model"。具体操作步骤如下:

选择【引用】选项卡,单击【脚注】功能组右下角的小箭头,在弹出的【脚注和尾注】对话框中设置好格式,如图7-13所示;单击【插入】按钮,在光标处输入脚注内容即可,如图7-14所示。

图7-13 【脚注和尾注】对话框　　　　图7-14 输入脚注内容

8. 将编辑好的文章以文件名:ED1,文件类型:RTF 格式(.RTF),存放于 D 盘中。

选择【文件】选项卡下的【保存】命令,在弹出的【另存为】对话框中输入文件名,选择文件类型,单击【保存】按钮。

7.1.2 电子表格操作

根据 ex1.xls 中的数据,制作 Excel 图表,具体要求如下:

1. 在工作表"一季度"中引用工作表"1月份"、"2月份"和"3月份"的数据,计算一季度各商品销售数量。具体操作步骤如下:

① 打开 ex1.xls,选择"一季度"工作表,定位光标在 D3 单元格,输入"="号,分别选择"1月份"、"2月份"和"3月份"工作表中同类商品的销售数量,之间输入"+"号,如图7-15所示,按回车键完成。

图7-15 E3 单元格的计算公式

② 利用自动填充柄功能完成其他单元格的计算:移动鼠标至 D3 单元格右下方,当鼠标变成实心十字架形状时按住鼠标左键拖动至 D12 单元格。单击 图标保存。

2. 在工作表"一季度"A1 单元格中输入标题"一季度商品销售数量统计",并设置其在 A1:D1 区域合并及居中。

单击选中 A1 单元格,输入标题;选中 A1:D1 单元格,单击工具栏上的 图标。

3. 在工作表"一季度"中的 E 列计算商品的销售额。具体操作步骤如下:

① 在工作表"一季度"E2 单元格中输入"商品销售额",在 E3 单元格中输入"="号,引用 D3 单元格,再输入"*",然后引用"商品目录"工作表中的 D2 单元格,如图7-16所示,按回车键完成。

② 利用自动填充柄功能完成其他单元格的计算:移动鼠标至 E3 单元格右下方,当鼠标变成实心十字架形状时按住鼠标左键拖动至 E12 单元格即可。

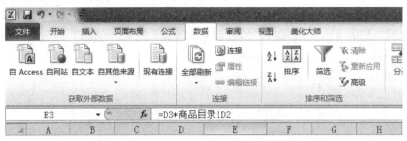

图 7-16　E3 单元格的计算公式

4. 在工作表"一季度"中,按商品销售数量从高到低排序。

选择【数据】选项卡下【排序和筛选】组中的【排序】命令,按图 7-17 所示设置,单击【确定】按钮完成。

图 7-17　【排序】对话框

5. 在工作表"一季度"中,设置表格外框线为最粗实线、内框线为最细实线。

在【开始】选项卡下单击【字体】功能组右下角的小箭头,弹出【设置单元格格式】对话框,单击【边框】选项卡,如图 7-18 所示,设置外框线为最粗实线、内框线为最细实线。

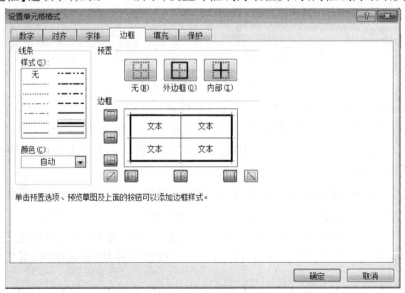

图 7-18　【设置单元格格式】对话框

6. 参考样张,根据商品销售数量较高的前 6 位商品数据生成一张"簇状柱形图",嵌入

当前工作表中,要求分类(X)轴标志为商品名,图表标题为"销售数量较高的商品",无图例。具体操作步骤如下:

① 按住【Ctrl】键,同时选中 B3:B8 单元格和 D3:D8 单元格,在【插入】选项卡下单击【柱形图】,选择【二维柱形图】中的【簇状柱形图】,如图 7-19 所示,即可插入图标。

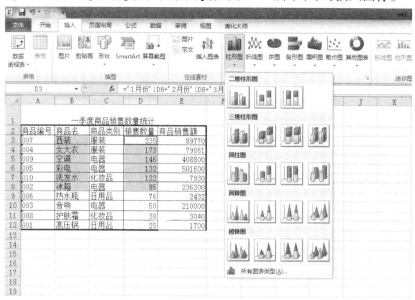

图 7-19　插入簇状柱形图

② 选中【图表】选项卡下的【布局】组,单击【图表标题】中的【图表上方】,在图表中添加标题文字,输入标题文字"销售数量较高的商品";在【图例】中选择【无】。

7. 将工作簿以文件名:EX1,文件类型:Microsoft Excel 工作簿(*.xlsx),存放于"项目练习一"文件夹中。

选择【文件】中的【另存为】命令,弹出【另存为】对话框,将保存类型更改为 Excel 工作簿,文件名为"EX1.xlsx",单击【保存】按钮。

7.1.3　演示文稿操作

完善 PowerPoint 文件 Web.ppt,具体要求如下:

1. 为第 1 张幻灯片添加标题"低碳生活方式",并设置该标题的动画效果为单击鼠标时从左侧飞入。具体操作步骤如下:

① 双击打开 Web.ppt 文件,在第 1 张幻灯片的文本"单击此处添加标题"处单击,输入标题文字,选中【动画】选项卡下的【飞入】命令,如图 7-20 所示。

图 7-20　【动画】选项卡

② 单击"效果选项",在下拉列表中设置动画效果,将动画的"方向"修改为"自左侧",如图 7-21 所示。

2. 设置所有幻灯片的切换方式为随机线条,并设置放映方式为【循环放映,按 ESC 键中止】。具体操作步骤如下：

图 7-21　选择效果选项【自左侧】

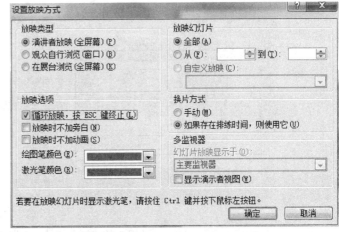

图 7-22　【设置放映方式】对话框

① 选择【切换】选项卡下的【随机线条】命令，单击【全部应用】按钮。

② 单击【幻灯片放映】选项卡下的【设置幻灯片放映】按钮，弹出【设置放映方式】对话框，如图 7-22 所示，勾选【循环放映，按 ESC 键中止】，单击【确定】按钮。

3. 将 life.doc 中的图片插入到最后一张幻灯片中，并设置其位置在水平和垂直方向距离左上角均为 7 厘米。

双击打开文件 life.doc，在图片上右击，选择【复制】命令，再定位到最后一张幻灯片中，右击选择【粘贴】命令。在图片上右击，在弹出的快捷菜单中选择【设置图片格式】命令，打开【设置图片格式】对话框，在【位置】选项卡中按图 7-23 所示设置，单击【关闭】按钮。

4. 将第 2 张与第 4 张幻灯片的位置互换。

在左侧"幻灯片"视图中按住鼠标左键将第 2 张幻灯片拖放至第 4 张幻灯片后，此时原来的第 4 张幻灯片就变成了第 3 张幻灯片，再按同样的方法将第 3 张幻灯片拖放至第 2 张幻灯片上，如图 7-24 所示。

图 7-23 【设置图片格式】对话框中的【位置】选项卡

图 7-24 移动幻灯片

5. 除标题幻灯片外,在其他幻灯片中插入自动更新的日期和时间以及页脚"低碳"。

选中除标题幻灯片之外的其他幻灯片,选择【插入】选项卡下的【页眉】或【页脚】,如图 7-25 所示,弹出【页眉和页脚】对话框,设置好选项,按图 7-26 所示设置,单击【全部应用】按钮。

图 7-25 【插入】选项卡

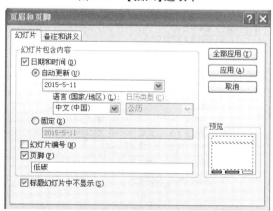

图 7-26 【页眉和页脚】对话框

6. 在最后一张幻灯片的右下角插入【第一张】动作按钮,超链接指向首张幻灯片,单击时伴有风铃声。

单击【插入】选项卡下【形状】按钮,在下拉列表中单击【第一张】动作按钮,如图 7-27 所

263

示,弹出【动作设置】对话框,选择超链接到"第一张幻灯片",如图7-28所示。

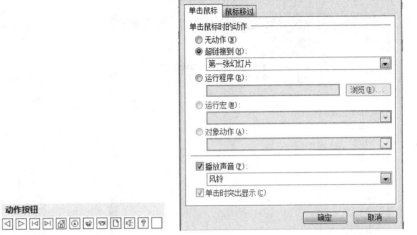

图7-27 选择【插入】→【形状】→【动作按钮】　　图7-28 【动作设置】对话框

7. 设置第2张幻灯片的背景填充效果为粉色面巾纸。

选中第2张幻灯片,单击【设计】选项卡下【背景】组中的【背景样式】(图7-29),在下拉列表中选择【设置背景格式】,弹出【设置背景格式】对话框(图7-30),选中【填充】→【图片或纹理填充】,在【纹理】中选中【粉色面巾纸】。

图7-29 【设计】选项卡下的【背景样式】

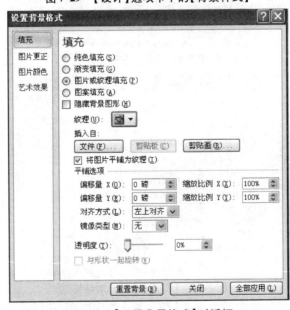

图7-30 【设置背景格式】对话框

8. 将制作好的演示文稿以文件名:Web,文件类型:演示文稿(＊.pptx)保存。

选择【文件】中的【另存为】命令,弹出【另存为】对话框(图7-31),将保存类型更改为【PowerPoint 演示文稿】,文件名为【Web.pptx】,单击【保存】按钮。

图 7-31 【另存为】对话框

7.2 项目练习二

【教学目的】
- 掌握利用 Word 编辑文稿的一般方法。
- 掌握利用 Excel 进行数据处理的方法。
- 掌握利用 PowerPoint 对幻灯片进行设置的方法。

【项目准备】

将"素材\第7章"文件夹复制到本地盘中(如 D 盘)。

【项目内容】

项目练习二以 Word 2010、Excel 2010、PowerPoint 2010 为工具,通过"编辑文稿"、"电子表格"和"演示文稿"操作的详细讲解,介绍了 Word 2010、Excel 2010、PowerPoint 2010 的操作过程,旨在提高学生对 Office 2010 软件的综合应用水平。

7.2.1 编辑文稿操作

调入"项目练习二"文件夹中的"ED2.RTF"文件,参考图 7-32,按下列要求进行操作。

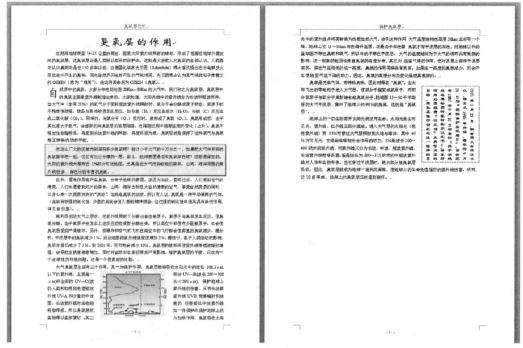

图 7-32　项目练习二效果图

1. 将页面设置为 A4 纸，上、下页边距为 2.5 厘米，左、右页边距为 3 厘米，每页 40 行，每行 42 个字符。具体操作步骤如下：

① 单击【页面布局】选项卡下【页面设置】组右下角的对话框启动器按钮，弹出【页面设置】对话框，选择【页边距】选项卡，按图 7-33 所示设置。

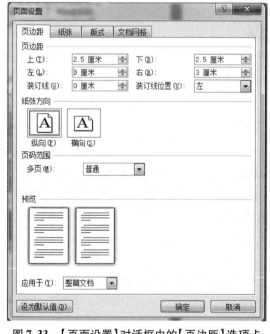 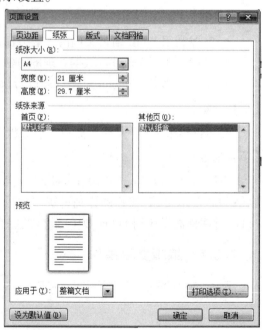

图 7-33　【页面设置】对话框中的【页边距】选项卡　　图 7-34　【页面设置】对话框中的【纸张】选项卡

② 选择【纸张】选项卡，按图 7-34 所示设置。

③ 选择【文档网格】选项卡，按要求设置。

2. 给文章加标题"臭氧层的作用"，并将标题设置为华文新魏、一号字、居中对齐，字符间距缩放 120%。具体操作步骤如下：

① 将光标放到文档开始，按下【Enter】键输入回车符，将光标定位在第一行，输入文字"臭氧层的作用"。

② 选中文字"臭氧层的作用"，选择【字体】功能组右下角的小箭头，在弹出的【字体】对话框中选择【字体】选项卡，按要求设置好字体、字号及对齐方式。选择【高级】选项卡，如图 7-35 所示，在【字符间距】下的【缩放】中输入"120%"，单击"确定"按钮。

3. 设置奇数页页眉为"臭氧层危机"，偶数页页眉为"保护臭氧层"，所有页的页脚为自动图文集"- 页码 -"，页眉和页脚均居中显示。具体操作步骤如下：

① 单击【插入】选项卡下【页眉和页脚】组中的【页眉】(图 7-36)，在下拉列表中选择【编辑页眉】，弹出【页眉和页脚工具设计】选项卡，如图 7-37 所示。

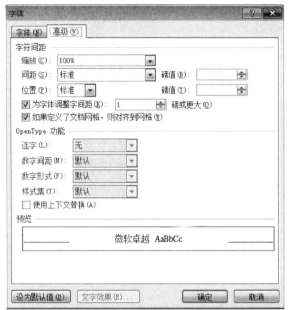

图 7-35　【字体】对话框中的【高级】选项卡

图 7-36　【插入】选项卡下的【页眉和页脚】组

图 7-37　【页眉页脚工具设计】选项卡

② 选中【选项】组中的【奇偶页不同】。

③ 在奇数页页眉处输入"臭氧层危机"，在偶数页页眉处输入"保护臭氧层"，分别单击居中按钮，设置居中对齐。

④ 分别将光标定位在第一页和第二页页脚处，选择【页眉和页脚】组中的【页码】按钮，在下拉列表中选择【页面底端】，选择一种页码，单击居中按钮，设置居中对齐，单击【关闭页眉和页脚】按钮。

4. 设置正文第二段首字下沉 2 行，首字字体为楷体，其余段落首行缩进 2 字符。具体操作步骤如下：

①将光标定位在正文第二段，选择【插入】选项卡下【文本】组中的【首字下沉】命令，打开【首字下沉】对话框，按图7-38所示设置，单击【确定】按钮。

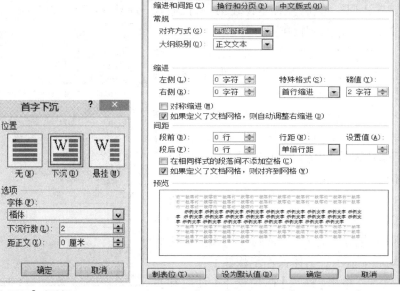

图7-38 【首字下沉】对话框　　　　图7-39 【段落】对话框中的【缩进和间距】选项卡

②选择正文第一段，按住【Ctrl】键，再次选择正文第三段到文章结束，右击，在弹出的快捷菜单中选择【段落】命令，打开【段落】对话框，选择【缩进和间距】选项卡，按图7-39所示设置。

5. 参考样张，在适当位置插入图片pic2.jpg，设置其高度为4厘米、宽度为6厘米，环绕方式为四周型。具体操作步骤如下：

①参考样张，将光标定位在正文适当位置，选择【插入】选项卡下的【图片】命令，打开【插入图片】对话框，选择图片"pic2.jpg"，如图7-40所示，单击【插入】按钮插入图片。

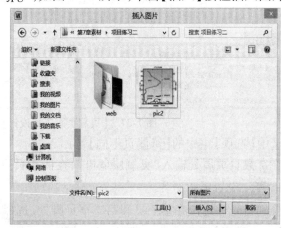

图7-40 【插入图片】对话框

②选中图片并右击，在弹出的快捷菜单中选择【设置图片格式】命令，打开【设置图片格式】对话框，选择【大小】选项卡，取消选中【锁定纵横比】选项。选择【版式】选项卡，设置环

绕方式为【四周型】,单击【确定】按钮,如图7-41所示。

③ 将图片移到样张位置。

图7-41 【设置图片格式】对话框

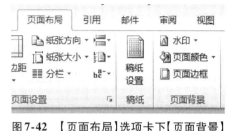

图7-42 【页面布局】选项卡下【页面背景】组中的【页面边框】命令

6. 给正文第三段加红色、1.5磅、带阴影边框,填充白色,背景1,深色5%的底纹。

选中正文第三段,选择【页面布局】选项卡下【页面背景】组中的【页面边框】命令,如图7-42所示,在打开的【边框和底纹】对话框中选择【边框】选项卡,如图7-43所示,设置红色、1.5磅、阴影边框;选择【底纹】选项卡,如图7-44所示,选择白色,背景1,深色5%的底纹,单击【确定】按钮。

图7-43 【边框和底纹】对话框中的【边框】选项卡

图7-44 【边框和底纹】对话框中的【底纹】选项卡

7. 参考样张,在最后一段插入竖排文本框,将 file.txt 文件中的内容添加到该文本框中,设置其字体为隶书,设置文本框边框为红色、2磅、方点,环绕方式为四周型,并适当调整其大小。具体操作步骤如下:

图7-45 【插入】选项卡下的【文本】组

① 选择【插入】选项卡下的【文本框】(图7-45),在下拉列表中打开【内置】命令(图7-46),选择插入一个简单文本框。

② 打开"file.txt"文件,选中其中文字,利用快捷键【Ctrl】+【C】复制,将光标定位在文本框内部,利用快捷键【Ctrl】+【V】粘贴文字,选中文本框中的文字,设置其字体为隶书。

③ 右击文本框边框,在弹出的快捷菜单中选择【设置文本框格式】命令,打开【设置文本

框格式】对话框,选择【颜色与线条】选项卡,如图7-47所示,在图中按要求设置;选择【版式】选项卡(图7-48),设置环绕方式为【四周型】,单击【确定】按钮。

图7-46 【内置】对话框

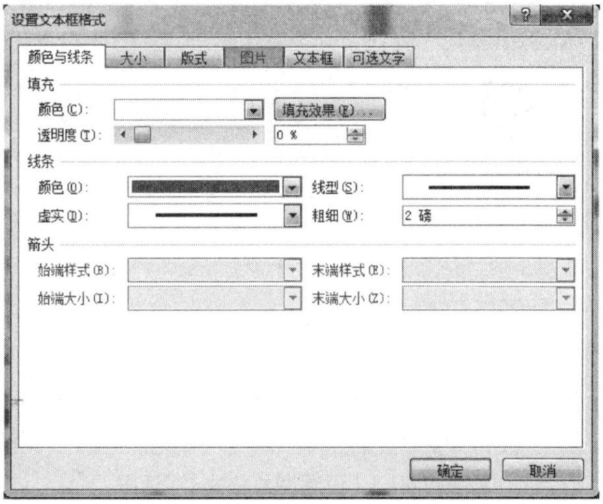

图7-47 【设置文本框格式】对话框中的【颜色与线条】选项卡

图7-48 【设置文本框格式】对话框中的【版式】选项卡

④ 参考样张,调整文本框的大小和位置。

8. 将编辑好的文章以文件名:ED2,文件类型:RTF格式(.RTF),存放于D盘中。操作步骤与前面类似。

7.2.2 电子表格操作

根据"ex2.xlsx"中的数据,制作如样张所示的Excel图表,具体要求如下:

1. 将工作表Sheet1更名为"GDP能耗",并设置A2:E20区域内外框线为最细单线。具体操作步骤如下:

① 在工作表Sheet1的标签处双击鼠标,工作表名"Sheet1"变为可修改状态,输入"GDP能耗",按【Enter】键完成修改。

② 拖动鼠标,选中 A2:E20 单元格,右击鼠标,在弹出的快捷菜单中选择【设置单元格格式】命令,弹出【设置单元格格式】对话框,如图 7-49 所示。在【线条样式】中选取最细的单线,然后分别单击【预置】中的【外边框】和【内部】,单击【确定】按钮,完成设置。

2. 在工作表"GDP 能耗"的 D3 至 D20 各单元格中,分别计算相应年度单位 GDP 能耗[单位 GDP 能耗 = CO_2 总能耗(亿吨)/GDP(亿元)]。具体操作步骤如下:

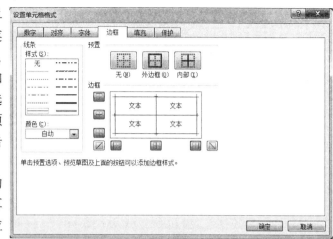

图 7-49 【设置单元格格式】对话框

① 选中 D3 单元格,输入" = ",进入公式编辑状态。

② 单击 B3 单元格,再输入除号"/",再单击 C3 单元格,此时编辑栏中显示" = B3/C3",按【Enter】键完成公式计算。

③ 拖动 D3 单元格的填充柄,复制公式到 D4:D20 单元格。

3. 在工作表"GDP 能耗"的 E 列 E4 至 E20 各单元格中,利用公式分别计算 1991 – 2007 年度单位 GDP 能耗增长率[增长率 =(本年度单位 GDP 能耗 – 上年度单位 GDP 能耗)/上年度单位 GDP 能耗],结果以百分比格式表示,保留 2 位小数。具体操作步骤如下:

① 选中 E4 单元格,输入公式" =(D4 – D3)/D3"。

② 拖动 E4 单元格的填充柄,复制公式到 E4:E20。

③ 选中 E4:E20 单元格并右击,在弹出的快捷菜单中选择【设置单元格格式】命令,打开【设置单元格格式】对话框,选择【数字】选项卡,按图 7-50 所示设置,单击【确定】按钮。

图 7-50 【设置单元格格式】对话框中的【数字】选项卡

4. 在"CO2 排放量"工作表的 I 列中,利用公式分别计算相应年度 CO_2 排放量合计;在 I2:I28 各单元格中,设置使用千位分隔符格式,小数位数为0。具体操作步骤如下:

① 选中 I2 单元格,选择【开始】选项卡下【编辑】组中的【自动求和】,插入求和函数,选择 B2:H2 单元格,按回车键完成计算。

② 拖动 I2 单元格的填充柄,复制公式到 I3:I28 单元格。

③ 拖动鼠标,选中 B2:I28 单元格,右击鼠标,在弹出的快捷菜单中选取【设置单元格格式】命令,弹出【设置单元格格式】对话框。在【数字】选项卡中,选取【分类】中的【数值】,将小数位数设为0,选中【使用千位分隔符】复选框,如图 7-51 所示,单击【确定】按钮完成设置。

图 7-51 【设置单元格格式】对话框中的【数字】选项卡

5. 根据"年度"与"单位 GDP 能耗"两列数据,生成一张"数据点折线图",嵌入当前工作表中,图表标题为"单位 GDP 能耗",无图例。具体操作步骤如下:

① 选中数据区域 D2:D20,选择【插入】选项卡下的【图表】组右下角的扩展命令(图 7-52),打开【插入图表】对话框,如图 7-53 所示。选择图表类型为【折线图】,子图表类型为【数据点折线图】,插入图表。

图 7-52 【插入】选项卡下的【图表】功能组

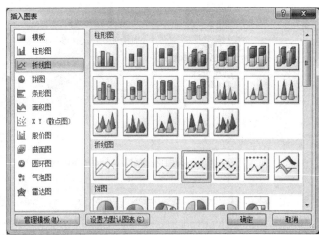

图 7-53 【插入图表】对话框

② 右击图表区，在弹出的快捷菜单中选择【选择数据】命令，弹出【选择数据源】对话框（图 7-54），在【水平（分类）轴标签】中单击【编辑】按钮。然后拖动鼠标选中 A3：A20 单元格，单击【确定】按钮。

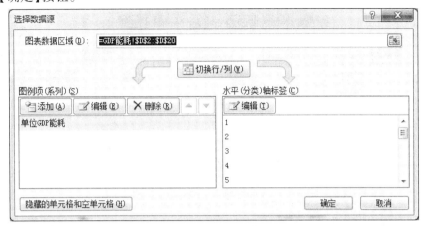

图 7-54 【选择数据源】对话框

③ 在图表中选择图例，右击删除，完成的图表如图 7-55 所示。

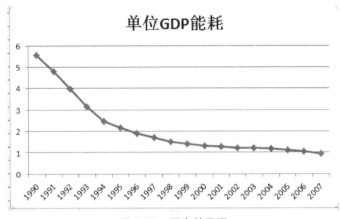

图 7-55 图表效果图

6. 将工作簿以文件名：ex1，文件类型：Microsoft Excel 工作簿（＊.xlsx），存放于"项目练习二"文件夹中。

选择【文件】中的【另存为】命令，弹出【另存为】对话框，将保存类型更改为 Excel 工作簿，文件名为 ex1.xlsx，单击【保存】按钮。

7.2.3 演示文稿操作

完善 PowerPoint 文件 Web.ppt，具体要求如下：

1. 为所有幻灯片应用主题 moban02.pot。具体操作步骤如下：

① 双击"web.pptx"，启动 PowerPoint 并打开文件。

② 在【设计】选项卡下的【主题】功能组中选择【其他主题】，弹出【所有主题】窗格，如图 7-56所示。

③ 单击下方的【浏览主题】命令，打开【选择主题或主题文档】对话框，选择"moban02.pot"文件，如图 7-57 所示，单击【应用】按钮，应用设计模版。

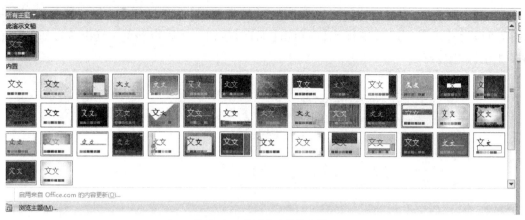

图 7-56 【所有主题】窗格

图 7-57 【选择主题或主题文档】对话框

2. 为第 1 张幻灯片设置动画,单击鼠标时文字"未来交通工具"从右侧飞入,并伴有鼓掌声。具体操作步骤如下:

① 选中文字,选择【动画】选项卡下的【动画】组中的【飞入】,添加飞入动画效果,如图 7-58 所示。

② 单击【动画】功能组右下角的功能扩展按钮,打开【飞入】对话框,按图 7-59 所示设置。

图 7-58 【动画】选项卡下的【动画】组

图 7-59 【飞入】对话框

图 7-60 【字体】对话框

3. 利用幻灯片母版，修改所有幻灯片标题的样式为华文新魏、44 号字、加粗、倾斜（包括标题幻灯片）。具体操作步骤如下：

① 选择【视图】选项卡下【母版视图】组中的【幻灯片母版】命令，打开母版视图编辑界面。

② 选择幻灯片母版中标题文字并右击，选择【字体】命令，弹出【字体】对话框，按要求设置，如图 7-60 所示。

③ 再选择标题幻灯片中标题文字，按要求设置字体格式。

④ 单击【幻灯片母版视图】工具栏上的【关闭母版视图】按钮。

4. 除标题幻灯片外，在其他幻灯片中插入页脚：未来交通工具。具体操作步骤如下：

① 单击【插入】选项卡下的【页眉和页脚】组中的【页脚】按钮，打开【页眉和页脚】对话框。

② 按图 7-61 所示设置。

③ 单击【全部应用】按钮，完成设置。

图 7-61 【页眉和页脚】对话框

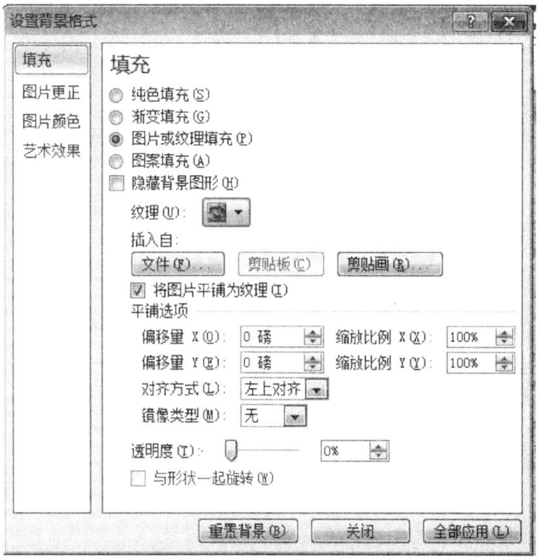

图 7-62 【设置背景格式】对话框

5. 设置第 2 张幻灯片的背景填充效果为褐色大理石。

选中第 2 张幻灯片，选择【设计】选项卡下【背景样式】组中的【设置背景格式】命令，弹出【设置背景格式】对话框(图7-62),选中【填充】→【图片或纹理填充】,在【纹理】中选中【褐色大理石】。

6. 在最后一张幻灯片中插入音乐文件music02.mid,设置为自动播放,并且不显示。具体操作步骤如下:

① 选择【插入】选项卡下【媒体】组中的【音频】,在下拉列表中选择【文件中的音频】,弹出【插入音频】对话框,选中"项目练习二"文件夹中的音乐文件music02.mid(图7-63),单击【插入】按钮,即插入音频文件。

图7-63 【插入音频】对话框

② 选择【音频工具】→【播放】选项卡,在弹出的功能区中按图7-64所示设置。

图7-64 【播放】功能区

7. 将所有幻灯片的放映方式设置为"观众自行浏览(窗口)"。

选择【幻灯片放映】选项卡下的【设置幻灯片放映】命令,打开【设置放映方式】对话框,按图7-65所示设置,单击【确定】按钮。

8. 将制作好的演示文稿以文件名:Web,文件类型:演示文稿(*.pptx)保存。

选择【文件】中的【另存为】命令,弹出【另存为】对话框,将保存类型更改为PowerPoint演示文稿,文件名为Web.pptx,单击【保存】按钮。

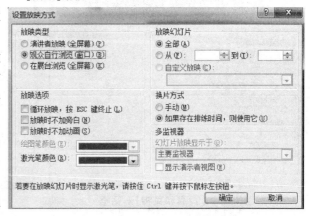

图7-65 【设置放映方式】对话框

习 题

模拟试题一

一、基础题(45 分)

1. (单选题)计算机内存储器容量 1 MB 为_____。
   A. 1 000 KB B. 1 024×1 024 B C. 1 000 B D. 1 024 B

2. (单选题)若需要对一个 U 盘中的文件 A.doc 进行操作,为了延长 U 盘的使用寿命,则下列操作习惯不好的是_____。
   A. 频繁编辑 A.doc 时,直接在 U 盘上打开 A.doc,然后进行相关编辑操作,再直接保存在 U 盘上
   B. 仅阅读 A.doc 时,可以直接打开 U 盘上的此文件
   C. 频繁编辑 A.doc 时,将 A.doc 拷入硬盘后再编辑处理,最后拷回 U 盘
   D. 仅打印 A.doc 时,可以直接打开 U 盘上的此文件

3. (判断题)USB 接口按双向并行方式传输数据。( )

4. (判断题)自由软件不允许随意拷贝、修改其源代码,但允许自行销售。( )

5. (单选题)下列有关网络两种工作模式(客户/服务器模式和对等模式)的叙述错误的是_____。
   A. Windows XP 操作系统中的"网上邻居"是按客户/服务器模式工作的
   B. 对等网络中的每台计算机既可以作为客户机,也可以作为服务器
   C. 基于客户/服务器模式的网络会因客户机的请求过多、服务器负担过重而导致整体性能下降
   D. 为了减轻服务器的压力,下载服务时多采用对等工作模式

6. (单选题)在分组交换机转发表中,选择哪个端口输出与_____有关。
   A. 包(分组)的源地址   B. 包(分组)的路径
   C. 包(分组)的目的地地址   D. 包(分组)的源地址和目的地地址

7. (单选题)附图 1-1 是某种 PC 主板示意图,其中(1)、(2)和(3)分别是_____。
   A. I/O 接口、SATA 接口和 CPU 插槽
   B. I/O 接口、CPU 插槽和 SATA 接口
   C. SATA 接口、CPU 插槽和 CMOS 存储器
   D. I/O 接口、CPU 插槽和内存插槽

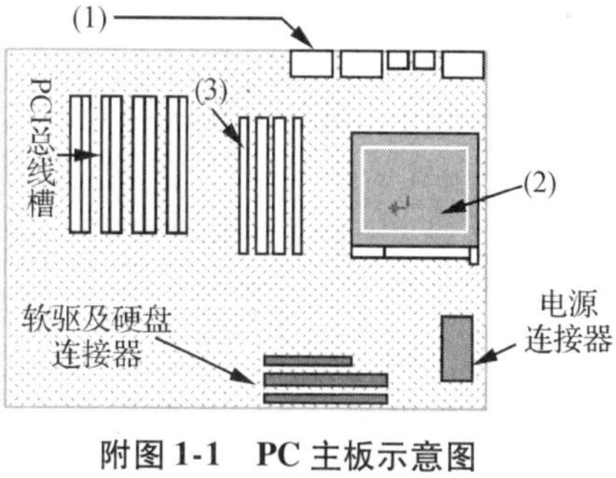

附图 1-1 PC 主板示意图

8. (单选题)MIDI 是一种计算机合成的音乐,下列关于 MIDI 的叙述错误的是_____。
   A. MIDI 声音在计算机中存储时,文件的扩展名为.mid
   B. MIDI 文件可以用媒体播放器软件进行播放
   C. 同一首乐曲在计算机中既可以用 MIDI 表示,也可以用波形声音表示
   D. MIDI 是一种全频带声音压缩编码的国际标准

9. (单选题)CPU 执行每一条指令都要分成若干步,即取指令、指令译码、取操作数、执行运算、保存结果等。CPU 在取指令阶段的操作是_____。
   A. 从内存储器(或 Cache)读取一条指令放入指令寄存器
   B. 从硬盘读取一条指令并放入内存储器
   C. 从内存储器读取一条指令并放入运算器
   D. 从指令寄存器读取一条指令并放入指令计数器

10. (判断题)由于无线网络采用无线信道传输数据,所以更要考虑传输过程中的安全问题。( )

11. (填空题)TCP/IP 协议将计算机网络的结构划分为应用层、传输层、网络互连层等 4 个层次,Web 浏览器使用的 HTTP 协议属于_____层协议。

12. (单选题)下列关于 CMOS 的叙述错误的是_____。
    A. 用户可以更改 CMOS 中的信息
    B. CMOS 是一种易失性存储器,关机后需由电池供电
    C. CMOS 中存放有机器工作时所需的硬件参数
    D. CMOS 是一种非易失性存储器,其存储的内容是 BIOS 程序

13. (填空题)_____计算机是内嵌在其他设备中的计算机,它广泛应用于数码相机、手机和 MP3 播放器等产品。

14. (判断题)移动通信系统也需要采用多路复用技术。( )

15. (单选题)下列_____语言内置面向对象的机制,支持数据抽象,已成为当前面向对象程序设计的主流语言之一。
    A. C   B. LISP   C. ALGOL   D. C++

16. (单选题)电缆调制解调技术(Cable Modem)使用户利用家中的有线电视电缆一边看电视一边上网成为可能。这是因为它采用了_____复用技术。
    A. 时分多路   B. 波分多路
    C. 频分多路和时分多路   D. 频分多路

17. (判断题)使用光波传输信息,属于无线通信。( )

18. (判断题)Windows 系统中,属性为"隐藏"的文件,通过设置资源管理器的选项也可以显示出来。( )

19. (判断题)计算机的存储器分为内存储器和外存储器,这两类存储器的本质区别是内存储器在机箱内部,而外存储器在机箱外部。( )

20. (单选题)E-Mail 的邮件地址必须遵循一定的规则,下列规则正确的是_____。
    A. 邮件地址首字符必须为英文字母
    B. 邮件地址中允许出现中文
    C. 邮件地址只能由英文字母组成,不能出现数字

D. 邮件地址不能有空格

21. （单选题）下列关于利用 ADSL 和无线路由器组建家庭无线局域网的叙述正确的是_____。

   A. 登录无线局域网的 PC，可通过密码进行身份认证
   B. 无线接入局域网的 PC 无须使用任何 IP 地址
   C. 无线路由器无须进行任何设置
   D. 无线接入局域网的 PC 无须任何网卡

22. （单选题）下列关于 Windows XP 操作系统的说法错误的是_____。

   A. 适合作为服务器操作系统使用
   B. 支持外部设备的"即插即用"
   C. 使用图形用户界面（GUI）
   D. 支持 TCP/IP 在内的多种协议的通信软件

23. （单选题）冯·诺依曼计算机是按照_____的原理进行工作的。

   A. 集成电路控制　　　　　　　B. 存储程序控制
   C. 操作系统控制　　　　　　　D. 电子线路控制

24. （填空题）后缀名为".html"的文件是使用超文本标记语言描述的_____。

25. （填空题）搜索引擎现在是 Web 最热门的应用之一，它能帮助人们在万维网（WWW）中查找信息，目前国内广泛使用的可以支持多国语言的搜索引擎是_____。

26. （单选题）下列设备都属于图像输入的是_____。

   A. 数字摄像机、投影仪　　　　B. 数码相机、显卡
   C. 数码相机、扫描仪　　　　　D. 绘图仪、扫描仪

27. （单选题）为确保企业局域网的信息安全，防止来自 Internet 的黑客入侵，采用_____可以提供一定的保护作用。

   A. 防病毒软件　　　　　　　　B. 网络计费软件
   C. 垃圾邮件列表　　　　　　　D. 防火墙软件

28. （单选题）下列关于操作系统多任务处理的说法错误的是_____。

   A. Windows 操作系统支持多任务处理
   B. 多任务处理通常是将 CPU 时间划分成时间片，轮流为多个任务服务
   C. 计算机中多个 CPU 可以同时工作，以提高计算机系统的效率
   D. 多任务处理要求计算机必须配有多个 CPU

29. （单选题）某计算机内存储器容量是 2 GB，相当于_____MB。

   A. 2 048　　　B. 1 000　　　C. 1 024　　　D. 2 000

30. （填空题）与十进制数 161 等值的十六进制数是_____。

31. （单选题）下列诸多软件全都属于系统软件的是_____。

   A. Excel、操作系统、浏览器　　　　B. Windows 7、编译系统、Linux
   C. 财务管理软件、编译系统、操作系统　D. Windows 7、Google、Office 2010

32. （填空题）DVD 光盘片按容量大小共分为 4 个品种，它们是单面单层、单面双层、双面单层和双面双层，容量最大的是_____。

33. （单选题）一台 PC 不能通过域名访问任何 Web 服务器，但可以通过网站 IP 地址访问，最

有可能的原因是_____。
  A. 浏览器故障　　　　　　　　B. 本机硬件故障
  C. DNS 服务器故障　　　　　　D. 网卡驱动故障

34. (单选题)下列有关图像处理的目的不包括_____。
  A. 提高图像的视感质量　　　　B. 图像分析
  C. 获取原始图像　　　　　　　D. 图像复原和重建

35. (单选题)下列有关数字图像的基本属性(参数)不包含_____。
  A. 像素深度　　　　　　　　　B. 分辨率
  C. 像素数目　　　　　　　　　D. 颜色空间的类型

36. (判断题)接触式 IC 卡必须将 IC 卡插入读卡机卡口中,通过金属触点传输数据。(　　)

37. (单选题)局域网的特点之一是使用专门铺设的传输线路进行数据通信,目前以太网在室内使用最多的传输介质是_____。
  A. 同轴电缆　　　　　　　　　B. 无线电波
  C. 光纤　　　　　　　　　　　D. 双绞线

38. (判断题)8 位的补码和原码均只能表示 255 个不同的数。(　　)

39. (单选题)下列关于打印机的叙述错误的是_____。
  A. 激光打印机是利用激光成像、静电吸附碳粉原理工作的
  B. 喷墨打印机是使墨水喷射到纸上形成图像或字符
  C. 针式打印机只能打印汉字和 ASCII 字符,不能打印图像
  D. 针式打印机属于击打式打印机,喷墨打印机和激光打印机属于非击打式打印机

40. (单选题)彩色显示器的颜色可由三个基色 R、G、B 合成得到,如果 R、G、B 三基色分别用 4 个二进制位表示,则该显示器可显示的颜色总数有_____种。
  A. 256　　　　B. 4 096　　　　C. 16　　　　D. 12

41. (填空题)字符信息的输入有两种方法,即人工输入和自动识别输入,人们使用扫描仪输入印刷体汉字,并通过软件转换为机内码形式的输入方法属于其中的_____输入。

42. (单选题)下列逻辑加运算规则的描述错误的是_____。
  A. 0∨1 =1　　B. 1∨1 =2　　C. 0∨0 =0　　D. 1∨0 =1

43. (单选题)接入局域网的每台计算机都必须安装_____。
  A. 调制解调器　　　　　　　　B. 声卡 +FVVV
  C. 视频卡　　　　　　　　　　D. 网络接口卡

44. (判断题)算法中的每一步操作都必须含义清楚和明确,不能有二义性。(　　)

45. (单选题)以下所列各项中,_____不是计算机信息系统中数据库访问采用的模式。
  A. B/S　　　　B. C/S/S　　　　C. C/S　　　　D. A/D

二、上机操作题(55 分)

(一) Word 操作题(20 分)

调入 IT01 文件夹中的 ED1.docx 文件,参考样张(附图 1-2),按下列要求进行操作。

1. 将页面设置为 A4,上、下、左、右页边距均为 3 厘米,每页 40 行,每行 38 个字符。
2. 给文章加标题"智能家居",设置其格式为黑体、二号字、标准色-红色、字符间距加宽 5 磅,居中显示。

3. 设置正文第一段首字下沉3行,首字字体为微软雅黑。
4. 将正文中所有的"智能家居"设置为标准色-红色,加着重号。
5. 参考样张,在正文适当位置插入图片Ithouse.jpg,设置图片高度、宽度缩放比例均为80%,环绕方式为紧密型。
6. 参考样张,为正文中四段加粗显示的小标题文字分别添加1.5磅、标准色-绿色、带阴影的边框。
7. 设置奇数页页眉为"智慧生活"、偶数页页眉为"美好未来",均居中显示,并在所有页的页面底端插入页码,页码样式为"带状物"。
8. 保存文件ED1.docx,存放于IT01文件夹中。

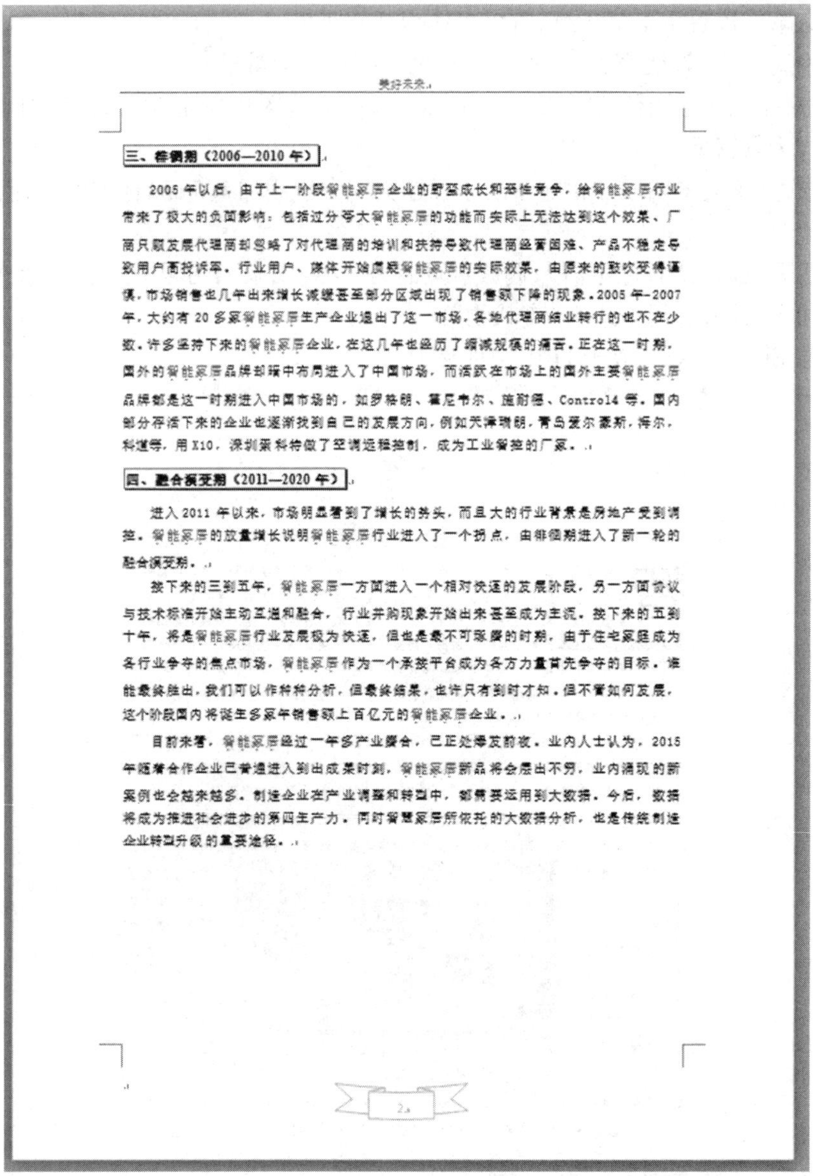

美好未来

三、徘徊期（2006—2010年）

2005年以后，由于上一阶段智能家居企业的野蛮成长和恶性竞争，给智能家居行业带来了极大的负面影响：包括过分夸大智能家居的功能而实际上无法达到这个效果、厂商只顾发展代理商却忽略了对代理商的培训和扶持导致代理商经营困难、产品不稳定导致用户高投诉率。行业用户、媒体开始质疑智能家居的实际效果，由原来的鼓吹变得谨慎，市场销售也几年出来增长减缓甚至部分区域出现了销售额下降的现象。2005年-2007年，大约有20多家智能家居生产企业退出了这一市场，各地代理商结业转行的也不在少数。许多坚持下来的智能家居企业，在这几年也经历了缩减规模的痛苦。正在这一时期，国外的智能家居品牌却暗中布局进入了中国市场，而活跃在市场上的国外主要智能家居品牌都是这一时期进入中国市场的，如罗格朗、霍尼韦尔、施耐德、Control4等。国内部分存活下来的企业也逐渐找到自己的发展方向，例如天津瑞朗，青岛爱尔豪斯，海尔，科道等，用X10，深圳索科特做了空调远程控制，成为工业智控的厂家。

四、融合演变期（2011—2020年）

进入2011年以来，市场明显看到了增长的势头，而且大的行业背景是房地产受到调控。智能家居的放量增长说明智能家居行业进入了一个拐点，由徘徊期进入了新一轮的融合演变期。

接下来的三到五年，智能家居一方面进入一个相对快速的发展阶段，另一方面协议与技术标准开始主动互通和融合，行业并购现象开始出来甚至成为主流。接下来的五到十年，将是智能家居行业发展极为快速，但也是最不可琢磨的时期，由于住宅家庭成为各行业争夺的焦点市场，智能家居作为一个承接平台成为各方力量首先争夺的目标。谁能最终胜出，我们可以作种种分析，但最终结果，也许只有到时才知。但不管如何发展，这个阶段国内将诞生多家年销售额上百亿元的智能家居企业。

目前来看，智能家居经过一年多产业磨合，已正处爆发前夜。业内人士认为，2015年随着合作企业已普遍进入到出成果时刻，智能家居新品将会层出不穷，业内涌现的新案例也会越来越多。制造企业在产业调整和转型中，都需要运用到大数据。今后，数据将成为推进社会进步的第四生产力。同时智慧家居所依托的大数据分析，也是传统制造企业转型升级的重要途径。

2

附图 1-2　样张

（二）Excel 操作题（20 分）

调入 IT01 文件夹中的 EX1.xlsx 文件，参考样张（附图 1-3），按下列要求进行操作。

1. 将“Sheet2”工作表改名为“垃圾处理”，并将该工作表标签颜色设置为标准色-绿色。
2. 在“垃圾处理”工作表中，设置第一行标题文字“各地垃圾处理厂情况”在 A1:F1 单元格区域合并后居中，设置字体格式为隶书、22 号、标准色-绿色。
3. 在“垃圾处理”工作表 F 列中，利用公式计算各省市垃圾处理厂数量的“合计”值（“合计”值为 C、D、E 列相应行数值之和）。
4. 在“垃圾处理”工作表中，按“地区”升序排序。
5. 在“垃圾处理”工作表中，将 A2:F2 单元格背景色设置为标准色-黄色，并设置 A11:F17 单元格样式为“主题单元格样式”下的“40%-强调文字颜色 3”。

6. 在"垃圾焚烧"工作表 B7:B9 单元格中,引用"垃圾处理"工作表 E 列中的数据,利用公式分别统计华中、西北、西南地区焚烧厂的数量。
7. 参考样张,在"垃圾焚烧"工作表中,根据各地区焚烧厂数量数据,生成一张簇状柱形图,嵌入当前工作表中,图表上方标题为"各地区焚烧厂数量统计",无图例,显示数据标签,并放置在数据点结尾之外。
8. 保存文件 EX1.xlsx,存放于 IT01 文件夹中。

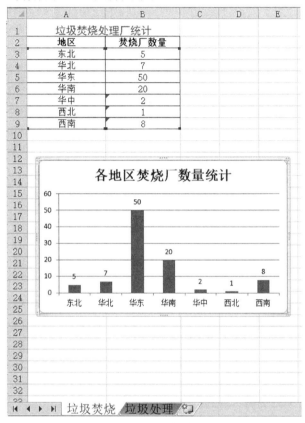

附图 1-3　样张

(三) PowerPoint 操作题(15 分)

调入 IT01 文件夹中的 PT1.pptx 文件,参考样张(附图 1-4),按下列要求进行操作。

1. 设置所有幻灯片背景图片为 back.jpg,所有幻灯片切换效果为垂直百叶窗。
2. 在第 1 张幻灯片中设置标题字体格式为隶书、80 号字,设置标题的动画效果为"轮子(2 轮辐图案)",持续时间为 3 秒。
3. 为第 3 张幻灯片中带项目符号的文字创建超链接,分别指向具有相应标题的幻灯片。
4. 在第 3 张幻灯片的右上角插入"信息"动作按钮,超链接指向网址 http://www.qinghuaci.net。
5. 在最后一张幻灯片中插入图片"青花瓷.jpg",设置图片高度为 14 厘米、宽度为 10 厘米,图片的动画效果为"单击时浮入(上浮)",持续时间为 2 秒。
6. 保存文件 PT1.pptx,存放于 IT01 文件夹中。

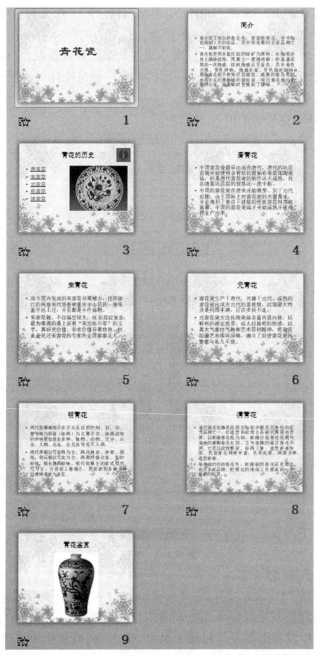

附图1-4 样张

模拟试题二

一、基础题(45分)

1. (判断题)软件以二进制位编码表示,且通常以电、磁、光等形式存储和传输,因而很容易被复制和盗版。(　　)

2. (单选题)为了提高计算机中 CPU 的性能,可以采用多种措施,但下列措施中_____没有直接效果。
   A. 增加字长   B. 提高主频
   C. 使用多个 ALU   D. 增大外存的容量

3. (单选题)下列局域网中采用总线型拓扑结构的是_____。
   A. FDDI   B. ATM 局域网
   C. 共享式以太网   D. 令牌环网

4. (判断题)Windows 系统中,属性为"隐藏"的文件,通过设置资源管理器的选项也可以显示出来。(　　)

5. (单选题)逻辑运算中的逻辑加常用符号_____表示。
   A. -   B. ∧   C. ∨   D. ·

6. (单选题)为求解科学计算问题而选择程序设计语言时,一般不会选用_____。
   A. Visual FoxPro   B. FORTRAN   C. MATLAB   D. Python

7. (单选题)下列关于 PC 主板的叙述错误的是_____。
   A. 硬盘驱动器安装在主板上
   B. 为便于安装,主板的物理尺寸已标准化
   C. CPU 和内存条均通过相应的插座(槽)安装在主板上
   D. 芯片组是主板的重要组成部分,大多 I/O 控制功能由芯片组提供

8. (单选题)下列有关因特网防火墙的叙述错误的是_____。
   A. Windows XP/Windows 10 操作系统不带有软件防火墙功能
   B. 因特网防火墙可以是一种硬件设备
   C. 因特网防火墙可以集成在路由器中
   D. 因特网防火墙可以由软件来实现

9. (判断题)用 8 位带符号整数(原码)表示十进制数 -64,其结果是 11000000。(　　)

10. (填空题)计算机按照性能和用途分为巨型计算机、大型计算机、小型计算机、_____和嵌入式计算机。

11. (单选题)数字图像的基本属性(参数)中不包含_____。
    A. 分辨率   B. 像素数目
    C. 颜色空间的类型   D. 像素深度

12. (判断题)公交 IC 卡利用无线电波传输数据,属于非接触式 IC 卡。(　　)

13. (单选题)一个容量为 64 GB 的 U 盘,在 Windows 操作系统下,格式化后发现容量变小的原因是_____。
    A. 厂家标称的 U 盘容量是以 10 的幂次方计算的

B. 格式化没有清除所有文件

C. U 盘中存在不能删除的固定文件

D. Windows 系统统计容量方法错误

14. （判断题）计算机上网时，可以一边浏览网页一边在线欣赏音乐，还可以下载软件。这时，连接计算机的双绞线同一时刻传输多个应用程序信息。（　　）

15. （单选题）在利用 ADSL 和无线路由器组建的家庭无线局域网中，下列叙述错误的是_____。

　　A. 无线工作站可检测到邻居家中的无线接入点

　　B. ADSL Modem 是无线接入点

　　C. 无线路由器是无线接入点

　　D. 接入点的无线信号可穿透墙体与无线工作站相连

16. （单选题）给局域网分类的方法很多，下列_____是按拓扑结构分类的。

　　A. 以太网和 FDDI 网　　　　　　　B. 星型网和总线网

　　C. 有线网和无线网　　　　　　　　D. 高速网和低速网

17. （判断题）为了方便地更换和扩充 I/O 设备，计算机系统中的 I/O 设备一般都通过 I/O 接口（I/O 控制器）与主机连接。（　　）

18. （单选题）ODBC 是_____，它可以连接一个或多个不同的数据库服务器。

　　A. 应用程序访问数据库的标准接口　　B. 数据库查询语言标准

　　C. 数据库安全标准　　　　　　　　D. 数据库应用开发工具标准

19. （判断题）网上银行和电子商务等交易过程中，网络所传输的交易数据（如汇款金额、账号等）通常是经过加密处理的。（　　）

20. （单选题）Excel 属于_____软件。

　　A. 文字处理　　　B. 电子表格　　　C. 图形图像　　　D. 网络通信

21. （单选题）下列有关文件传输 FTP 的叙述正确的是_____。

　　A. 用户可以从（向）FTP 服务器下载（上传）文件或文件夹

　　B. 使用 FTP 服务每次只可以传输一个文件

　　C. 使用 IE 浏览器不能启动 FTP 服务

　　D. FTP 程序不允许用户在 FTP 服务器上创建新文件夹

22. （填空题）Word、PowerPoint、Excel 和 Adobe Reader 四个常用软件中，无法制作和转换成文件扩展名为".html"的是_____。

23. （单选题）下列应用软件主要用于数字图像处理的是_____。

　　A. Photoshop　　　B. Excel　　　C. Outlook Express　　　D. PowerPoint

24. （单选题）下列对于 PC CPU 的若干叙述：① CPU 中包含几十个甚至上百个寄存器，用来临时存放数据和运算结果；② CPU 是 PC 中不可缺少的组成部分，它担负着运行系统软件和应用软件的任务；③ CPU 的速度比主存储器低得多；④ PC 中只有 1 个微处理器，它就是 CPU。其中_____都是错误的。

　　A. ①③　　　B. ③④　　　C. ②③　　　D. ②④

25. （单选题）声卡是获取数字声音的重要设备，下列有关声卡的叙述错误的是_____。

　　A. 因为声卡非常复杂，所以只能将其做成独立的 PCI 插卡形式

B. 声卡既处理波形声音,也负责 MIDI 音乐的合成

C. 声卡可以将波形声音和 MIDI 声音混合在一起输出

D. 声卡既负责声音的数字化,也负责声音的重建与播放

26. (单选题)下列关于 4G 上网的叙述错误的是_____。

　A. 目前我国 4G 上网的速度已达到 1 000 Mb/s

　B. 4G 上网属于无线接入方式

　C. 4G 上网的速度比 3G 上网的速度快

　D. 4G 上网的覆盖范围较 WLAN 大得多

27. (单选题)下列有关打印机的选型方案中比较合理的方案是_____。

　A. 政府办公部门和银行柜面都使用激光打印机

　B. 政府办公部门和银行柜面都使用针式打印机

　C. 政府办公部门使用激光打印机,银行柜面使用针式打印机

　D. 政府办公部门使用针式打印机,银行柜面使用激光打印机

28. (填空题)简单文本也叫纯文本或 ASCII 文本,在 Windows 操作系统中的后缀名为_____。

29. (判断题)因为光纤传输信号损耗很小,所以光纤通信是一种无中继通信。(　　)

30. (填空题)DVD 光盘常用于数据备份,其单位容量价格要比 SDD 硬盘_____。

31. (单选题)域名为 www.sina.com.cn 的网站,其中 cn 表示它是_____的网站。

　A. 美国　　　　B. 奥地利　　　　C. 匈牙利　　　　D. 中国

32. (判断题)算法中的每一步操作都必须含义清楚和明确,不能有二义性。(　　)

33. (判断题)I/O 设备的工作速度比 CPU 慢得多,为了提高系统的效率,I/O 操作与 CPU 的数据处理操作往往是并行进行的。(　　)

34. (填空题)在"键盘输入""联机手写输入""印刷体汉字识别输入"三种方法中,易学易用、适合用户在移动设备(如手机等)上使用的是_____输入。

35. (单选题)转发表是分组交换网中交换机工作的依据,一台交换机要把接收到的数据包正确地传输到目的地,它必须获取数据包中的_____。

　A. 源地址、目的地地址和上一个交换机地址

　B. 源地址

　C. 目的地地址

　D. 源地址和目的地地址

36. (单选题)下列关于操作系统处理器管理功能的说法错误的是_____。

　A. 处理器管理的主要目的是提高 CPU 的使用效率

　B. 多任务处理是将 CPU 时间划分成时间片,轮流为多个任务服务

　C. 多任务处理要求计算机使用多核 CPU

　D. 并行处理系统可以让多个 CPU 同时工作,提高计算机系统的性能

37. (单选题)下列有关 CRT 和 LCD 显示器的叙述正确的是_____。

　A. CRT 显示器正在被 LCD 显示器所取代

　B. CRT 显示器耗电比较少

　C. CRT 显示器的屏幕尺寸比较大

D. CRT 显示器的辐射危害比较大

38. (填空题)在因特网中,为了实现计算机相互通信,每台计算机都必须拥有一个唯一的_____地址。

39. (单选题)下列有关网络对等工作模式的叙述正确的是_____。
   A. 对等工作模式适用于大型网络,安全性较高
   B. 对等工作模式的网络中可以没有专门的硬件服务器,也可以不需要网络管理员
   C. 对等工作模式的网络中的每台计算机要么是服务器,要么是客户机,角色是固定的
   D. 电子邮件服务是因特网上对等工作模式的典型实例

40. (填空题)计算机中使用的计数制是_____进制。

41. (单选题)PC CMOS 中保存的系统参数被病毒程序修改后,最方便、经济的解决方法是_____。
   A. 重新启动机器
   B. 使用杀毒程序杀毒,重新配置 CMOS 参数
   C. 更换 CMOS 芯片
   D. 更换主板

42. (单选题)数码相机是一种常用的图像输入设备。下列有关数码相机的叙述错误的是_____。
   A. 100 万像素的数码相机可拍摄 1 024×768 分辨率的相片
   B. 在分辨率相同的情况下,数码相机的存储容量越大,可存储的相片越多
   C. 数码相机通过成像芯片(CCD 或 CMOS)将光信号转换为电信号
   D. 数码相机中使用 DRAM 存储器存储相片

43. (单选题)下列选项不属于硬盘存储器主要技术指标的是_____。
   A. 平均存取时间   B. 缓冲存储器大小
   C. 数据传输速率   D. 盘片厚度

44. (单选题)下面列出的四种半导体存储器属于非易失性存储器的是_____。
   A. Flash ROM   B. DRAM   C. Cache   D. SRAM

45. (单选题)下列关于 Windows XP 操作系统的说法错误的是_____。
   A. 使用图形用户界面(GUI)
   B. 支持 TCP/IP 在内的多种协议的通信软件
   C. 支持外部设备的"即插即用"
   D. 适合作为服务器操作系统使用

二、上机操作题(55 分)

(一) Word 操作题(20 分)

调入 IT02 文件夹中的 ED2.docx 文件,参考样张(附图 2-1),按下列要求进行操作。

1. 将页面设置为 A4,上、下页边距均为 2.5 厘米,左、右页边距均为 3.5 厘米,每页 40 行,每行 36 个字符。

2. 给文章加标题"青果巷",设置其格式为微软雅黑、二号字、标准色-蓝色、字符间距加宽 8 磅,居中显示。

3. 设置正文第二段首字下沉 2 行,距正文 0.2 厘米,首字字体为黑体,其余段落设置为首行

缩进2字符。
4. 为正文第三段添加1.5磅、标准色-绿色、带阴影的边框，底纹填充色为"主题颜色-橙色，强调文字颜色6，淡色80%"。
5. 在正文适当位置插入图片"青果巷.jpg"，设置图片高度为4厘米、宽度为8厘米，环绕方式为四周型，图片样式为柔化边缘矩形。
6. 将正文最后一段分为等宽的两栏，栏间加分隔线。
7. 在正文适当位置插入圆角矩形标注，添加文字"青果巷的修护"，文字格式为：黑体、三号字、标准色-红色，设置形状轮廓颜色为标准色-绿色，粗细为2磅，无填充色，环绕方式为紧密型。
8. 保存文件ED2.docx，存放于IT02文件夹中。

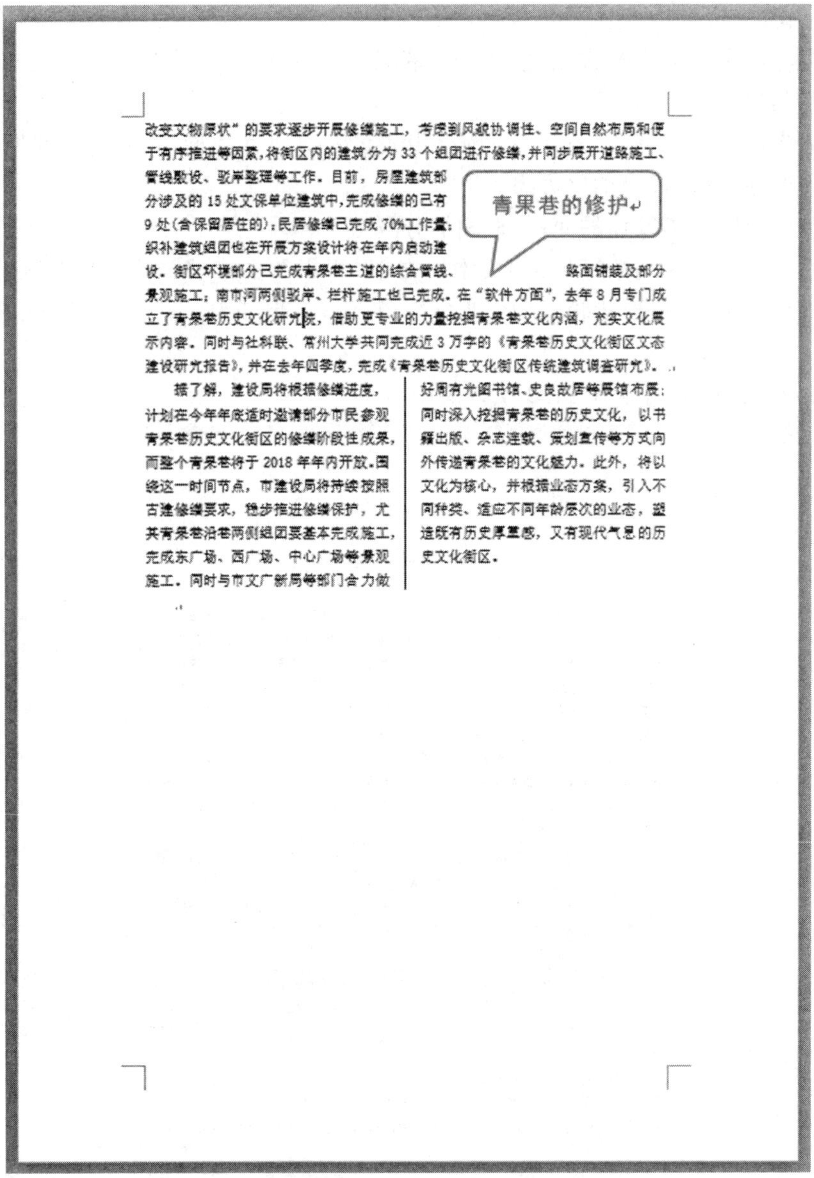

改变文物原状"的要求逐步开展修缮施工，考虑到风貌协调性、空间自然布局和便于有序推进等因素，将街区内的建筑分为33个组团进行修缮，并同步展开道路施工、管线敷设、驳岸整理等工作。目前，房屋建筑部分涉及的15处文保单位建筑中，完成修缮的已有9处(含保留居住的)；民居修缮已完成70%工作量；织补建筑组团也在开展方案设计将在年内启动建设。街区环境部分已完成青果巷主道的综合管线、路面铺装及部分景观施工；南市河两侧驳岸、栏杆施工也已完成。在"软件方面"，去年8月专门成立了青果巷历史文化研究院，借助更专业的力量挖掘青果巷文化内涵，充实文化展示内容。同时与社科联、常州大学共同完成近3万字的《青果巷历史文化街区文态建设研究报告》，并在去年四季度，完成《青果巷历史文化街区传统建筑调查研究》。

据了解，建设局将根据修缮进度，计划在今年年底适时邀请部分市民参观青果巷历史文化街区的修缮阶段性成果，而整个青果巷将于2018年年内开放。围绕这一时间节点，市建设局将持续按照古建修缮要求，稳步推进修缮保护，尤其青果巷沿巷两侧组团要基本完成施工，完成东广场、西广场、中心广场等景观施工。同时与市文广新局等部门合力做好周有光图书馆、史良故居等展馆布展；同时深入挖掘青果巷的历史文化，以书籍出版、杂志连载、策划宣传等方式向外传递青果巷的文化魅力。此外，将以文化为核心，并根据业态方案，引入不同种类、适应不同年龄层次的业态，塑造既有历史厚重感，又有现代气息的历史文化街区。

附图2-1　样张

（二）Excel操作题(20分)

调入IT02文件夹中的EX2.xlsx文件，参考样张(附图2-2)，按下列要求进行操作。

1. 将"Sheet1"工作表改名为"旅游收入"，并将该工作表标签颜色设置为标准色-蓝色。
2. 在"旅游收入"工作表中，设置第一行标题文字"旅游收入情况"在A1:E1单元格区域合并后居中，字体格式为黑体、18号、标准色-红色。
3. 将"2006"工作表除第一行(标题行)外的所有数据复制到"旅游收入"工作表中，数据自A120单元格开始存放，并隐藏"2006"工作表。
4. 在"旅游收入"工作表的E列中，利用公式计算主要城市的人均消费(人均消费=旅游收入/旅游人数)，结果以不带小数位的数值格式显示。
5. 在"旅游收入"工作表中，设置A2:E2单元格样式为"标题3"，复制"旅游收入"工作表，将复制的工作表改名为"汇总"。
6. 在"汇总"工作表中,利用分类汇总统计各年份旅游人数之和。
7. 在"汇总"工作表中,根据各年份旅游人数汇总数据,生成一张簇状柱形图,嵌入当前工作表中,图表上方标题为"各年旅游人数",主要纵坐标轴竖排标题为"百万人次",无图例,显示数据标签,并放置在数据点结尾之外。
8. 保存文件 EX2.xlsx,存放于 IT02 文件夹中。

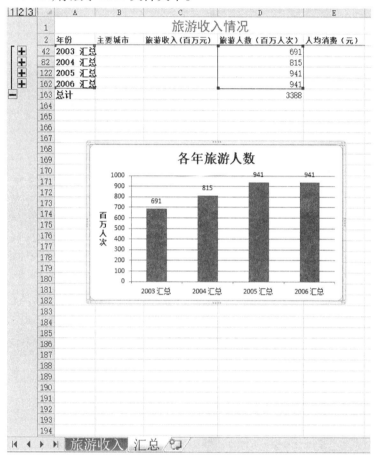

附图2-2 样张

(三) PowerPoint 操作题(15分)

调入 IT02 文件夹中的 PT2.pptx 文件,参考样张(附图2-3),按下列要求进行操作。
1. 所有幻灯片应用内置主题"华丽",所有幻灯片切换效果为覆盖(自左侧)。
2. 在第1张幻灯片中插入图片 skate.jpg,设置图片高度为8厘米、宽度为12厘米,图片的动画效果为单击时自左侧飞入并伴有疾驰声。
3. 为第3张幻灯片中带项目符号的文字创建超链接,分别指向具有相应标题的幻灯片。
4. 除标题幻灯片外,在其他幻灯片中添加幻灯片编号和页脚,页脚内容为"滑雪运动"。
5. 在最后一张幻灯片的左下角插入"第1张"动作按钮,超链接指向第1张幻灯片。
6. 保存文件 PT2.pptx,存放于 IT02 文件夹中。

附图 2-3　样张

模拟试题三

一、基础题(45分)

1. (填空题)_____ 计算机大多包含数以千计甚至万计的 CPU,它的运算处理能力极强,在军事和科研等领域有重要的作用。

2. (单选题)下面列出的四种半导体存储器中,属于非易失性存储器的是_____。
   A. Flash ROM   B. Cache   C. SRAM   D. DRAM

3. (单选题)笔记本电脑播放视频时,可直接通过_____接口与电视机相连,既可以输出视频,又可以输出伴音。
   A. HDMI   B. USB   C. DVI   D. VGA

4. (单选题)接入局域网的每台计算机都必须安装_____。
   A. 视频卡   B. 网络接口卡   C. 调制解调器   D. 声卡

5. (单选题)为确保企业局域网的信息安全,防止来自 Internet 的黑客入侵,采用_____可以提供一定的保护。
   A. 防火墙软件   B. 防病毒软件
   C. 垃圾邮件列表   D. 网络计费软件

6. (单选题)彩色图像的获取步骤中,分色的作用是_____。
   A. 将采样点的颜色进行 A/D 转换
   B. 将采样点的颜色进行 D/A 转换
   C. 将采样点的颜色代码进行压缩
   D. 将采样点的颜色按颜色模型分解为多个基色

7. (单选题)Intel 公司生产的 Core i7 属于_____位处理器。
   A. 16   B. 32   C. 128   D. 64

8. (判断题)串行 I/O 接口一次只能传输一位数据,并行接口一次传输多位数据,因此,串行接口用于连接慢速设备,并行接口用于连接快速设备。(   )

9. (单选题)主机域名 public.tpt.tj.cn 由 4 个子域组成,其中_____表示主机名。
   A. cn   B. tpt   C. public   D. tj

10. (判断题)通信系统概念上由 3 个部分组成:信源与信宿、携带了信息的信号以及传输信号的信道,三者缺一不可。(   )

11. (单选题)计算机网络有客户/服务器和对等两种工作模式。下列有关网络工作模式的叙述错误的是_____。
    A. 因特网"BT"下载服务采用对等工作模式,其特点是"下载的请求越多,下载的速度越快"
    B. 在客户/服务器模式中通常选用一些性能较高的计算机作为服务器
    C. Windows XP 操作系统中的"网上邻居"是按对等模式工作的
    D. 两种工作模式均要求计算机网络的拓扑结构必须为总线型结构

12. (单选题)Internet 上有许多应用,其中特别适合用来进行远程文件操作(如复制、移动、更名、创建、删除等)的一种服务是_____。

A. E-mail　　　　B. WWW　　　　C. Telnet　　　　D. FTP

13. (判断题)求两个正整数的最大公约数,使用的辗转相除法是一种算法,很容易用高级语言实现。(　　)

14. (判断题)单纯采用令牌(如校园一卡通、公交卡等)进行身份认证,缺点是丢失令牌将导致他人能轻易进行假冒和欺骗。(　　)

15. (单选题)硬盘存储器的平均存取时间与盘片的旋转速度有关,在其他参数相同的情况下,_____转速的硬盘存取速度最快。
    A. 3 000 转/分　　B. 4 500 转/分　　C. 7 200 转/分　　D. 10 000 转/分

16. (单选题)下列关于 MIDI 声音的叙述错误的是_____。
    A. MID 文件和 WAV 文件都是计算机的音频文件
    B. MIDI 声音既可以是乐曲,也可以是歌曲
    C. 类型为 MID 的文件可以由 Windows 的媒体播放器软件进行播放
    D. MIDI 声音的特点是数据量很少,且易于编辑、修改

17. (单选题)在 Windows 系统中,为了了解系统中物理存储器和虚拟存储器的容量以及它们的使用情况,可以使用_____程序。
    A. 媒体播放器　　　　　　　　　　B. 系统工具(系统信息)
    C. 任务管理器　　　　　　　　　　D. 设备管理器

18. (单选题)下列关于 CPU 结构的说法错误的是_____。
    A. 运算器用来对数据进行各种算术运算和逻辑运算
    B. 控制器是用来解释指令含义、控制运算器操作、记录内部状态的部件
    C. 运算器可以有多个,如整数运算器和浮点运算器等
    D. CPU 中仅仅包含运算器和控制器两部分

19. (填空题)PC 上使用的外存储器主要有硬盘、U 盘、移动硬盘和_____,它们所存储的信息在断电后不会丢失。

20. (单选题)打印机可分为针式打印机、激光打印机和喷墨打印机等,其中激光打印机的特点是_____。
    A. 价格最便宜　　　　　　　　　　B. 高精度、高速度
    C. 可方便地打印多层票据　　　　　D. 可低成本地打印彩色页面

21. (单选题)逻辑运算中的逻辑加常用符号_____表示。
    A. ∨　　　　B. ·　　　　C. -　　　　D. ∧

22. (单选题)对于所列软件:①金山词霸、②C 语言编译器、③Linux、④银行会计软件、⑤Oracle、⑥民航售票软件,其中,_____均属于系统软件。
    A. ①③④　　　B. ①③⑤　　　C. ②③⑤　　　D. ②③④

23. (填空题)在因特网中,为了实现计算机相互通信,每台计算机都必须拥有一个唯一的_____地址。

24. (单选题)目前我国家庭计算机用户接入因特网的几种方法中速度最快的是_____。
    A. 光纤入户　　　　　　　　　　B. 电话 Modem
    C. 无线接入　　　　　　　　　　D. ADSL

25. (单选题)操作系统的作用之一是_____。

A. 控制和管理计算机系统的软硬件资源

B. 将源程序编译为目标程序

C. 实现文字编辑、排版功能

D. 上网浏览网页

26. (判断题)在采用时分多路复用技术的传输线路中,不同时刻实际上是为不同通信终端服务的。( )

27. (判断题)带符号整数使用最高位表示该数的符号,"1"表示"+","0"表示"-"。( )

28. (单选题)采用分组交换技术传输数据时,_____不是分组交换机的任务。

A. 将包送到交换机相应端口的缓冲区中排队

B. 从缓冲区中提取下一个包进行发送

C. 检查包的目的地地址

D. 检查包中传输的数据内容

29. (判断题)程序是计算机软件的主体,软件一定包含程序。( )

30. (判断题)Windows 系统中,不同文件夹中的文件不能同名。( )

31. (单选题)计算机硬盘存储器容量的计量单位之一是 TB,制造商常用 10 的幂次来计算硬盘的容量,那么 1 TB 硬盘容量相当于_____字节。

A. 10^6 B. 10^9 C. 10^{12} D. 10^3

32. (单选题)下列关于数据库系统的说法错误的是_____。

A. 数据库中存放用户数据和"元数据"(表示数据之间的联系)

B. 数据库是指长期存放在硬盘上的可共享的相关数据的集合

C. 用户使用 SQL 实现对数据库的基本操作

D. 数据库系统的支持环境不包括操作系统

33. (填空题)使用计算机制作的数字文本结构可以分为线性结构与非线性结构,简单文本呈现为一种_____结构,写作和阅读均按顺序进行。

34. (判断题)公交 IC 卡利用无线电波传输数据,属于非接触式 IC 卡。( )

35. (单选题)下列关于图像获取设备的叙述错误的是_____。

A. 数码相机是图像输入设备,而扫描仪则是图形输入设备,两者的成像原理是不相同的

B. 大多数图像获取设备的原理基本类似,都是通过光敏器件将光的强弱转换为电流的强弱,然后通过取样、量化等步骤,进而得到数字图像

C. 目前数码相机使用的成像芯片主要有 CMOS 芯片和 CCD 芯片

D. 扫描仪和数码相机可以通过设置参数得到不同分辨率的图像

36. (单选题)Photoshop 是一种_____软件。

A. 动画处理   B. 多媒体创作

C. 图像编辑处理   D. 网页制作软件

37. (判断题)PC 中的 CPU 不能直接执行硬盘中的程序。( )

38. (单选题)PC CMOS 中保存的系统参数被病毒程序修改后,最方便、经济的解决方法是_____。

A. 使用杀毒程序杀毒,重新配置 CMOS 参数

B. 重新启动机器

C. 更换主板

D. 更换 CMOS 芯片

39．(单选题)利用 ADSL 组建家庭无线局域网接入因特网,不需要_____硬件。

A. ADSL Modem

B. 带路由功能的无线交换机(无线路由器)

C. 连接 ADSL Modem 与无线交换机的网线

D. 连接无线交换机与笔记本电脑的网线

40．(单选题)下列关于 PC 主板的叙述错误的是_____。

A. CPU 和内存条均通过相应的插座(槽)安装在主板上

B. 为便于安装,主板的物理尺寸已标准化

C. 硬盘驱动器也安装在主板上

D. 芯片组是主板的重要组成部分,大多 I/O 控制功能是由芯片组提供的

41．(填空题)某图书馆需要将图书馆藏书数字化,构建数字图书资料系统,在"键盘输入""联机手写输入""语音识别输入""印刷体识别输入"四种方法中,最有可能被采用的是_____。

42．(单选题)下列有关以太网的叙述正确的是_____。

A. 它采用点到点的方式(而非广播方式)进行数据通信

B. 信息帧中需要同时包含发送节点和接收节点的 MAC 地址

C. 信息帧中只需要包含接收节点的 MAC 地址

D. 以太网只采用总线型拓扑结构

43．(填空题)与十六进制数 F1 等值的二进制数是_____。

44．(单选题)下列_____语言内置面向对象的机制,支持数据抽象,已成为当前面向对象程序设计的主流语言之一。

A. C++　　　　　B. C　　　　　C. ALGOL　　　　　D. LISP

45．(填空题)若在浏览器中输入的网址(URL)为 http://www.people.com.cn/ ,则屏幕上显示的网页一定是该网站的_____。

二、上机操作题(55 分)

(一) Word 操作题(20 分)

调入 IT03 文件夹中的 ED3.docx 文件,参考样张(附图 3-1),按下列要求进行操作。

1. 将页面设置为 16 开,上、下、左、右页边距均为 3 厘米,每页 35 行,每行 30 个字符。

2. 设置正文所有段落首行缩进 2 字符,行距为固定值 18 磅。

3. 将正文中所有的"青年"设置为标准色-红色、加粗。

4. 在正文适当位置插入竖排文本框,添加文字"五四青年节的由来",文字格式为华文琥珀、二号字、标准色-蓝色,设置形状轮廓颜色为标准色-深红,粗细为 1.5 磅,填充色为标准色-黄色,环绕方式为四周型。

5. 在正文适当位置插入图片 youth.jpg,设置图片高度为 4 厘米、宽度为 8 厘米,环绕方式为紧密型,图片样式为复杂框架、黑色。

6. 设置文档页眉为"青年节的由来",居中显示,并在页面底端插入页码,页码样式为"三角

形 2"。
7. 文档应用内置主题"活力",将页面颜色设置为"深蓝,强调文字颜色 6,淡色 80%"。
8. 保存文件 ED3.docx,存放于 IT03 文件夹中。

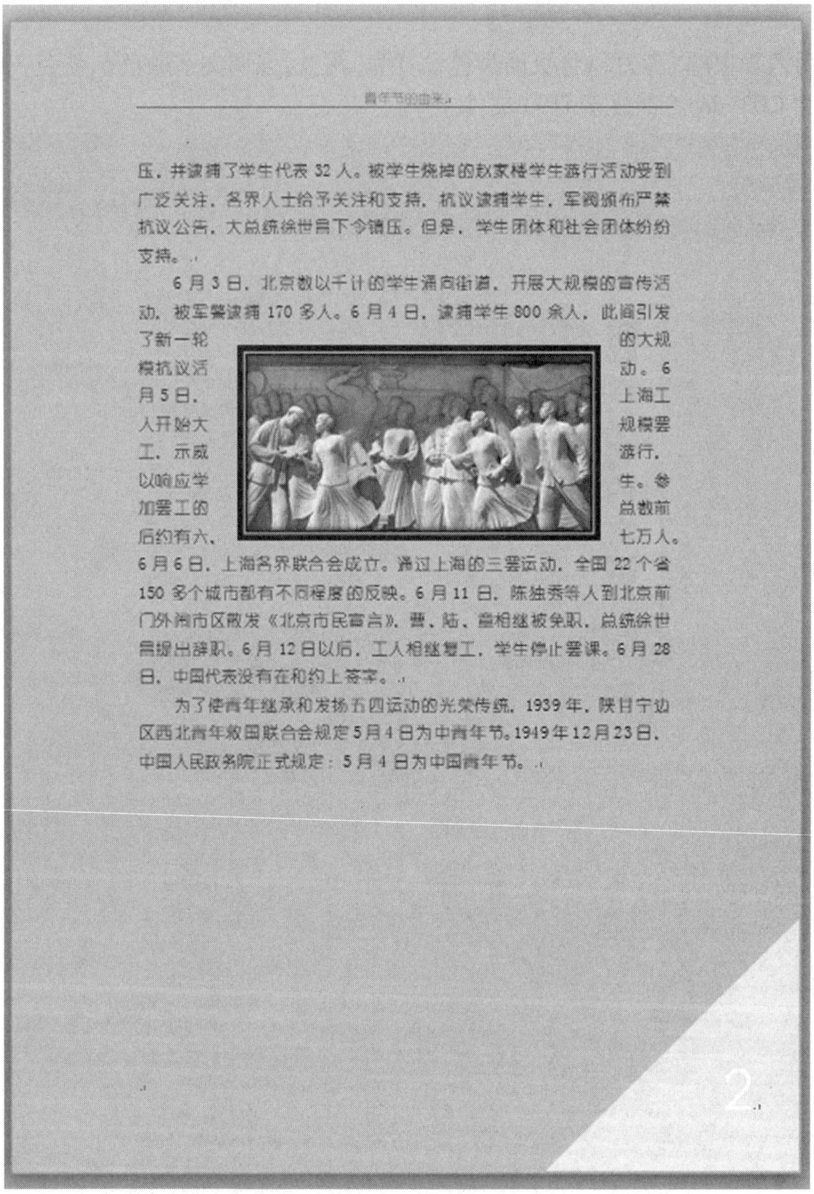

青年节的由来

压，并逮捕了学生代表 32 人。被学生烧掉的赵家楼学生游行活动受到广泛关注，各界人士给予关注和支持，抗议逮捕学生，军阀颁布严禁抗议公告，大总统徐世昌下令镇压。但是，学生团体和社会团体纷纷支持。

6 月 3 日，北京数以千计的学生涌向街道，开展大规模的宣传活动，被军警逮捕 170 多人。6 月 4 日，逮捕学生 800 余人，此间引发了新一轮的大规模抗议活动。6 月 5 日，上海工人开始大规模罢工，示威游行，以响应学生。参加罢工的总数前后约有六、七万人。6 月 6 日，上海各界联合会成立。通过上海的三罢运动，全国 22 个省 150 多个城市都有不同程度的反映。6 月 11 日，陈独秀等人到北京前门外闹市区散发《北京市民宣言》。曹、陆、章相继被免职，总统徐世昌提出辞职。6 月 12 日以后，工人相继复工，学生停止罢课。6 月 28 日，中国代表没有在和约上签字。

为了使青年继承和发扬五四运动的光荣传统，1939 年，陕甘宁边区西北青年救国联合会规定 5 月 4 日为中国青年节。1949 年 12 月 23 日，中国人民政务院正式规定：5 月 4 日为中国青年节。

2

附图 3-1　样张

（二）Excel 操作题(20 分)

调入 IT03 文件夹中的 EX3. xlsx 文件，参考样张(附图 3-2)，按下列要求进行操作。

1. 在“造林面积”工作表中，设置第一行标题文字“2009 年造林面积”在 A1:H1 单元格区域合并后居中，字体格式为隶书、24 号、标准色-蓝色。
2. 在“造林面积”工作表的 C 列中，利用公式分别计算各省市造林总面积(造林总面积为 D 列至 H 列相应行数值之和)。
3. 在“造林面积”工作表中，将 A3:H3 单元格背景色设置为标准色-绿色。
4. 在“造林面积”工作表中，筛选出西北地区的记录。
5. 将筛选出的“省市”和“造林总面积”复制到“西北地区”工作表的 B4:C8 单元格中。

6. 在"西北地区"工作表的 C9 单元格中,利用公式汇总西北地区造林总面积。
7. 在"造林面积"工作表中,根据筛选出的造林总面积数据,生成一张簇状柱形图,嵌入当前工作表中,图表上方标题为"西北地区造林总面积",主要纵坐标轴横排标题为"公顷",无图例,显示数据标签,并放置在数据点结尾之外。
8. 保存文件 EX3.xlsx,存放于 IT03 文件夹中。

附图 3-2　样张

（三）PowerPoint 操作题(15 分)

调入 IT03 文件夹中的 PT3.pptx 文件,参考样张(附图 3-3),按下列要求进行操作。

1. 设置所有幻灯片背景为渐变填充预设颜色"雨后初晴",所有幻灯片切换效果为分割(中央向上下展开)。
2. 在第 1 张幻灯片中插入图片"清洁能源.jpg",设置图片高度、宽度缩放比例均为 200%,水平方向距离左上角 8 厘米,垂直方向距离左上角 10 厘米,设置图片的动画效果为单击时自左侧飞入,持续时间为 1 秒。
3. 为第 3 张幻灯片中带项目符号的文字创建超链接,分别指向具有相应标题的幻灯片。
4. 利用幻灯片母版,设置所有幻灯片标题的字体样式为华文新魏、48 号字,文本的字体样式为楷体、28 号字。
5. 在最后一张幻灯片中,为右下角的文字"返回"创建超链接,单击指向第 1 张幻灯片。

6. 保存文件 PT3.pptx,存放于 IT03 文件夹中。

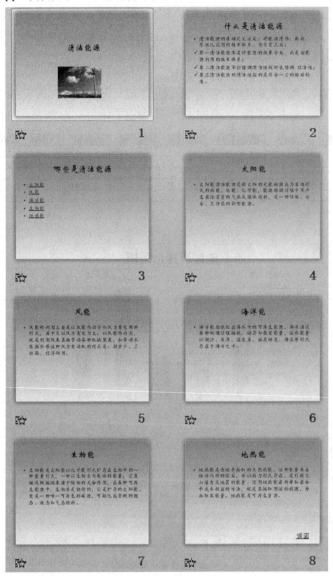

附图 3-3 样张

模拟试题四

一、基础题(45分)

1. (单选题)下列选项_____中所列软件都属于操作系统。
   A. Word 和 OS/2　　　　　　　　B. Windows XP 和 UNIX
   C. UNIX 和 FoxPro　　　　　　　D. Flash 和 Linux

2. (填空题)组合光驱(康宝)不仅可以读写 CD 光盘,而且可以读出_____光盘片上的信息。

3. (填空题)十进制数 20 用二进制数可表示为_____。

4. (判断题)存储在光盘中的数字音乐、JPEG 图片等都是计算机软件。(　　)

5. (判断题)单纯采用令牌(如校园一卡通、公交卡等)进行身份认证,缺点是若丢失令牌,将导致他人能轻易进行假冒和欺骗。(　　)

6. (单选题)CPU 执行每一条指令都要分成若干步:取指令、指令译码、取操作数、执行运算、保存结果等。CPU 在取指令阶段的操作是_____。
   A. 从指令寄存器读取一条指令放入指令计数器
   B. 从硬盘读取一条指令放入内存储器
   C. 从内存储器读取一条指令放入运算器
   D. 从内存储器(或 Cache)读取一条指令放入指令寄存器

7. (填空题)以太网中需要传输的数据必须预先组织成若干帧,每一数据帧的格式如附图 4-1 所示,其中"?"表示的是_____。

源计算机 MAC 地址	目的计算机 MAC 地址	控制信息	?	校验 信息

   附图 4-1　题 7 图

8. (单选题)下列关于 4G 上网的叙述错误的是_____。
   A. 目前我国 4G 上网的速度已达到 1 000 Mb/s
   B. 4G 上网属于无线接入方式
   C. 4G 上网的速度比 3G 上网的速度快
   D. 4G 上网的覆盖范围较 WLAN 大得多

9. (单选题)下列关于 IC 卡的叙述错误的是_____。
   A. 非接触式 IC 卡依靠自带电池供电
   B. IC 卡不仅可以存储数据,还可以通过加密逻辑对数据进行加密
   C. IC 卡是"集成电路卡"的简称
   D. IC 卡中内嵌有集成电路芯片

10. (单选题)自 20 世纪 90 年代起,PC 使用的 I/O 总线类型主要是_____,它可用于连接中、高速外部设备,如以太网卡、声卡等。
    A. ISA　　　　B. PS/2　　　　C. PCI(PCI-E)　　　　D. VESA

11. (单选题)下列关于存储卡的叙述错误的是_____。
    A. 存储卡非常轻巧,形状大多为扁平的长方形或正方形

B. 存储卡有多种,如 SD 卡、CF 卡、Memory Stick 卡和 MMC 卡等

C. 存储卡是使用闪烁存储器芯片做成的

D. 存储卡可直接插入 USB 接口进行读写操作

12. (单选题)在采用北桥、南桥芯片组主板的 PC 上,所能安装的主存储器最大容量及可使用的内存条类型主要取决于_____。

    A. CPU 主频　　　B. 南桥芯片　　　C. 北桥芯片　　　D. I/O 总线

13. (单选题)下列关于液晶显示器的说法错误的是_____。

    A. 液晶显示器在显示过程中使用电子枪轰击荧光屏方式成像

    B. 液晶显示器的体积轻薄,辐射危害较小

    C. LCD 是液晶显示器的英文缩写

    D. 液晶显示技术被应用到了数码相机中

14. (单选题)下列关于 Windows 操作系统多任务处理的叙述错误的是_____。

    A. 前台任务可以有多个,后台任务只有 1 个

    B. 前台任务只有 1 个,后台任务可以有多个

    C. 用户正在输入信息的窗口称为活动窗口,它所对应的任务称为前台任务

    D. 每个任务通常都对应着屏幕上的一个窗口

15. (单选题)正常情况下,外存储器中存储的信息在断电后_____。

    A. 大部分会丢失　　　　　　　　B. 会局部丢失

    C. 会全部丢失　　　　　　　　　D. 不会丢失

16. (判断题)在 Windows 系统中,按下【Alt】+【PrintScreen】组合键,可以将当前窗口的图像复制到剪贴板中。(　　)

17. (判断题)在半导体存储器中,可以使用电容的充电状态和未充电状态分别表示比特的"1"或"0",从而实现比特的存储。(　　)

18. (单选题)下列关于关系二维表的叙述错误的是_____。

    A. 关系模式确定后,二维表的内容是不变的

    B. 关系模式反映了二维表的静态结构

    C. 二维表是元组的集合

    D. 对二维表操作的结果仍然是二维表

19. (单选题)以太网中计算机之间传输数据时,网卡以_____为单位进行数据传输。

    A. 信元　　　　　B. 记录　　　　　C. 文件　　　　　D. 帧

20. (填空题)个人计算机一般都用单片微处理器作为_____,其价格便宜、使用方便、软件丰富。

21. (单选题)下列关于 24 针针式打印机的术语中,24 针是指_____。

    A. 信号线插头上有 24 根针　　　　B. 24×24 点阵

    C. 打印头内有 24 根针　　　　　　D. 打印头内有 24×24 根针

22. (填空题)浏览器可以下载安装一些_____程序,以扩展浏览器的功能,如播放 Flash 动画或某种特定格式的视频等。

23. (判断题)收音机可以收听许多不同电台的节目,是因为广播电台采用了频分多路复用技术播送其节目。(　　)

24. （单选题）下列有关利用 ADSL 和无线路由器组建的家庭无线局域网的叙述错误的是_____。
    A. ADSL Modem 是无线接入点
    B. 无线工作站可检测到邻居家中的无线接入点
    C. 无线路由器是无线接入点
    D. 接入点的无线信号可穿透墙体,与无线工作站相连

25. （单选题）下列丰富格式文本文件中,不能用 Word 2010 文字处理软件打开的是_____文件。
    A. html 格式　　　　　　　　　B. pdf 格式
    C. rtf 格式　　　　　　　　　　D. docx 格式

26. （填空题）在"键盘输入""联机手写输入""语音识别输入""印刷体汉字识别输入"四种方法中,易学易用、适合用户在移动设备(如手机等)上使用的是_____。

27. （判断题）计算机中的整数分为不带符号的整数和带符号的整数两类,前者表示的一定是正整数。（　　）

28. （单选题）下列关于程序设计语言的说法正确的是_____。
    A. 高级语言就是人们日常使用的自然语言
    B. 无须经过翻译或转换,计算机就可以直接执行用高级语言编写的程序
    C. 高级语言与 CPU 的逻辑结构无关
    D. 高级语言程序的执行速度比低级语言程序快

29. （单选题）BIOS 的中文名叫作基本输入/输出系统。下列说法错误的是_____。
    A. BIOS 中的程序是可执行的二进制程序
    B. BIOS 中包含系统主引导记录的装入程序
    C. BIOS 是存放在主板上 CMOS 存储器中的程序
    D. BIOS 中包含加电自检程序

30. （单选题）在 PC 上利用摄像头录制视频时,视频文件的大小与_____无关。
    A. 录制速度(每秒帧)　　　　　B. 镜头视角
    C. 图像分辨率　　　　　　　　D. 录制时长

31. （单选题）CPU 中用来解释指令的含义、控制运算器的操作、记录内部状态的部件是_____。
    A. 运算器　　　B. CPU 总线　　　C. 寄存器　　　D. 控制器

32. （单选题）下列网络协议中,与收、发、撰写电子邮件无直接关系的协议是_____。
    A. MIME　　　　B. POP3　　　　C. Telnet　　　　D. SMTP

33. （单选题）开机后,用户未进行任何操作,发现本地计算机正在上传数据,一般不可能的原因是_____。
    A. 本地计算机感染病毒,上传本地计算机的敏感信息
    B. 上传本机已下载的"病毒库"
    C. 上传本机主板上 BIOS ROM 中的程序代码
    D. 上传本机已下载的视频数据

34. （单选题）在 Windows(中文版)系统中,文件名可以用中文、英文和字符的组合进行命

名,但有些特殊字符不可使用。下列除_____字符外都是不可用的。

A. _(下划线)　　　　B. /　　　　　　C. *　　　　　　D. ?

35. (判断题)流程图是唯一的一种算法表示方法。(　　)

36. (单选题)若 A＝1100,B＝1010,它们运算的结果是 1000,则其运算一定是_____。

A. 算术减　　　B. 算术加　　　C. 逻辑乘　　　D. 逻辑加

37. (判断题)为了方便地更换和扩充 I/O 设备,计算机系统中的 I/O 设备一般都通过 I/O 接口(I/O 控制器)与主机连接。(　　)

38. (单选题)图像处理软件有很多功能,_____不是通用图像处理软件的基本功能。

A. 在图片上制作文字,并与图像融为一体

B. 图像的缩放显示

C. 识别图像中的文字和符号

D. 调整图像的亮度和对比度

39. (判断题)通信系统由三个部分组成:信源与信宿、携带了信息的信号以及传输信号的信道,三者缺一不可。(　　)

40. (单选题)下列有关 IPv4 中 IP 地址格式的叙述错误的是_____。

A. IP 地址用 64 个二进制位表示

B. IP 地址有 A 类、B 类、C 类等不同类型之分

C. 标准的 C 类 IP 地址的主机号共 8 位

D. IP 地址由网络号和主机号两部分组成

41. (单选题)下列关于域名的叙述错误的是_____。

A. 域名是 IP 地址的一种符号表示

B. 运行域名系统(DNS)的主机叫作域名服务器,每个校园网至少有一个域名服务器

C. 上网的每台计算机都有一个 IP 地址,所以也有一个各自的域名

D. 把域名翻译成 IP 地址的软件称为域名系统(DNS)

42. (单选题)计算机网络互联采用的交换技术大多是_____。

A. 分组交换　　　B. 电路交换　　　C. 报文交换　　　D. 自定义交换

43. (单选题)下列关于"木马"病毒的叙述错误的是_____。

A. 不用来收发电子邮件的计算机不会感染"木马"病毒

B. "木马"运行时可以截获键盘输入的口令、帐号等机密信息

C. "木马"运行时会占用系统的 CPU 和内存等资源

D. "木马"运行时比较隐蔽,一般不会在任务栏上显示出来

44. (判断题)在 Windows 系统中,采用图标(icon)来形象地表示系统中的文件、程序和设备等软硬件对象。(　　)

45. (填空题)在"TIF""JPEG""GIF""WAV"文件格式中,_____不是图像文件格式。

二、上机操作题(55 分)

(一) Word 操作题(20 分)

调入 IT04 文件夹中的 ED4.docx 文件,参考样张(附图 4-2),按下列要求进行操作。

1. 将页面设置为 A4,上、下页边距为 3 厘米,左、右页边距为 4 厘米,每页 40 行,每行 34 个字符。

2. 设置正文第一段首字下沉 3 行,首字字体为黑体、标准色-蓝色,其余段落设置为首行缩进 2 字符。
3. 在正文适当位置插入图片"雅鲁.jpg",设置图片高度为 6 厘米、宽度为 8 厘米,环绕方式为紧密型,图片样式为"简单框架,白色"。
4. 将正文中所有的"雅鲁藏布江"设置为标准色-红色、加粗,加着重号。
5. 在正文适当位置插入竖排文本框,添加文字"雅鲁藏布江",文字格式为华文琥珀、二号字、标准色-绿色,设置形状填充色为"橙色,强调文字颜色6,淡色60%",无轮廓,环绕方式为四周型。
6. 将正文最后两段分为偏左的两栏,栏间加分隔线,栏间距为 2 字符。
7. 设置页面边框为方框、单波浪线、标准色-绿色、1.5 磅。
8. 保存文件 ED4.docx,存放于 IT04 文件夹中。

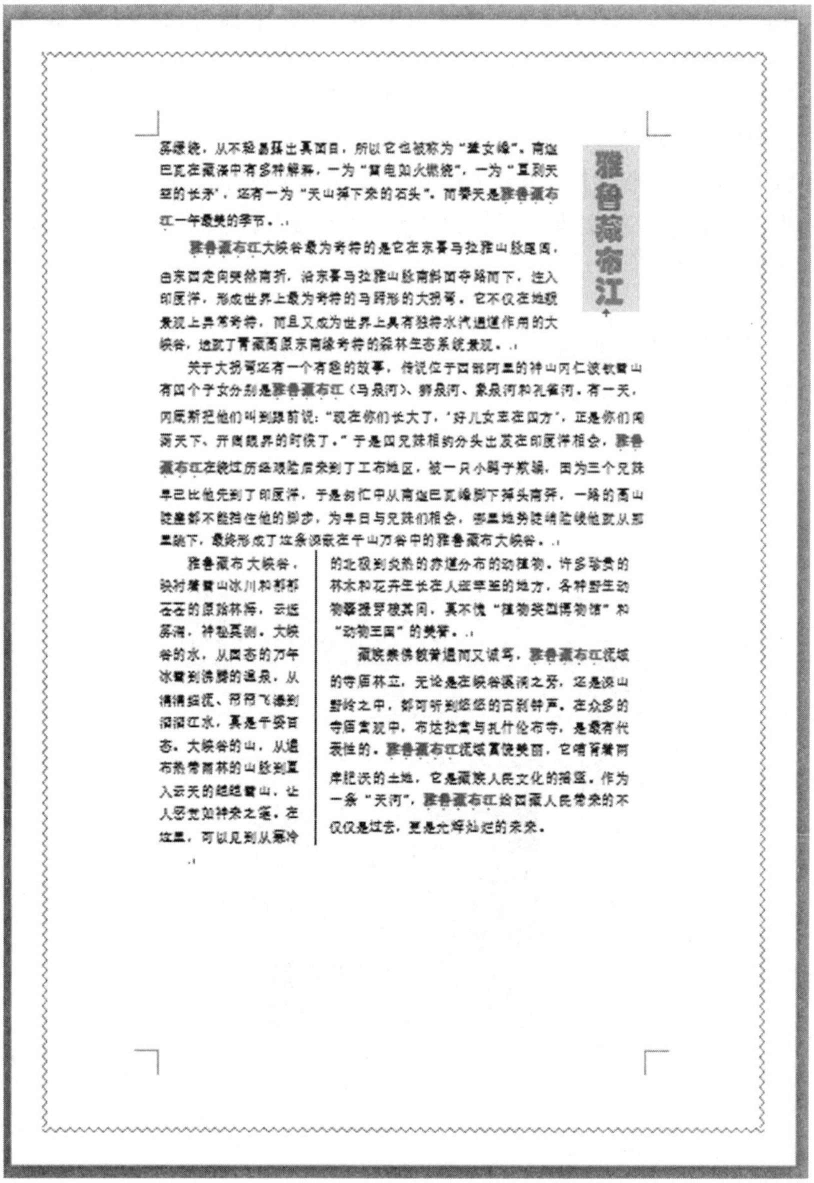

雅鲁藏布江

雾缭绕，从不轻易露出真面目，所以它也被称为“羞女峰”。南迦巴瓦在藏语中有多种解释，一为“雷电如火燃烧”，一为“直刺天空的长矛”，还有一为“天山掉下来的石头”。而春天是雅鲁藏布江一年最美的季节。

雅鲁藏布江大峡谷最为奇特的是它在东喜马拉雅山脉尾闾，由东西走向突然南折，沿东喜马拉雅山脉南斜面夺路而下，注入印度洋，形成世界上最为奇特的马蹄形的大拐弯。它不仅在地貌景观上异常奇特，而且又成为世界上具有独特水汽通道作用的大峡谷，造就了青藏高原东南缘奇特的森林生态系统景观。

关于大拐弯还有一个有趣的故事，传说位于西部阿里的神山冈仁波钦雪山有四个子女分别是雅鲁藏布江（马泉河）、狮泉河、象泉河和孔雀河。有一天，冈底斯把他们叫到跟前说：“现在你们长大了，‘好儿女志在四方’，正是你们闯荡天下、开阔眼界的时候了。”于是四兄妹相约分头出发在印度洋相会，雅鲁藏布江在途经历经艰险后来到了工布地区，被一只小鸮子欺骗，因为三个兄妹早已比他先到了印度洋，于是匆忙中从南迦巴瓦峰脚下掉头南奔，一路的高山陡崖都不能挡住他的脚步，为早日与兄妹们相会，哪里地势陡峭险峻他就从那里跳下，最终形成了这条深嵌在千山万谷中的雅鲁藏布大峡谷。

雅鲁藏布大峡谷，映衬着雪山冰川和郁郁苍苍的原始林海，云遮雾罩，神秘莫测。大峡谷的水，从固态的万年冰雪到沸腾的温泉，从涓涓细流、滔滔飞瀑到滚滚江水，真是千姿百态。大峡谷的山，从遍布热带雨林的山脉到直入云天的皑皑雪山，让人感觉如神来之笔。在这里，可以见到从寒冷的北极到炎热的赤道分布的动植物。许多珍贵的林木和花卉生长在人迹罕至的地方，各种野生动物攀援穿梭其间，真不愧“植物类型博物馆”和“动物王国”的美誉。

藏族崇佛教普遍而又虔诚，雅鲁藏布江流域的寺庙林立，无论是在峡谷溪涧之旁，还是深山野岭之中，都可听到悠悠的古刹钟声。在众多的寺庙当中，布达拉宫与扎什伦布寺，是最有代表性的。雅鲁藏布江流域富饶美丽，它哺育着两岸肥沃的土地，它是藏族人民文化的摇篮。作为一条“天河”，雅鲁藏布江给西藏人民带来的不仅仅是过去，更是光辉灿烂的未来。

附图 4-2　样张

（二）Excel 操作题(20 分)

调入 IT04 文件夹中的 EX4. xlsx 文件,参考样张(附图 4-3),按下列要求进行操作。

1. 在“农用地”工作表中,设置第一行标题文字“各地区农用地面积”在 A1:E1 单元格区域合并后居中,字体格式为楷体、18 号、标准色-红色。
2. 在“农用地”工作表的 C35:E35 单元格中,利用公式分别计算耕地、园地、牧草地面积的“合计”值。
3. 在“农用地”工作表中,设置表格中所有数值数据以带 1 位小数的数值格式显示。
4. 在“农用地”工作表中,将 A3:E3 和 A35:E35 单元格区域背景色设置为标准色-浅绿。
5. 在“统计”工作表的 B8:B10 单元格中,引用“农用地”工作表 C 列中的数据,利用公式分别统计华南、西南、西北地区的耕地面积之和。

6. 在"统计"工作表 C 列中,引用"农用地"工作表中的"合计"数据,利用公式计算各地区耕地面积占"合计"值的比例,结果以带 2 位小数的百分比格式显示(要求使用绝对地址表示耕地面积合计值)。
7. 在"统计"工作表中,根据各地区"耕地占比"生成一张饼图,嵌入当前工作表中,图表上方标题为"各地区耕地占比",在底部显示图例,显示数据标签,并放置在数据点结尾之内。
8. 保存文件 EX4.xlsx,存放于 IT04 文件夹中。

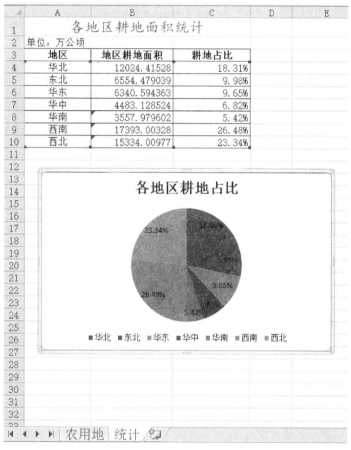

附图 4-3 样张

(三) PowerPoint 操作题(15 分)

调入 IT04 文件夹中的 PT4.pptx 文件,参考样张(附图 4-4),按下列要求进行操作。
1. 所有幻灯片应用内置主题"暗香扑面",所有幻灯片切换效果为"时钟(楔入)"。
2. 在第 4 张幻灯片中插入图片"秦淮八绝.jpg",设置图片高度为 12 厘米、宽度为 18 厘米,图片的动画效果为"单击时浮入(上浮)",并伴有鼓掌声。
3. 为第 5 张幻灯片中带项目符号的文字创建超链接,分别指向具有相应标题的幻灯片。
4. 除标题幻灯片外,在其他幻灯片中插入幻灯片编号和页脚,页脚内容为"金陵美食"。
5. 在最后一张幻灯片的右上角插入"笑脸"形状,单击该形状,超链接指向第 5 张幻灯片。
6. 保存文件 PT4.pptx,存放于 IT04 文件夹中。

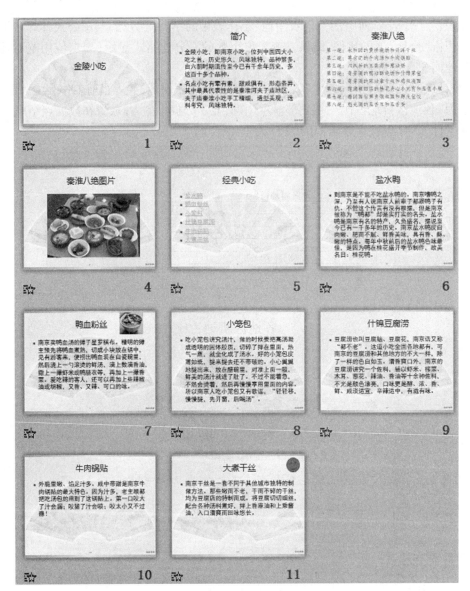

附图 4-4　样张

模拟试题五

一、基础题(45分)

1. (单选题)实施逻辑加运算 1010∨1001 后的结果是_____。
   A. 1000   B. 1001   C. 1011   D. 0001

2. (单选题)在国际标准化组织制定的有关数字视频及伴音压缩编码标准中,VCD 影碟采用的压缩编码标准为_____。
   A. MPEG-4   B. MPEG-2   C. MPEG-1   D. H.261

3. (判断题)对于同一个问题可采用不同的算法去解决,但不同的算法通常具有相同的效率。( )

4. (单选题)下列关于"木马"病毒的叙述错误的是_____。
   A. 不用来收发电子邮件的计算机,不会感染"木马"病毒
   B. "木马"运行时可以截获键盘输入的口令、帐号等机密信息
   C. "木马"运行时比较隐蔽,一般不会在任务栏上显示出来
   D. "木马"运行时会占用系统的 CPU 和内存等资源

5. (单选题)下列关于程序设计语言的说法正确的是_____。
   A. 无须经过翻译或转换,计算机就可以直接执行用高级语言编写的程序
   B. 高级语言与 CPU 的逻辑结构无关
   C. 高级语言就是人们日常使用的自然语言
   D. 高级语言程序的执行速度比低级语言程序快

6. (填空题)按性能和用途,计算机可分为巨型机、大型机、小型机、个人机和嵌入式计算机等,水、电、煤气远程抄表器和车载导航仪属于_____应用。

7. (判断题)PC 加电启动时,在正常完成加载过程之后,操作系统即被装入内存中并开始运行。( )

8. (单选题)主存容量是影响 PC 性能的要素之一,通常容量越大越好。但其最大容量受到多种因素的制约,下面不会直接影响内存容量的因素是_____。
   A. 主板采用的芯片组的型号   B. CPU 前端总线中地址线的宽度
   C. 主板存储器插座的类型与数目   D. CPU 前端总线中数据线的宽度

9. (单选题)BIOS 的中文名叫作基本输入/输出系统。下列说法错误的是_____。
   A. BIOS 中包含系统主引导记录的装入程序
   B. BIOS 是存放在主板上 CMOS 存储器中的程序
   C. BIOS 中的程序是可执行的二进制程序
   D. BIOS 中包含加电自检程序

10. (判断题)鼠标器通常有两个按键,称为左键和右键,操作系统可以识别鼠标的多种动作,如左单击、左双击、右单击、拖动等。( )

11. (单选题)计算机网络互联采用的交换技术大多是_____。
    A. 分组交换   B. 报文交换   C. 自定义交换   D. 电路交换

12. (单选题)目前使用的打印机有针式打印机、激光打印机和喷墨打印机等。其中,

_____在打印票据方面具有独特的优势,_____在彩色图像输出设备中占有价格优势。

  A. 喷墨打印机、激光打印机   B. 激光打印机、喷墨打印机

  C. 针式打印机、喷墨打印机   D. 针式打印机、激光打印机

13. (填空题)字符信息的输入有两种方法,即人工输入和自动识别输入,人们使用扫描仪输入印刷体汉字,并通过软件转换为机内码形式的输入方法属于_____。

14. (单选题)下列所列软件不是数据库管理系统软件的是_____。

  A. Access   B. Excel   C. SQL Server   D. ORACLE

15. (单选题)假设192.168.0.1是某个IP地址的"点分十进制"表示,则该IP地址的二进制表示中最高3位一定是_____。

  A. 110   B. 011   C. 101   D. 100

16. (单选题)目前,计算机常用的显示器有CRT和_____两种。

  A. LED   B. LCD   C. 背投   D. 等离子

17. (填空题)DVD光盘片按容量大小共分为4个品种,它们是单面单层、单面双层、双面单层和双面双层,容量最大的是_____。

18. (单选题)下列关于主流PC CPU的叙述错误的是_____。

  A. 计算机能够执行的指令集完全由该机所安装的CPU决定

  B. CPU运算器中有多个运算部件

  C. CPU主频速度提高1倍,PC执行程序的速度也相应提高1倍

  D. CPU除运算器、控制器和寄存器之外,还包括Cache存储器

19. (单选题)下列_____是正确的电子邮件地址。

  A. www.zdxy.cn   B. 202.204.116.4

  C. ftp.ccc.gov   D. chengkang@gmail.com

20. (单选题)计算机网络有客户/服务器和对等两种工作模式。下列有关网络工作模式的叙述错误的是_____。

  A. 在客户/服务器模式中通常选用一些性能较高的计算机作为服务器

  B. 两种工作模式均要求计算机网络的拓扑结构必须为总线型结构

  C. Windows XP操作系统中的"网上邻居"是按对等模式工作的

  D. 因特网BT下载服务采用对等工作模式,其特点是"下载的请求越多,下载速度越快"

21. (单选题)计算机图形学有很多应用,下列最直接的应用是_____。

  A. 设计电路图 B. 指纹识别 C. 医疗诊断 D. 可视电话

22. (单选题)在银行金融信息处理系统中,为使多个用户都能同时得到系统的服务,采取的主要技术措施是_____。

  A. 计算机必须有多台

  B. 计算机必须有多个系统管理员

  C. CPU时间被划分为"时间片",让CPU轮流为不同的用户程序服务

  D. 系统需配置多个操作系统

23. (填空题)Web网页有静态网页和_____网页两大类,后者指内容不是预先确定而是在网页请求过程中根据当时实际的数据内容临时生成的页面。

24. (单选题)目前我国家庭计算机用户接入因特网的几种方法中速度最快的是_____。
    A. 光纤入户   B. ADSL   C. 电话 Modem   D. 无线接入
25. (单选题)组建无线局域网,需要硬件和软件,下列_____不是必需的。
    A. 无线网卡   B. 无线接入点(AP)
    C. 无线鼠标   D. 无线通信协议
26. (判断题)存储在光盘中的数字音乐、JPEG 图片等都是计算机软件。(   )
27. (单选题)目前广泛使用的 Adobe Acrobat 软件,它将文字、字型、排版格式、声音和图像等信息封装在一个文件中,既适合网络传输,也适合电子出版,其文件格式是_____。
    A. html   B. txt   C. pdf   D. docx
28. (单选题)下列关于集成电路的说法错误的是_____。
    A. 集成电路大多使用半导体材料制作而成
    B. 集成电路的工作速度与其晶体管尺寸大小无关
    C. 集成电路的特点是体积小、质量轻、可靠性高
    D. 集成电路是现代信息产业的基础之一
29. (判断题)在计算机中,4 GB 容量的 U 盘与 4 GB 容量的内存相比,内存容量略微大一些。(   )
30. (单选题)下列关于 CPU 结构的说法错误的是_____。
    A. 控制器是用来解释指令含义、控制运算器操作、记录内部状态的部件
    B. CPU 中仅仅包含运算器和控制器两部分
    C. 运算器可以有多个,如整数运算器和浮点运算器等
    D. 运算器用来对数据进行各种算术运算和逻辑运算
31. (单选题)从应用的角度看软件可分为两类:管理系统资源、提供常用基本操作的软件称为_____;为最终用户完成某项特定任务的软件称为应用软件。
    A. 系统软件   B. 通用软件   C. 普通软件   D. 定制软件
32. (单选题)局域网常用的拓扑结构有环型、星型和_____。
    A. 蜂窝型   B. 超链型   C. 分组型   D. 总线型
33. (填空题)以太网中的每台计算机必须安装网卡,用于发送和接收数据。大多数情况下网卡通过_____线把计算机连接到网络。
34. (判断题)光纤传输信号损耗很小,所以光纤通信是一种无中继通信。(   )
35. (单选题)在 Windows 操作系统中,下列有关文件夹的叙述错误的是_____。
    A. 文件夹为文件的查找提供了方便
    B. 网络上其他用户可以不受限制地修改共享文件夹中的文件
    C. 几乎所有文件夹都可以设置为共享
    D. 将不同类型的文件放在不同的文件夹中,方便了文件的分类存储
36. (判断题)PC 中的 CPU 不能直接执行硬盘中的程序。(   )
37. (填空题)与十六进制数 FF 等值的二进制数是_____。
38. (判断题)使用多路复用技术能够很好地解决信号的远距离传输问题。(   )
39. (判断题)8 位的补码和原码均只能表示 255 个不同的数。(   )
40. (判断题)数字签名的主要目的是鉴别消息来源的真伪,它不能发觉消息在传输过程中

是否被篡改。（　　）

41. （单选题）某局域网通过一个路由器接入因特网，若局域网的网络号为202.29.151.0，那么连接此局域网的路由器端口的 IP 地址只能选择下面 4 个 IP 地址中的_____。
   A. 202.29.1.1   B. 202.29.151.1
   C. 202.29.151.0   D. 202.29.1.0

42. （单选题）下列关于 PC 主板的叙述错误的是_____。
   A. 硬盘驱动器也安装在主板上
   B. 为便于安装，主板的物理尺寸已标准化
   C. CPU 和内存条均通过相应的插座（槽）安装在主板上
   D. 芯片组是主板的重要组成部分，大多 I/O 控制功能由芯片组提供

43. （单选题）移动存储器有多种，目前已经不常使用的是_____。
   A. 磁带   B. 移动硬盘   C. 存储卡   D. U 盘

44. （单选题）自 20 世纪 90 年代起，PC 使用的 I/O 总线类型主要是_____，它可用于连接中、高速外部设备，如以太网卡、声卡等。
   A. ISA   B. PCI(PCI-E)   C. VESA   D. PS/2

45. （填空题）像素深度即像素所有颜色分量的二进制位数之和。黑白图像的像素深度为_____。

二、上机操作题（55 分）

（一）Word 操作题（20 分）

调入 IT05 文件夹中的 ED5.docx 文件，参考样张（附图 5-1），按下列要求进行操作。

1. 将页面设置为 A4，上、下页边距均为 2.6 厘米，左、右页边距均为 3.2 厘米，每页 43 行，每行 40 个字符。
2. 给文章加标题"了解篆刻"，设置其格式为隶书、二号字，居中显示，标题段落填充主题颜色-茶色、背景2、深色10%的底纹。
3. 设置正文各段首行缩进 2 字符，段前段后间距 0.2 行。
4. 给正文中加粗且有下划线的第二、第四、第六段添加菱形项目符号。
5. 在正文适当位置插入图片"篆刻.jpg"，设置图片高度、宽度缩放比例均为 60%，环绕方式为四周型，图片样式为简单框架、黑色。
6. 在正文第一行第一个"镌刻"后插入脚注"把铭文刻或画在坚硬物质或石头上"。
7. 设置奇数页页眉为"篆刻简介"，偶数页页眉为"篆刻起源"，均居中显示，并在所有页的页面底端插入页码，页码样式为"粗线"。
8. 保存文件 ED5.docx，存放于 IT05 文件夹中。

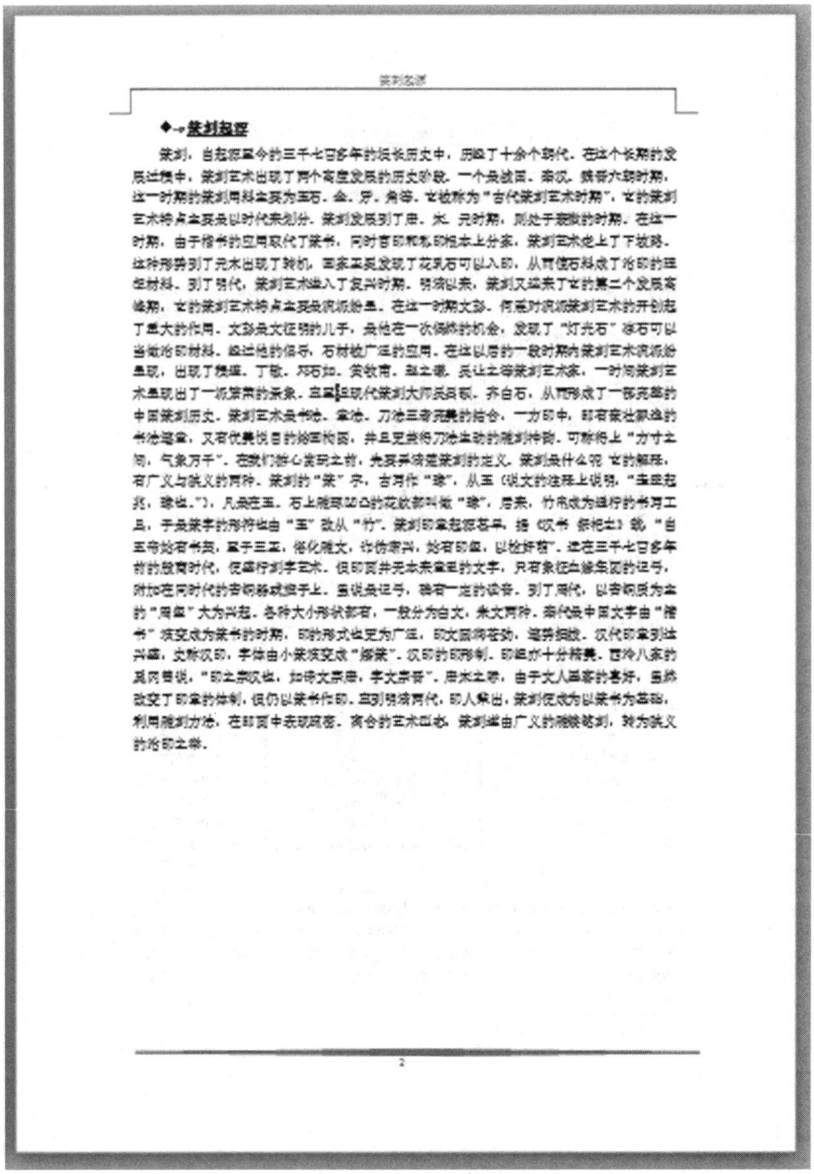

附图 5-1 样张

（二）Excel 操作题(20 分)

调入 IT05 文件夹中的 EX5.xlsx 文件,参考样张(附图 5-2),按下列要求进行操作。

1. 在"女子个人"工作表中,设置第一行标题文字"女子个人 10 米气手枪成绩"在 A1:O1 单元格区域合并后居中,字体格式为方正姚体、18 号字、标准色-红色。

2. 在"女子个人"工作表的 H 列和 N 列中,利用公式计算每个运动员的成绩一和成绩二(成绩一为前五发成绩之和,成绩二为后五发成绩之和),结果以带 1 位小数的数值格式显示。

3. 在"女子个人"工作表的 O 列中,利用公式计算每个运动员的总成绩(总成绩 = 成绩一 + 成绩二)。

4. 删除"男团"工作表的"成绩一""成绩二"列,并隐藏"运动员注册号"列。

5. 在"男团"工作表中,按照"省市"升序排序。
6. 在"男团"工作表中,按照"省市"进行分类汇总,统计各省市运动员的总成绩之和,汇总结果显示在数据下方。
7. 在"男团"工作表中,根据分类汇总数据,生成一张反映各省市男团总成绩的簇状柱形图,嵌入当前工作表中,图表上方标题为"男子团体10米气手枪成绩"、16号字,无图例,显示数据标签,并放置在数据点结尾之外。
8. 保存文件 EX5.xlsx,存放于 IT05 文件夹中。

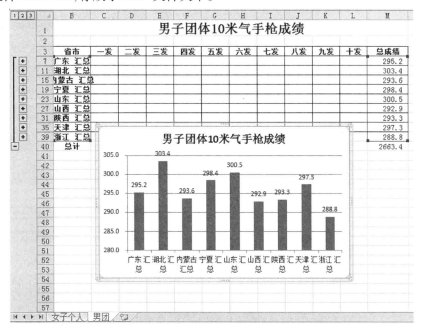

附图 5-2　样张

（三）PowerPoint 操作题（15 分）

调入 IT05 文件夹中的 PT5.pptx 文件,参考样张（附图 5-3）,按下列要求进行操作。

1. 为所有幻灯片应用内置主题"角度",所有幻灯片切换效果为"立方体（自左侧）"。
2. 为第 3 张幻灯片中带项目符号的文字创建超链接,分别指向具有相应标题的幻灯片。
3. 在第 4 张幻灯片中插入图片 tx.jpg,设置图片高度、宽度缩放比例均为 120%,图片的动画效果为"自右侧飞入"。
4. 除标题幻灯片外,在其他幻灯片中插入自动更新的日期（样式为"××××年××月××日"）。
5. 在最后一张幻灯片的右上角插入"第 1 张"动作按钮,单击时超链接到第 1 张幻灯片。
6. 保存文件 PT5.pptx,存放于 IT05 文件夹中。

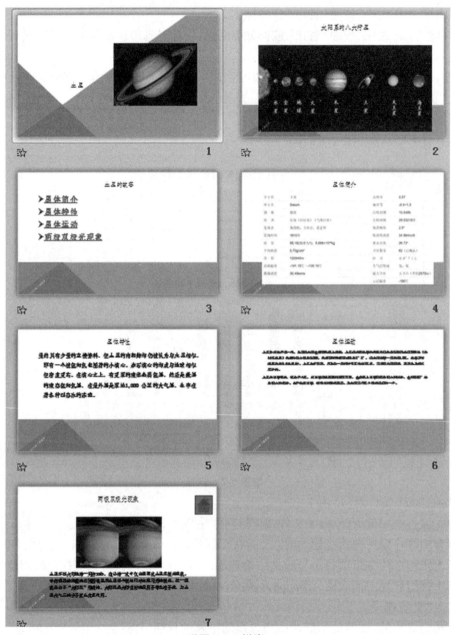

附图5-3　样张

模拟试题六

一、基础题(45 分)

1. (单选题)因特网用户的电子邮件地址格式应是_____。
   A. 邮箱名@单位网络名　　　　　　　B. 邮件服务器名@邮箱名
   C. 单位网络名@邮箱名　　　　　　　D. 邮箱名@邮件服务器名

2. (判断题)操作系统是现代计算机系统必须配置的核心应用软件。(　　)

3. (单选题)与广域网相比,下列_____不是计算机局域网的主要特点。
   A. 地理范围有限　　　　　　　　　　B. 通信延迟时间较低,可靠性较好
   C. 构建比较复杂　　　　　　　　　　D. 数据传输速率高

4. (单选题)下列关于存储卡的叙述错误的是_____。
   A. 存储卡是使用闪烁存储器芯片做成的
   B. 存储卡有多种,如 SD 卡、CF 卡、Memory Stick 卡和 MMC 卡等
   C. 存储卡非常轻巧,形状大多为扁平的长方形或正方形
   D. 存储卡可直接插入 USB 接口进行读写操作

5. (判断题)无符号整数在计算机中的表示常用最高位作为其符号位,用"1"表示"＋"(正数),用"0"表示"－"(负数),其余各位则用来表示数值的大小。(　　)

6. (单选题)网页是一种超文本文件,下列有关超文本的叙述正确的是_____。
   A. 网页之间的关系是线性的、有顺序的
   B. 相互链接的网页不能分布在不同的 Web 服务器中
   C. 网页既可以是丰富格式文本,也可以是纯文本
   D. 网页的内容不仅可以是文字,也可以是图形、图像和声音

7. (单选题)电信局利用本地电话线路提供一种称为"不对称用户数字线"的宽带上网服务,它在传输数据时下载的速度远大于上传的速度,这种技术的英文缩写是_____。
   A. FTTH　　　　B. ADSL　　　　C. ATM　　　　D. CATV

8. (判断题)免费软件是一种不需要付费就可取得并使用的软件,但用户并无修改和分发权,其源代码也不一定公开。(　　)

9. (单选题)三个比特的编码可以表示_____种不同的状态。
   A. 9　　　　　　B. 6　　　　　　C. 8　　　　　　D. 3

10. (填空题)在 RGB 颜色空间中,彩色图像每个像素的颜色被分解为_____个基色。

11. (填空题)如果在浏览器中输入的网址(URL)为 ftp://ftp.pku.edu.cn/,则用户所访问的网站服务器一定是_____服务器。

12. (单选题)下列有关利用 ADSL 和无线路由器组建的家庭无线局域网的叙述错误的是_____。
    A. ADSL Modem 是无线接入点
    B. 无线路由器是无线接入点
    C. 接入点的无线信号可穿透墙体,与无线工作站相连
    D. 无线工作站可检测到邻居家中的无线接入点

13. (单选题)下列_____语言内置面向对象的机制,支持数据抽象,已成为当前面向对象程序设计的主流语言之一。
    A. C++　　　　　　B. C　　　　　　C. LISP　　　　　　D. ALGOL

14. (判断题)在数字计算机系统中,目前可以用半导体存储器、磁盘、光盘来存储比特,还不能使用触发器来实现比特的存储。(　　)

15. (判断题)数字签名在电子政务、电子商务等领域的应用越来越普遍,我国法律规定,它与手写签名或盖章具有同等的效力。(　　)

16. (单选题)下列关于液晶显示器的说法错误的是_____。
    A. 液晶显示器的体积轻薄,辐射危害较小
    B. 液晶显示技术被应用到了数码相机中
    C. 液晶显示器在显示过程中使用电子枪轰击荧光屏方式成像
    D. LCD 是液晶显示器的英文缩写

17. (单选题)下列关于 Windows XP 的虚拟存储器的叙述错误的是_____。
    A. 虚拟存储器是由物理内存和硬盘上的虚拟内存联合组成的
    B. 交换文件大小固定,但可以不止 1 个
    C. 硬盘上的虚拟内存实际上是一个文件,称为交换文件
    D. 交换文件通常位于系统盘的根目录下

18. (判断题)为了方便地更换和扩充 I/O 设备,计算机系统中的 I/O 设备一般都通过 I/O 接口(I/O 控制器)与主机连接。(　　)

19. (单选题)现在 PC 主板集成了许多部件,下列_____部件一般不集成在主板上。
    A. 声卡　　　　　　B. 网卡　　　　　　C. PCI 总线　　　　　　D. 电源

20. (判断题)由于光纤的传输性能已远超过金属电缆,且成本已大幅度降低,因此目前光纤在各种通信和计算机网络的主干传输线路中已获得广泛使用。(　　)

21. (单选题)"木马"病毒可通过多种渠道进行传播,下列操作中一般不会感染"木马"病毒的是_____。
    A. 下载和安装来历不明的软件　　　　　B. 打开 QQ 即时传输的文件
    C. 安装生产厂家提供的设备驱动程序　　D. 打开邮件的附件

22. (判断题)移动通信系统也需要采用多路复用技术。(　　)

23. (单选题)下列关于 IC 卡的叙述错误的是_____。
    A. IC 卡是"集成电路卡"的简称
    B. IC 卡中内嵌有集成电路芯片
    C. 非接触式 IC 卡依靠自带电池供电
    D. IC 卡不仅可以存储数据,还可以通过加密逻辑对数据进行加密

24. (判断题)要解决一个可解问题,往往可以有多种不同的算法。(　　)

25. (填空题)某图书馆需要将图书馆藏书数字化,构建数字图书资料系统,在"键盘输入""联机手写输入""语音识别输入""印刷体识别输入"四种方法中,最有可能被采用的是_____。

26. (单选题)下列关于主流 PC CPU 的叙述错误的是_____。
    A. CPU 运算器中有多个运算部件

B. 计算机能够执行的指令集完全由该机所安装的 CPU 决定

C. CPU 除运算器、控制器和寄存器之外,还包括 Cache 存储器

D. CPU 主频速度提高 1 倍,PC 执行程序的速度也相应提高 1 倍

27. (单选题)计算机图形学有很多应用,_____是最直接的应用。
    A. 设计电路图　　B. 医疗诊断　　C. 指纹识别　　D. 可视电话

28. (单选题)下列软件不是数据库管理系统软件的是_____。
    A. Excel　　B. ORACLE　　C. Access　　D. SQL Server

29. (单选题)在 Windows(中文版)系统中,文件名可以用中文、英文和字符的组合进行命名,但有些特殊字符不可使用。下列除_____字符外都是不可用的。
    A. _(下划线)　　B. *　　C. ?　　D. /

30. (判断题)触摸屏是计算机的输入/输出设备,提供了简单、方便、自然的人机交互方式。( )

31. (单选题)在国际标准化组织制定的有关数字视频及伴音压缩编码标准中,VCD 影碟采用的压缩编码标准为_____。
    A. MPEG-4　　B. MPEG-2　　C. MPEG-1　　D. H.261

32. (单选题)下列关于 PC 主板上的 CMOS 芯片的说法正确的是_____。
    A. 用于存储基本输入/输出系统程序
    B. 需使用电池供电,否则主机断电后其中数据会丢失
    C. 加电后用于对计算机进行自检
    D. 它是只读存储器

33. (填空题)二进制数 10100 用十进制数可表示为_____。

34. (填空题)CD 光盘和 DVD 光盘存储器已经使用多年,现在常用的一种光盘存储器是_____光盘存储器,其容量更大。

35. (单选题)下列关于 IP 地址的叙述错误的是_____。
    A. 现在广泛使用的 IPv4 协议规定 IP 地址使用 32 个二进制位表示
    B. IP 地址是计算机的逻辑地址,每台计算机还有各自的物理地址
    C. IPv4 规定的 IP 地址快要用完了,取而代之的将是 64 位的 IPv5
    D. 正在上网(online)的每一台计算机都有一个 IP 地址

36. (填空题)由于计算机网络应用的普及,现在几乎每台计算机都有网卡,但大多数情况下我们看不到网卡的实体,因为网卡的功能均已集成在_____其中了。所谓网卡,多数只是逻辑上的一个名称而已。

37. (填空题)计算机按照性能和用途分为巨型计算机、大型计算机、小型计算机和嵌入式计算机。

38. (单选题)下列选项属于击打式打印机的是_____。
    A. 激光打印机　　　　　　　　B. 针式打印机
    C. 压电喷墨打印机　　　　　　D. 热喷墨打印机

39. (单选题)PC 的机箱上常有很多接口(插座),用来与外围设备进行连接,其中不包含下面的_____接口。
    A. VGA　　B. USB　　C. PS/2　　D. PCI

40. (单选题)下列软件全都属于应用软件的是_____。
    A. Windows XP、QQ、Word
    B. Microsoft Media Player、Excel、Word
    C. UNIX、WPS、PowerPoint
    D. Photoshop、Linux、Word

41. (单选题)CPU 中包含了一组_____,用于临时存放参加运算的数据和得到的中间结果。
    A. 控制器
    B. 整数 ALU
    C. ROM
    D. 寄存器组

42. (单选题)一台 PC 不能通过域名访问任何 Web 服务器,但可以通过网站 IP 地址访问,最有可能的原因是_____。
    A. DNS 服务器故障
    B. 网卡驱动故障
    C. 浏览器故障
    D. 本机硬件故障

43. (单选题)若某台计算机没有硬件故障,也没有被病毒感染,但执行程序时总是频繁读写硬盘,造成系统运行缓慢,则首先需要考虑给该计算机扩充_____。
    A. 寄存器
    B. 硬盘
    C. CPU
    D. 内存

44. (单选题)开机后,用户未进行任何操作,发现本地计算机正在上传数据,一般不可能的原因是_____。
    A. 上传本机已下载的"病毒库"
    B. 上传本机主板上 BIOS ROM 中的程序代码
    C. 上传本机已下载的视频数据
    D. 本地计算机感染病毒,上传本地计算机的敏感信息

45. (单选题)计算机网络互联采用的交换技术大多是_____。
    A. 分组交换
    B. 自定义交换
    C. 报文交换
    D. 电路交换

二、上机操作题(55 分)

(一) Word 操作题(20 分)

调入 IT06 文件夹中的 ED1.docx 文件,参考样张(附图 6-1),按下列要求进行操作。

1. 将页面设置为 A4,上、下页边距均为 2.6 厘米,左、右页边距为 3.2 厘米,每页 42 行,每行 38 个字符。
2. 给文章加标题"了解量子通信",设置其格式为黑体、一号字、标准色-蓝色,居中显示。
3. 设置正文第一段首字下沉 3 行,距正文 0.2 厘米,首字字体为楷体,设置其余各段为首行缩进 2 字符。
4. 将正文中所有的"量子通信"设置为标准色-绿色、加双下划线。
5. 在正文适当位置插入图片"量子通信.jpg",设置图片高度为 4 厘米、宽度为 5 厘米,环绕方式为四周型。
6. 设置奇数页页眉为"量子通信",偶数页页眉为"前沿科技",均居中显示,并在所有页的页面底端插入页码,页码样式为"三角形 2"。
7. 将正文最后一段分为偏右两栏,栏间加分隔线。
8. 保存文件 ED1.docx,存放于 IT06 文件夹中。

了解量子通信

量子通信是指利用量子纠缠效应进行信息传递的一种新型的通讯方式。量子通讯是近二十年发展起来的新型交叉学科，是量子论和信息论相结合的新的研究领域。量子通信主要涉及：量子密码通信、量子远程传态和量子密集编码等，近来这门学科已逐步从理论走向实验，并向实用化发展。高效安全的信息传递日益受到人们的关注。基于量子力学的基本原理，并因此成为国际上量子物理和信息科学的研究热点。

所谓量子通信是指利用量子纠缠效应进行信息传递的一种新型的通讯方式，是近二十年发展起来的新型交叉学科，是量子论和信息论相结合的新研究领域。光量子通信主要基于量子纠缠态的理论，使用量子隐形传态（传输）的方式实现信息传递。根据实验验证，具有纠缠态的两个粒子无论相距多远，只要一个发生变化，另外一个也会瞬间发生变化，利用这个特性来实现光量子通信的过程如下：事先构建一对具有纠缠态的粒子，将两个粒子分别放在通信双方，将具有未知量子态的粒子与发送方的粒子进行联合测量（一种操作），则接收方的粒子瞬间发生变化（坍塌），坍塌（变化）为某种状态，这个状态与发送方的粒子坍塌（变化）后的状态是对称的，然后将联合测量的信息通过经典信道传送给接收方，接收方根据接收到的信息对坍塌的粒子进行幺正变换（相当于逆转换），即可得到与发送方完全相同的未知量子态。

经典通信较光量子通信相比，其安全性和高效性都无法与之相提并论。安全性—量子通信绝不会"泄密"，其一体现在量子加密的密钥是随机的，即使被窃取者截获，也无法得到正确的密钥，因此无法破解信息。其二，分别在通信双方手中具有纠缠态的2个粒子，其中一个粒子的量子态一旦受到干扰发生变化，另外一方的量子态就会独立到变化，并且根据量子理论，对其进行任何窃听和干扰，都会引起量子态坍塌，因此窃取者由于干扰而无法得到信息。高效性，量子态具有叠加性，即一个量子态可以同时表示样的量子态就可以同时表示数字，0或1，光量子通信的这样一次传输，就相当于经典通信方式的128次。可以形象地具传输带宽是64位或者更高，那么效率之差将是惊人的2，以及更高。进一步解释一下量子纠缠。量子纠缠可以用"薛定谔猫"来有效理解。当把一只猫放到一个放有毒药的盒子中，然后将盒子盖上，过了一会问这只猫现在是死了，还是活着呢？量子物理学的答案是，它既是死的也是活的。有人会说，打开盒子看一下不就知道了，是的，打开盒子猫是死是活确实就会知道，但是按量子物理的解释，这种死或者活着的状态是人为观察的结果，也就是人的意识干扰使猫坍塌为死的或者活着的了，并不是猫本身时的真实状态。同样，微观粒子在不被"干扰"之前就一定处于"死"和"活"两种状态的叠加，也可以说它既是"0"也是"1"。

量子通信具有高效率和绝对安全等特点，是此时国际量子物理和信息科学的研究热点。追溯量子通信的起源，还将从爱因斯坦的"幽灵"——量子纠缠的表证说起。由于人们对纠缠态粒子之间的关系影响一直有所怀疑，几十年来，物理学家一直试图验证这

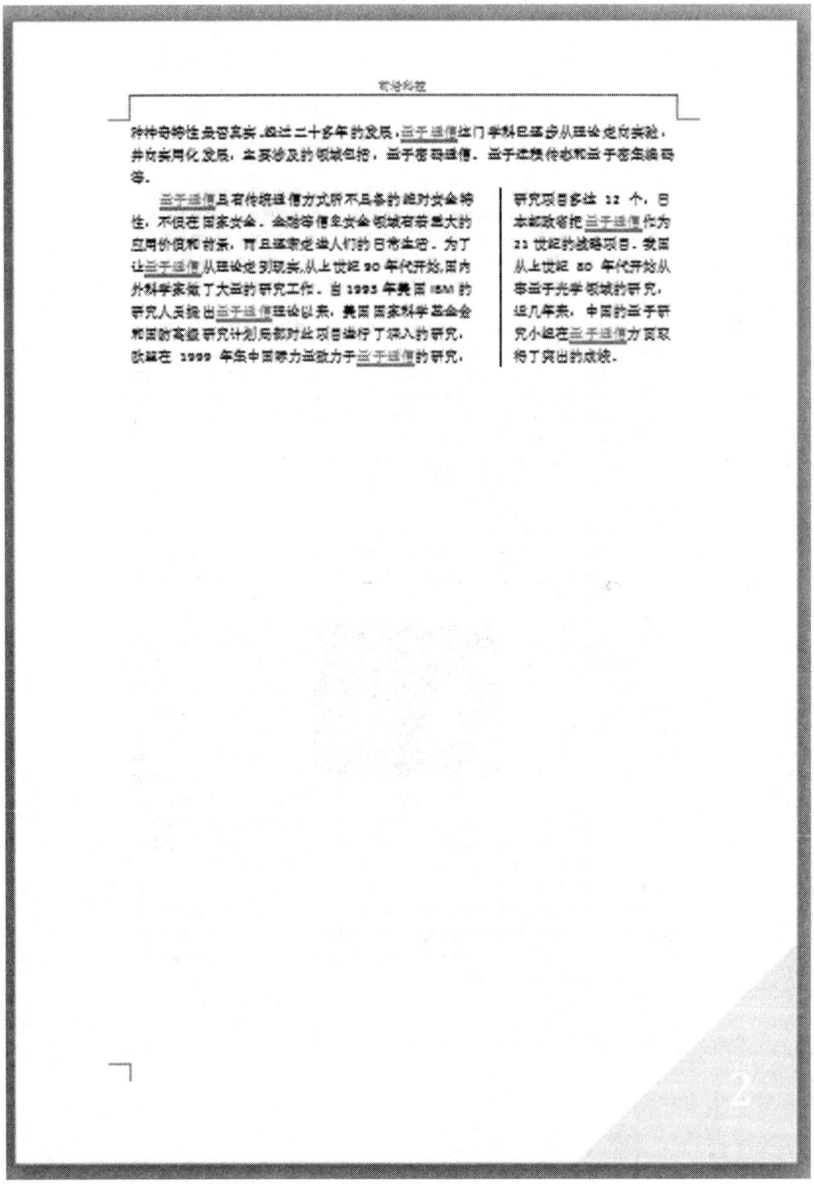

前沿科技

种种奇特性是否真实。经过二十多年的发展，量子通信这门学科已逐步从理论走向实验，并向实用化发展，主要涉及的领域包括：量子密码通信、量子远程传态和量子密集编码等。

量子通信具有传统通信方式所不具备的绝对安全特性，不但在国家安全、金融等信息安全领域有着重大的应用价值和前景，而且逐渐走进人们的日常生活。为了让量子通信从理论走到现实，从上世纪 90 年代开始，国内外科学家做了大量的研究工作。自 1993 年美国 IBM 的研究人员提出量子通信理论以来，美国国家科学基金会和国防高级研究计划局都对此项目进行了深入的研究，欧盟在 1999 年集中国际力量致力于量子通信的研究，研究项目多达 12 个，日本邮政省把量子通信作为 21 世纪的战略项目。我国从上世纪 80 年代开始从事量子光学领域的研究，近几年来，中国的量子研究小组在量子通信方面取得了突出的成绩。

附图 6-1　样张

(二) Excel 操作题(20 分)

调入 IT06 文件夹中的 EX1. xlsx 文件,参考样张(附图 6-2),按下列要求进行操作。

1. 在“地区统计”工作表中,设置第一行标题文字“中职校教工地区统计”在 A1:H1 单元格区域合并后居中,字体格式为黑体、16 号字、标准色-红色。
2. 将“Sheet2”工作表改名为“教工职称”。
3. 在“教工职称”工作表中,隐藏第 5、第 6 行,并将 I 列列宽设置为 12。
4. 在“教工职称”工作表的 I 列中,利用公式计算高级职称占比[高级职称占比 =(正高级人数 + 副高级人数)/教师总数],结果以带 2 位小数的百分比格式显示。
5. 在“地区统计”工作表的 B 列中,利用公式计算各地区的“合计”值(“合计”值为其右方 C 列至 H 列数据之和)。

6. 在"地区统计"工作表中,按"合计"值进行降序排序。
7. 在"地区统计"工作表中,根据"合计"值排名前五的地区数据,生成一张三维簇状柱形图,嵌入当前工作表中,图表上方标题为"教工人数前五的地区",无图例,显示数据标签。
8. 保存文件 EX1.xlsx,存放于 IT06 文件夹中。

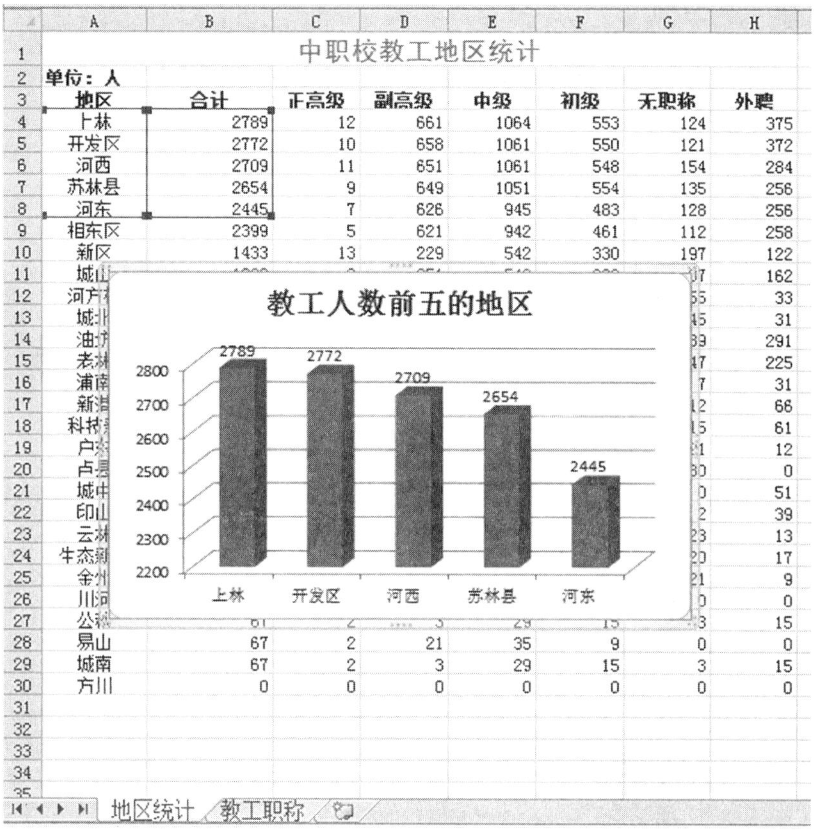

附图 6-2 样张

(三) PowerPoint 操作题(15 分)

调入 IT06 文件夹中的 PT1.pptx 文件,参考样张(附图 6-3),按下列要求进行操作。

1. 设置所有幻灯片背景为预设颜色"金色年华",所有幻灯片切换效果为垂直百叶窗,并伴有风铃声。
2. 在第 2 张幻灯片中插入图片 star.jpg,设置图片高度为 13 厘米、宽度为 26 厘米,图片的位置为:水平方向距离左上角 4 厘米、垂直方向距离左上角 5 厘米,设置图片的动画效果为"浮入(上浮)"。
3. 为第 3 张幻灯片中带项目符号的文字创建超链接,分别指向具有相应标题的幻灯片。
4. 利用幻灯片母版,在所有幻灯片的右上角插入五角星形状,单击该形状,超链接指向第 1 张幻灯片。
5. 在所有幻灯片中插入页脚"太阳系八大行星"。
6. 保存文件 PT1.pptx,存放于 IT06 文件夹中。

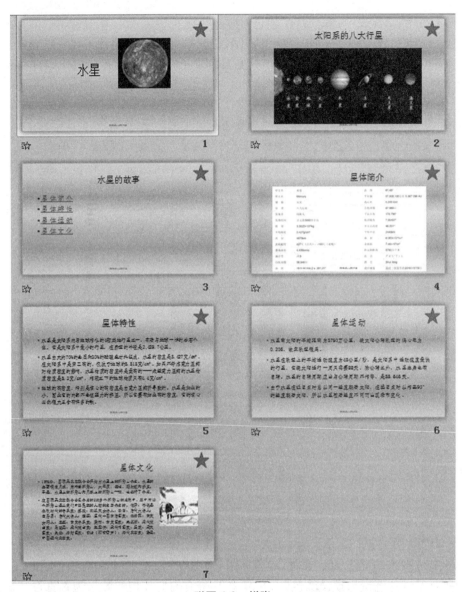

附图6-3 样张